대한민국 산업분야 복합재료기술 로드맵 2017

- 항공우주분야 복합재료기술 로드맵
- 자동차분야 복합재료기술 로드맵
- 에너지 플랜트분야 복합재료기술 로드맵
- 토목 및 건축분야 복합재료기술 로드맵
- 의료, 해양·레저, 전기·전자분야 복합재료기술 로드맵

2016. 9. 1

共著者
김기수, 최흥섭, 박 민
이상관, 정훈희, 전흥재

한국복합재료학회

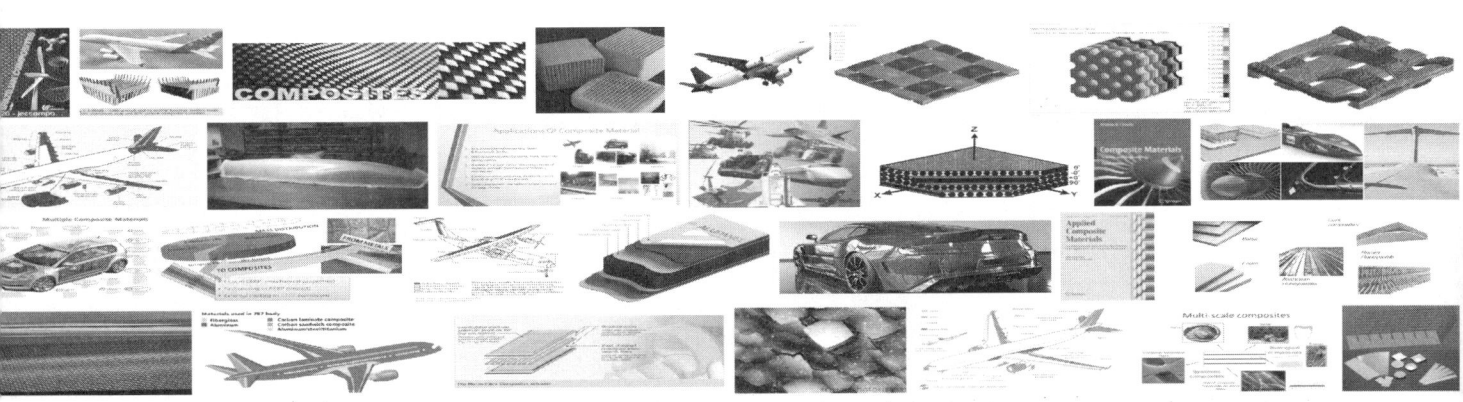

발 간 사

이번에 한국복합재료학회가 주관이 되어서 순수한 민간 차원에서 우리나라 복합재료분야의 현재를 조명하고, 미래를 예측하는 로드맵을 발간하게 되었습니다.

이번 로드맵 출간이 가능하도록 물심양면으로 도움을 주신 한국카본의 조문수사장님과 조정미 전무님께 감사를 드리고, 국도화학의 박종수 부회장님과 도레이첨단소재의 전해상 대표이사님과 박서진 본부장님께 대단한 감사를 표시합니다.

우리가 지난 인류의 역사를 분류함에 있어서 재료를 중심으로 석기시대, 청동기시대, 철기시대로 분류합니다. 현재 우리는 아직도 철기시대에 있는 것일까요? 재료는 유한하기 때문에 이 지구상에서 새로운 재료를 찾는다는 것은 거의 불가능한 일이라고 할 수 있지만 각 재료들의 장점을 살려 융합한 복합재료는 점점 더 영역을 넓혀가고 있고, 무궁무진하게 새로운 특성과 새로운 사용영역을 가질 수 있습니다. 따라서 새로운 역사는 복합재료의 역사가 될 수 밖에 없으며, 현재에도 상당히 다양한 분야에 복합재료가 사용되고 있음은 누구나 아는 일입니다.

현재 복합재료는 영역을 자꾸자꾸 넓혀서 우주항공분야와 자동차분야, 에너지와 플랜트분야, 토목 건축분야와 의료, 해양, 레저, 전기전자분야를 포함한 산업계 전 영역에 걸쳐 일반화가 되어 사용되어지고 있습니다. 이들의 사용 영역을 더욱 넓히고, 인류의 미래를 준비하는 차원에서 한국복합재료학회에서는 각 분야의 전문가들을 모아 복합재료분야의 로드맵을 구성했습니다.

이 로드맵이 미래의 복합재료 발전에 크게 기여할 것으로 기대해 마지않으며, 바쁘신 시간을 쪼개어 순전히 학회에 봉사하는 차원에서 집필에 참여하신 분과별 위원장님들과 집필진 여러분들에게도 무한한 감사를 표시하며, 이 로드맵이 향후 복합재료의 미래를 밝혀주는 등불이 될 것임을 믿어 의심치 않습니다.

그리고 각 분야별 로드맵을 검토하고 의견을 주셔서 올바른 방향으로 가져갈 수 있게 도와주신 전임 항공우주연구원장이신 서울대학교의 김승조교수님, 과학기술원의 홍순형교수님, 포항공과대학교의 한경섭교수님, 그리고 홍익대학교의 윤순종교수님께도 감사를 드립니다.

우리가 로드맵을 작성하는 중간에 한중 FTA가 체결되고, 그 안에 탄소섬유관련제품들의 상호 불공정한 관세율이 책정되어 있어서 우리나라의 복합재료산업의 방향이 왜곡되어질 수 있다는 안타까움 때문에 참여하는 집필진들이 모두 우려하는 바이지만, 몇 차례 공청회를 통해 만난 산업자원부에서도 관세를 조절해 주기는 어렵지만 복합재료분야의 연구개발을 지원해 주겠다고 이야기하고 있어서 이 로드맵에 있는 내용이 연구되어지고 개발되어져서 조속한 시일 내에 하나하나 현실화되기를 기대합니다.

이 로드맵은 복합재료 분야에 종사하는 연구자들뿐만 아니라, 재료분야와 전 공학분야에 종사하는 연구사들도 복합재료가 어떻게 발진이 될 것인지 예측하고, 자기분야의 연구의 방향을 설정하는 데에도 크게 기여할 수 있을 것이라 생각하며 이 로드맵이 공학분야의 기초자료로 활용되기를 기대합니다.

2016년 8월 20일

복합재료 로드맵 추진 위원장
한국복합재료학회 수석부회장 김기수

편 집 후 기

　제가 1993년 말 박사학위를 마치고 시작된 한국복합재료 학회와의 인연이 짧은 듯, 긴 듯 어언 23년이 흘렀습니다. 그 당시 전후로부터 기라성 같은 선배님들이 터를 잘 닦아 놓으신 바탕위에 한국복합재료 학회 역대 회장님들을 중심으로 각 임원 및 산·학·연에 고루 종사하시는 회원님들의 노고로 한국의 복합재료 관련 사업과 연구가 오늘과 같이 크게 발전하여 온 것은 그 누구도 아니라고 부인은 못할 듯합니다. 초기 노동 집약적 복합재료 구조물 임가공에서 시작하여 현재에는 Boeing사의 787 항공기 및 Airbus사의 A350 첨단 복합재료 항공기의 주구조물도 한국에서 설계하고 생산하여 납품할 수 있을 정도로 성장하였고 우주분야에서도 다양한 위성체와 발사체의 경량화 구조물에도 자체 설계를 통해 제작하여 장착하여 우주로 보내는 시기에 이르렀습니다. 이와 같이 항공우주 분야를 중심으로 초기에 발전하여온 복합재료 분야가 현재는 T800급 탄소섬유의 생산도 눈앞에 두고 있을 정도로 원천 소재분야까지 다양하게 성장하여 왔습니다. 항공분야를 중심으로 발전한 복합재료제품 개발실적과 연구개발 경험이 이제는 세계 5위 생산에 이른 한국 자동차 분야의 경량화 요구에 맞추어, 항공 산업과는 달리 대량 생산체계로서 저가의 고속성형기술이 필수적인 자동차 분야 적용에도 도움이 되어 가까운 시일 안에 개발이 이루어 질것으로 확신하고 있습니다. 이와 같이 저를 포함하여 많은 회원님들이 인식하고 있는 한국의 복합재료 발전과정을 되돌아보고 이를 반면교사로 하여 앞으로 한국의 탄소섬유를 중심으로 한 가까운 미래의 복합재료 산업과 연구방향을 살펴볼 필요성이 점차 요구되고 있음을 느끼던 차에 김기수 수석부회장님께서 한국의 복합재료 로드맵을 학회에서 작성해 보자는 제안이 이사회에서 채택되었고, 이후 한국 복합재료 분야에 도움이 되는 로드맵 책자로 발간해보자는 취지로 산업계를 중심으로 학계와 연구소에 계시는 회원님으로 구성하여 항공우주, 자동차, 에너지 및 플랜트, 토목 및 건축과 의료기기/전기전자/해양레저 분과 등 5개 분야로 나누어 복합재료 로드맵 추진 위원회를 약 1년 전에 구성하게 되었습니다. 그간 여러 차례의 회의와 모임을 통해 근 1년간의 작성 위원 분들의 땀과 노고가 결실이 되어 작금에 이르러 출판을 하게 되었습니다. 제 기억으로는 복합재료 학회를 포함하여 그간 여러 가지 복합재료 관련 사업과 행사가 매년 있어 왔지만 학회를 중심으로 산·학·연의 의견을 반영하여 작성된 로드맵으로는 처음이라 생각됩니다. 비록 미비하고 부족한 점은 많지만 어렵게 탄생한 귀한 성과물로서 본 로드맵은 한국의 복합재료 관련 산업의 재도약에 도움이 되리라 생각됩니다. 복합재료 로드맵 작성에 적극적으로 참여하여 본 로드맵 서적지면에 이름을 남겨주신 위원님들과 초기 참여를 확약하여 주셨지만 바쁘신 일정으로 부득이 지면에 이름을 남겨주시지 못한 많은 위원님들께도 깊은 감사를 드립니다. 부족한 작성내용을 풍부한 경험과 깊이로 감수를 통해 다듬어 주신 감수위원님들과 로드맵 출판에 수고하여 주신 학회 조윤혜 실장님과 에듀컨텐츠휴피아 출판사의 이상렬 대표를 비롯한 임직원 여러분께도 깊은 감사드립니다.

2016년 8월 20일

복합재료 로드맵 추진 위원회 총무
한국복합재료학회 편집이사 *최흥섭*

【목 차】

1. 항공우주분야 복합재료기술 로드맵 … 3

2. 자동차분야 복합재료기술 로드맵 … 55

3. 에너지 플랜트분야 복합재료기술 로드맵 … 139

4. 토목 및 건축분야 복합재료기술 로드맵 … 201

5. 의료, 해양·레저, 전기·전자분야 복합재료기술 로드맵 … 247

   5.1 의료분야 복합재료 로드맵 ▶ 249

   5.2 해양·레저분야 복합재료기술 로드맵 ▶ 275

   5.3 전기·전자분야 복합재료기술 로드맵 ▶ 291

대한민국 산업분야 복합재료기술 로드맵 2017

- 항공우주분야 복합재료기술 로드맵
- 자동차분야 복합재료기술 로드맵
- 에너지 플랜트분야 복합재료기술 로드맵
- 토목 및 건축분야 복합재료기술 로드맵
- 의료, 해양·레저, 전기·전자분야 복합재료기술 로드맵

2016. 9. 1

共著者
김기수, 최흥섭, 박 민
이상관, 정훈희, 전흥재

한국복합재료학회

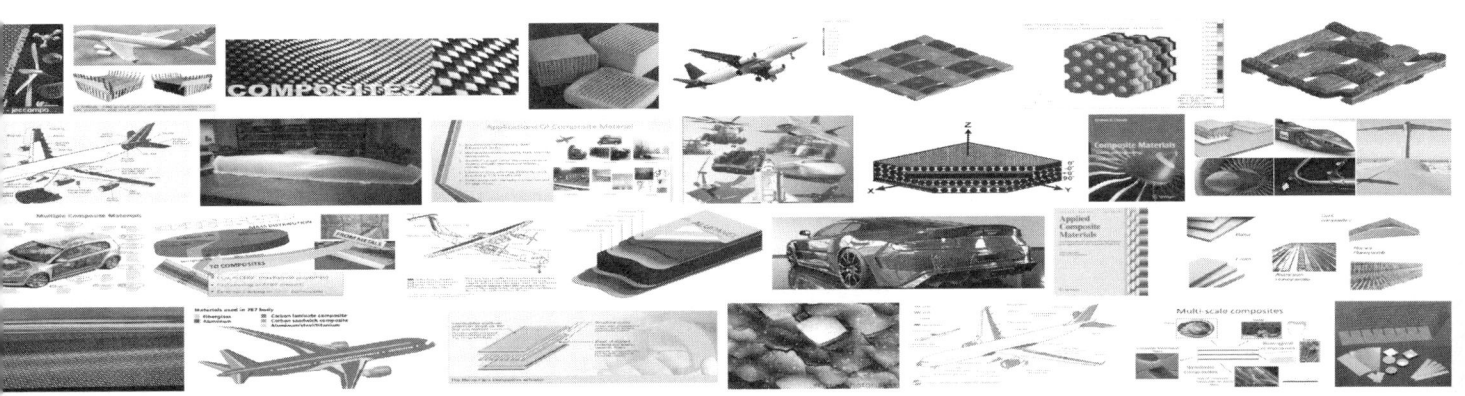

항공우주분야
복합재료기술 로드맵

2016. 9. 1

분과위원장 : 최흥섭(홍익대)
위원 : 김민영(국도화학), 김재학(다산카본), 민병하(한국카본)
　　　송민환(KAI), 이호성(KARI)
감수위원 : 김승조(서울대)

< 목 차 >

1. 항공우주분야 복합재료 기술 로드맵 개요 ▶ 5

2. 항공우주분야 복합재료 소요기술 ▶ 6

   2.1 [OOA] 저비용/일체형/대형화 복합재 부품 개발 ▶ 6

   2.2 핵심 요소 복합재 구조물 자동화 양산 기술 ▶ 15

   2.3 초고내열 시아네이트 수지 개발 ▶ 23

   2.4 국산 탄소섬유 복합재료의 항공기적용 인증기술 ▶ 33

   2.5 미래선도 항공기 경량 구조 개발 기술 ▶ 38

   2.6 내열/고강도/경량 복합재료 개발 ▶ 42

   2.7 극저온 복합재료 개발 ▶ 45

   2.8 우주용 복합재료 구조물 개발 ▶ 49

   2.9 항공우주 복합재료 정밀 해석 기술 개발 ▶ 52

1. 항공우주분야 복합재료 기술 로드맵 개요

현재 항공 관련하여 국내에서 개발 추진 중인 예비 사업은 고속-수직 이착륙 무인기 시스템 개발사업 (2,482억원, 2015~2022, 산업통상자원부), 차기전투기 (FX) 사업 (7조 3,418억원, 2018~2021, 방위사업청), 한국형전투기(KFX) 사업(개발비: 8조5천억원, 양산비: 9조 6천억원, 2014~2025, 방위사업청) 및 소형 민수/무장헬기 (LCH/LAH) 개발사업 (약 1조원, 2014~2022, 산업통상자원부, 방위사업청) 등이 있고 우주 관련하여 한국형발사체 개발사업 (1조9,572억원, 2010~2021, 미래창조과학부), 우주센터 (2단계) 구축사업 (2,127억원, 2009~2019, 미래창조과학부), 정지궤도복합위성 개발사업 (6,697억원, 2011~2019, 미래창조과학부, 해양수산부, 환경부, 기상청), 다목적실용위성 6호 개발사업 (3,385억원, 2012~2019, 미래창조과학부, 산업통상자원부), 차세대중형위성 개발 (8,436억원(안), 2014~2025(안), 미래창조과학부, 국토해양부) 및 달 탐사선 개발사업 (1단계 2,590억원 (2015~2017), 2단계 4,767억원 (2018~2020), 미래창조과학부) 등 국내 항공우주기술 개발에 약 30조원이 투자될 예정에 있다.

이러한 기술개발 계획의 성공적인 추진과 관련하여 현 시점에서 가장 시급히 개발되어야 할 소요기술 개발 항목이 무엇인지 도출하기 위하여 본 항공우주분야 복합재료 기술 로드맵은 국내에서 항공 및 우주 분야에서 복합재료를 사용하여 소재 생산, 설계, 제작, 시험 평가 등 항공기 및 발사체등의 구조체의 개발에 다년간 연구 개발 생산에 참여하고 있는 민간 기업 (국도화학, 대한항공, 한국항공우주산업)과 국가 연구소 (한국항공우주연구소)를 대상으로 항공우주 로드맵 TFT 분과 위원회를 구성하여 작성하였다.

본 복합재료 기술로드맵은 항공우주 분야에서 선진국과의 경쟁력을 확보하기 위해서 시급히 연구 및 개발을 해야 할 기술 항목을 중심으로 선정하여 이를 분석하여 개발의 필요성 및 개발 내용을 간략히 제시하고 있다.

제시된 기술항목 등이 각 민간기업과 국가연구소의 적극적인 참여와 정부의 지속적인 관심과 지원이 이루어져 빠른 기간 안에 개발이 이루어진다면 항공 및 우주분야에서의 국가 경쟁력이 향상되고 관련 산업 및 타 산업으로의 기술파급 효과와 고용증대 효과도 클 것으로 기대되고 있다.

2. 항공우주분야 복합재료 소요기술

2.1 [OOA] 저비용/일체형/대형화 복합재 부품 개발

기술명 : [OOA] 저비용/일체형/대형화 복합재 부품 개발 요약				
정의	오븐성형 공정을 이용한 항공기용 일체형 복합재 주 구조물 개발 액상수지함침공정을 이용한 2m 이상급 항공기용 일체형 복합재 구조물 개발 복잡형상 복합재 구조물의 최신 비파괴 검사기법 개발			
비전및목표	비전: 항공기 주 구조물에 적용 가능한 저비용/일체형/대형화 복합재 부품 개발 목표 - 재료물성 개발부터 부품설계, 제작, 시험평가까지 전단계 개발 - 확보된 기술을 국내(신규 또는 개조) 개발 항공기에 적용 - 확보된 기술을 보잉/에어버스 등 선진사와의 Risk Sharing Partner로 참여하기 위한 실증 데이타로 활용			
동향	오븐성형 공정기술을 이용한 일체형 복합재 부품을 항공기용 주 구조물로 개발하는 기술은 선진사에서도 성숙되지 않은 기술 액상수지함침공정에 대한 국내 연구실적은 있으나, 항공기용으로 개발한 사례는 없음 기존의 비파괴검사(초음파검사) 방법보다 검사시간이 단축된 신뢰성 있는 최신 비파괴 검사기법 개발이 필요			
기술수준 및 경쟁력	세계최고국명	최고국대비 기술수준(%)	기술격차(년)	R&D전략
	미국, 유럽	70%	5년	실제 항공기 부품을 개발 또는 대체가능한 수준 재료물성개발부터 설계/제작/시험평가를 포함한 전주기 개발
	강점		약점	
	실증용 국내개발 항공기 보유 단기/집중 투자를 통한 기술 확보 가능		국내 기반기술 부족 개발간 인증시스템 취약	

	핵심 요소기술	세부기술*	현재 (2015)	목표 (2020)
핵심요소기술	오븐성형 공정을 이용한 항공기용 일체형 복합재 주 구조물 개발	설계기반기술(재료물성, 설계기술)	70 ➡	95
		공정개발/평가 기술	70 ➡	95
	액상수지함침공정을 이용한 2m 이상급 항공기용 일체형 복합재 구조물 개발	설계기반기술(재료물성, 설계기술)	50 ➡	95
		공정개발/평가 기술	70 ➡	95
	복잡형상의 2D/3D (Braiding, NCF) Preform 제작기술 개발	2D, 3D 형태 직조기계	70 ➡	95
		Fiber 손상 없는 균일 품질 직조상태 Preform	70 ➡	95

* 선진국 수준(100) 대비 목표를 표시

정책제언	○ 산학연 과제개발 ○ 개발간 인증기관 참여 ○ 국내개발 소재 적용 권장

1. 기술의 정의

- ❏ 오븐성형 공정을 이용한 항공기용 일체형 복합재 주구조물 개발
- ❏ 액상수지함침공정을 이용한 2m 이상급 항공기용 일체형 복합재 구조물 개발
- ❏ 복잡형상 복합재 구조물의 최신 비파괴 검사기법 개발

2. 비전

- ❏ 항공기 주 구조물에 적용 가능한 저비용/일체형/대형화 복합재 부품 개발
  - 재료물성 개발부터 부품설계, 제작, 시험평가까지 전단계 개발
  - 확보된 기술을 국내(신규 또는 개조) 개발 항공기에 적용
  - 확보된 기술을 보잉/에어버스 등 선진사와의 Risk Sharing Partner로 참여하기 위한 실증 데이타로 활용

3. 목표

- ❏ 1단계: 공정 개발, 설계물성 개발

    대상 구성품 선정, 공정변수 개발, 공정 개발
    재료물성 개발, 설계기준치 개발

- ❏ 2단계: 구성품 설계 및 제작

    구성품 설계 및 해석
    치공구 설계, 구성품 제작

- ❏ 3단계: 구성품 건정성 평가

    구성품 정적 및 피로시험
    구조건전성 평가 및 검증

4. 국내외 시장 전망

- ❏ 해외시장 전망

    신규로 개발되는 항공기 구조물은 중량절감과 제작비용 절감을 위해 복합재료의 사용이 증대되고 있음.

Table 4.2 Aerospace CFRP Composites Market Forecast by Application 2014-2024 ($bn, AGR %, CAGR %, Cumulative)

	2013	2014	2015	2016	2017	2018	2019	2020	2021	2022	2023	2024	2014-24
Commerical Aircraft	3.96	4.14	4.33	4.53	4.75	5.00	5.26	5.53	5.79	6.06	6.33	6.60	58.31
AGR (%)		4.6	4.5	4.6	4.9	5.2	5.3	5.0	4.8	4.7	4.5	4.3	
Military Aircraft	1.47	1.52	1.57	1.64	1.70	1.77	1.84	1.92	2.01	2.09	2.17	2.25	20.48
AGR (%)		3.9	3.3	4.1	4.0	4.0	4.2	4.2	4.4	4.2	4.0	3.3	
Business Jet	0.85	0.88	0.91	0.95	0.99	1.03	1.08	1.12	1.17	1.22	1.28	1.32	11.95
AGR (%)		3.8	3.7	4.1	3.9	4.8	4.3	4.3	4.3	4.4	4.2	3.8	
Helicopter	0.79	0.82	0.85	0.88	0.92	0.96	1.00	1.05	1.09	1.14	1.19	1.23	11.11
		4.1	3.1	4.3	4.1	4.2	4.3	4.8	4.6	4.2	4.0	3.5	
Total Aerospace	7.06	7.36	7.66	7.99	8.35	8.76	9.18	9.62	10.06	10.51	10.96	11.40	101.86
AGR (%)		4.3	4.0	4.3	4.5	5.0	4.8	4.7	4.6	4.5	4.3	4.0	
CAGR (%) 2014-19					4.5		2019-24			4.4			
CAGR (%) 2014-24							4.5						

Source: *Visiongain 2014*

탄소복합재 시장에서 오븐성형을 이용한 구조물 개발을 약 30%로 가정 시, 2020년에는 약 2.8 조의 시장이 형성됨

탄소복합재 시장에서 액상수지 함침공정을 이용한 복합재 개발을 약 15%로 가정시, 2020년 기준 약 1.4 조의 시장이 형성되는 것으로 추정

항공용 복합재 구조물은 100% 비파괴 검사를 수행하며, 제작단가의 약 10%로 가정시, 2020년 기준 약 1조의 시장이 형성되는 것으로 추정.

❑ 국내 시장전망

세계시장에서 국내시장 점유율을 2020년 기준 약 3%로 가정 시, 오븐성형을 이용한 구조물 개발에는 약 860 억, 액상수지 함침공정을 이용한 복합재 개발에는 약 430 억, 비파괴 검사에는 약 300억의 시장이 형성됨.

오븐성형을 통한 일체형 복합재를 개발하는 것은 선진사에서도 아직까지 성숙된 기술이 아니기 때문에 우리나라에서 초기에 집중투자 한다면 시장경쟁력을 획기적으로 높일 수 있음.

액상수지함침 공정을 이용한 일체화 공정은 국내에서 개발한 재료(섬유, 레진)를 사용하여 항공기에 적용할 가능성이 상대적으로 높음.

5. 국내외 연구동향 및 기술발전 전망

❑ 해외 주요 연구동향

보잉, 에어버스 등에서는 군용 및 민간항공기에 저비용/일체형/대형화 복합재 구조물을 설계하여 실제 운영하고 있음.
- 설계에 필요한 제반 기술을 보유하고 있으며, 구조 신뢰성을 보장할 수 있는 입증자료를 확보하고 있음.

오븐 성형공정을 이용하여 항공기 주 구조물을 일체형 복합재 구조물로 개발하는 연구는 많이 수행하고 있으며, 항공기에 적용하여 실증된 사례는 부족한 실정임.
- 오븐에서 성형 가능한 복합재 프리프래그를 개발하였으며, 항공기에 실질적으로 적용하기 위한 잠재 위험요소들을 식별하고 있는 단계임.

복잡한 형상을 가지는 복합재 구조물의 내부결함을 검사하기 위한 장비개발이 성숙단계에 있으며, 설계에서 허용 가능한 내부결함의 크기에 대한 입증연구가 활발히 진행 중임.

❑ 국내 주요 연구 동향

국내에서는 저비용/일체형/대형화 복합재 구조물에 대한 제작경험을 제한적으로 가지고 있으나, 실제항공기에 적용을 위한 실증연구는 부족한 실정임.
- 대한항공(주), 한국항공우주산업(주) 등에서는 해외의 선진항공사로부터 확보한 기반기술을 이용하여 대형부품 등을 제작 납품하고 있으나, 설계 및 제작에 소요되는 원천기술에 대한 연구는 선진국 대비 부족한 실정임.

한국항공우주산업(주)에서는 국내기술을 이용하여 민간 소형항공기인 KC-100을 통해 저비용/일체형/대형화 부품을 설계하고 생산한 이력이 있음
- KC-100 항공기는 소형항공기급으로서 초음속 군용기 및 대형 민항기급에서 요구하는 수준의 복합재 부품에 대한 연구가 추가적으로 필요함.

❑ 시사점

국내 수지주입 공정의 상용화를 위해서는 국내 소재분야 기반 구축 과 육성이 필요하며 정부의 R&D 과제 투자 확대를 통해 민수/군수사업에 상용화 기술을 시급히 확보할 수 있도록 산학연이 연합하여 추진 필요함

6. SWOT분석

Strengths	Opportunities
· 실증용 국내개발 항공기 보유 · 단기/집중 투자를 통한 경쟁력 확보 가능 · 오토클레이브 기반 핵심 공정기술 보유 · 탈오토클레이브 공정의 기업의지 증대 · 우수 설계 해석 인력 보유	· 시장 확대 추세 · 고수익 부품 · 후발업체와 추가격차 가능 · 일반산업으로 확대 적용에 따른 연계 가능 · 강력한 정부 녹색성장 정책 · 국내기업의 가격 경쟁력 확보
Weaknesses	Threats
· 국내 기반기술 부족 · 개발간 인증시스템 취약 · 국내 소재분야 기반 취약 · 국내 공정기술 인력 부족 · 설계 해석을 위한 자재 허용치 개발 필요 · 대기업 R&D 투자 의지 부족	· 초기투자, 개발비용 과다 · 개발 리스크 존재 · 향후 신규 민수사업 물량 확보 제한적 · 핵심기술에 대한 선진국의 지적재산권확보
SO 전략	ST 전략
정부 R&D 과제를 통한 산학연 연합한 기술개발 추진	기술개발을 통한 국내 지적재산권 확보 강화 및 핵심 수지주입 공정기술 확보
WO 전략	WT전략
정부의 R&D 투자 확대를 통해 국내 소재 분야 활성화 및 관련 엔지니어 양성	국내 소재 및 공정 엔지니어 양성 및 대기업 R&D 투자 강화를 통한 기술 확보

7. 핵심전략 제품·기술

핵심 제품/서비스	핵심스펙 및 요구사항
오븐성형 공정을 이용한 항공기용 일체형 복합재 주 구조물 개발	정적/피로시험 수행, 재료규격/공정 규격 개발, 파괴검사, 비파괴 검사 및 기준 설정 Co-cure, Co-bond 기술 CMH-17절차 따른 재료허용치 산출 T800급 탄소섬유, 기공율 1% 이하, Wet Tg 140℃ 이상
액상수지함침공정을 이용한 2m 이상급 항공기용 일체형 복합재 구조물 개발	정적/피로시험 수행, 재료규격/공정규격 개발, 파괴검사, 비파괴 검사 및 기준 설정 성형공정 개발 CMH-17절차 따른 재료허용치 산출 국내 재료(섬유,레진) 사용 권장 T800급 탄소섬유, 기공율 2% 이하, Wet Tg 140℃ 이상
복잡형상의 2D/3D (Braiding, NCF) Preform 제작기술 개발	2D, 3D 형태 직조기계 Fiber 손상 없는 균일 품질 직조상태 Preform

❑ 기술개발 목표 및 중장기 계획

핵심 요소기술	성능지표	연도별 성능 개발 목표(선진국 수준 100 대비)					비고
		2016	2017	2018	2019	2020	
오븐성형 공정을 이용한 항공기용 일체형 복합재 주 구조물 개발	설계기반기술(재료물성, 설계기술)	70	80	85	90	95	
	공정개발/평가 기술	70	70	80	90	95	
액상수지함침공정을 이용한 2m 이상급 항공기용 일체형 복합재 구조물 개발	설계기반기술(재료물성, 설계기술)	50	80	85	90	95	
	공정개발/평가 기술	70	70	80	90	95	
복잡형상의 2D/3D (Braiding, NCF) Preform 제작기술 개발	2D, 3D 형태 직조기계	80	80	85	90	95	
	Fiber 손상 없는 균일 품질 직조상태 Preform	50	60	70	75	80	

8. 기술 로드맵

❑ 기술로드맵 전개

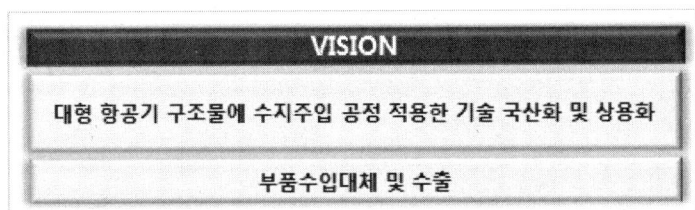

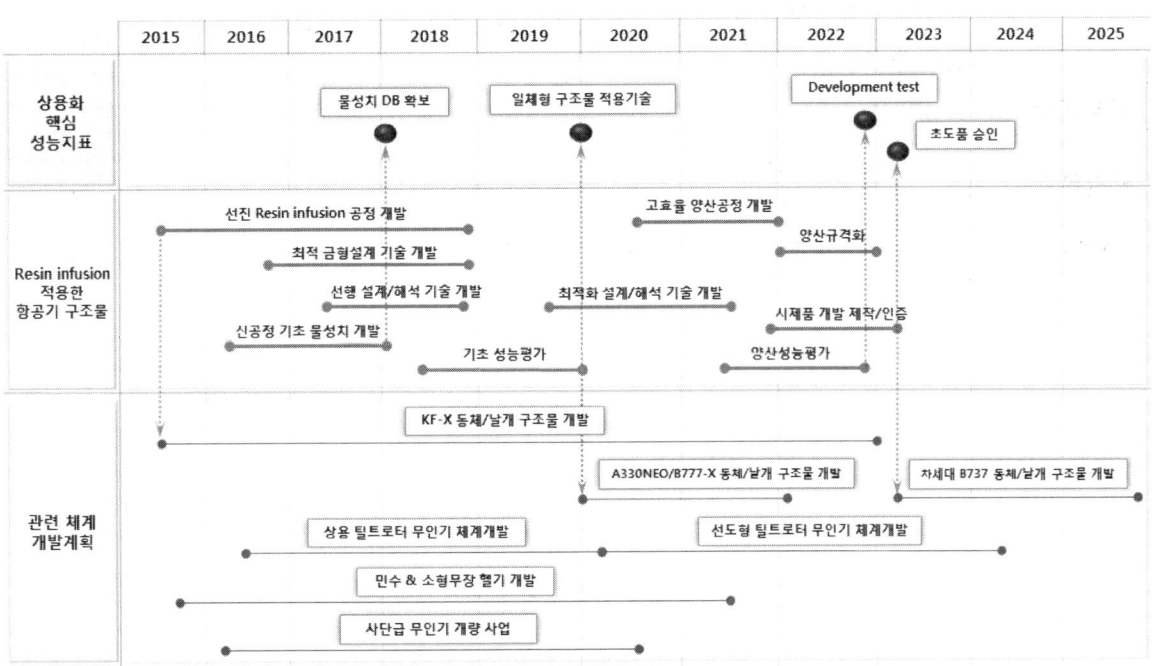

9. 기술확보 전략

❑ 수지 및 Preform

수지 개발
- 수지 국산화를 위한 자체 기술개발 및 물성치 Database 확보
- 수지 개발 안되는 경우 기술도입 또는 라이센싱

Preform 개발
- Preform 국산화를 위한 자체 기술개발 및 Database 확보
- Preform 개발 안 되는 경우 기술도입 또는 라이센싱

금형 및 공정제어
- 최적 열 유동 및 수지 유동을 위한 자체 기술개발
- 자체 기술개발 안 되는 경우 기술도입 또는 라이센싱

최적 설계/해석 기술개발
- 확보된 자재 Database로 최적설계 및 해석 기술개발
- 산학연 공동 연구

확보전략	특징	위험도	획득기간	독자전략 구상	성과 독점성
자체개발	핵심기술 확보 소유권 획득	고	장기	가능	높음
기술도입	소유권 권리 이전 영업권 확보, 고가	고	단기	가능	높음
라이센싱	계약기간 내 실시권 사용권 획득, 저렴	저	단기	중간	보통
공동개발	기술 공동 소유 수출 등 해외진출 용이	중	중기	중간	보통
합작투자	기술, 자본, 경영의 포괄적 협력, 고가	중	단기	불가능	낮음
M&A	기술, 조직 영업인수	중	단기	가능	높음

10. 연구개발 가이드라인

❏ 신규 R&D 제안

핵심요소 기술명	세부기술	연도별 연구 비용 (억원)					비고
		2016	2017	2018	2019	2020	
오븐성형 공정을 이용한 항공기용 일체형 복합재 주 구조물 개발	재료/공정 개발 (프리프레그, Co-cure/Co-bond 공정, 재료허용치)	10	15	15			
	구조물 개발 (치공구, 일체형 구조 설계/해석, 정적/피로 시험)		15	15	15	15	
	비파괴 검사 기준 설정			4	3	3	
액상수지함침공정을 이용한 2m 이상급 항공기용 일체형 복합재 구조물 개발	재료/공정 개발 (프리폼, 레진, 성형공정, 재료허용치)	10	15	15			
	구조물 개발 (치공구, 설계/해석, 정적/피로 시험)		10	20	10	10	
	비파괴 검사 기준 설정			4	3	3	
복잡형상의 2D/3D (Braiding, NCF) Preform 제작기술 개발	2D, 3D 형태 직조기계	15	15	15			
	Fiber 손상 없는 균일 품질 직조상태 Preform	10	10	10			

* 연구비는 정부투자R&D로 한정

11. 정책제언

구분	미비점	개선점
법제도	항공기 개발 전, 복합재료의 물성확보 (Qualification) 시 인증기관의 참여가 현실적으로 어려움	항공기 개발 전이라도 복합재료의 물성확보 (Qualification) 시 인증기관이 참여하거나 권한을 특정기관에 위임하여 데이터의 신뢰성을 보장하는 제도가 필요

12. 기대효과

❏ 해당기술 확보로 인한 기대효과

오븐성형을 이용한 구조물 개발기술의 확보 시, 2020년 기준 연간 약 860 억원의 매출과 430명의 고용효과를 기대함

액상수지 함침공정을 이용한 복합재 구조물 개발기술의 확보 시, 2020년 기준 연간 약 430 억원의 매출과 220명의 고용효과를 기대함

복잡형상의 2D/3D (Braiding, NCF) Preform 제작기술 개발 시, 2020년 기준 연간 약 300 억원의 매출과 150명의 고용효과를 기대함

2.2 핵심 요소 복합재 구조물 자동화 양산 기술

기술명 : 핵심 요소 복합재 구조물 자동화 양산 기술				
정의				

정의	Thermosetting 복합재를 사용한 항공기 구조물 자동화 제작 기술 복합소재 및 공정을 적용한 빠르고 경제적인 자동화 생산 방식 개발
비전및목표	비전: Thermosetting CFRP 복합재의 H-Beam 대형 요소구조물 상용화 (7m, 14kg 경량, 기존 알루미늄 H-beam 대비 40% 무게 절감) 2014 — 2015 — 2016 — 2017 — 2020 1단계 TRL 1, 2, 3, 4 2단계 TRL 5, 6, 7, 8 3단계 TRL 9 H-Beam 자동화 생산 • Compression & Pultrusion • Resin dispersion • High Tg Prepreg Compression • Automatic Placement • Mold Design • Thermal Flow analysis • Main Wing / Major Structure • Extend to more Large Size Structure
동향	A380용 Floor CFRP H-Beam 자동성형 생산 적용중 (Jamco, Japan) A380 : 65 Cross H-Beams/대, 기존 Aluminum Floor Beam 무게의 45% 절감 복합재 항공기 공정 비용 절감 및 생산성 향상 방안에 부합하는 공정 A350 동체에 자동화 Stringer 제작 방식 제품 적용중(ATK, USA)

기술수준 및 경쟁력

세계최고국명	최고국대비 기술수준(%)	기술격차(년)	R&D전략
일본	50%	5년	정부지원을 통한 자동화 장치 개발 프리프레그 적층 및 자동이송 및 열성형 기술 필요 기존 수작업 제작 제품을 자동화 양산기술로 대체 상용화
강점		약점	
기존 구조물 제작기술 보유 국내 높은 수준의 자동화 장치 제작 가능 중소기업 보유		해당분야 산학 연구 성과 매우 부족 선진국들의 기술보호주의에 의한 기술접근 어려움	

핵심요소기술

핵심 요소기술	세부기술*	현재 (2015)	목표 (2020)
기계 자동화 적층Beam 이송 및 열성형	자동 프리프레그 H-beam 적층	50	95
	적층후 치구압축 및 열성형	50	95
Automation& Continuous production	Automatic placement & Compaction	50	95
	Continuous production automation	50	95

* 선진국 수준(100) 대비 목표를 표시

정책제언

○ 해당분야 고급인력 부족으로 학계의 관심과 육성 필요
○ 항공산업 분야 Thermosetting Composite에 대한 정부 지원 확대를 통해 확보한 높은 수준의 항공기술을 이후 일반산업으로 전파하여 경쟁력 있는 국내 중소/중견기업 육성 기회로 활용 필요
○ 국내 민항기 체계개발 정부주도 필요

1. 기술의 정의

❑ Thermoset/Thermoplastic 복합재를 사용한 항공기 지지 구조물 자동화 제작

❑ 자동화 연속 생산 공정을 통한 저비용 고생산성 항공기용 구조물 제작 방식

❑ 원자재 투입 이후 최종 제품까지 일련의 자동화 복합재 성형 개념

2. 비전

❑ Thermoset/Thermoplastic CFRP 복합재의 H, C, J, O Type 등 요소 구조물 상용화

- 재료물성 개발부터 부품설계, 제작, 시험평가까지 전단계 개발
- 확보된 기술을 국내(신규 또는 개조) 개발 항공기에 적용
- 선 적용 기술 확보를 통해 보다 진보된 기술을 에어버스/보잉 등 선진 항공기 제조사와의 Risk Sharing Partner로 참여하기 위한 실증 데이터로 활용

3. 목표

❑ 1단계: 자재 선정 및 공정 설계

　자재 및 공정 선행 연구
　Prototype 자동화 장치 제작
　자재 및 공정 제어 변수 확립

❑ 2단계: 자동화 장치 완성 및 구성품 설계, 제작

　실증 자동화 장치 완성
　자재 Allowable 개발
　구성품 설계 해석
　시제품 제작 및 구조 시험

❑ 3단계: 구성품 상용화 단계

　초도품 개발 및 인증
　구조 건전성 평가 및 검증

4. 국내외 시장 전망

❑ 해외시장 전망

　신규로 개발되는 항공기 구조물은 중량절감과 제작비용 절감을 위해 복합재료의

사용이 증대되고 있음.

항공기 산업의 복합재 구조물 비중이 높아지고 있으나 소재 비용은 크게 절감되지 못하여 높은 복합재 구조물 비용을 최종 항공기 제조사가 떠안게 됨에 따라 경쟁력 확보를 위한 복합재 비용 절감이 절실하며 요구되고 있음.

항공기 구조용으로 사용되는 I, J, C, Hat 형 등은 동체 및 날개 등 여러 분야에서 적용되고 있으며 보잉 및 에어버스에도 복합재 자동화 연속 생산 방식을 점차 적용 확대하고 있으며, 향후 적용되는 항공기 구조물에도 적용 예상됨.

Table 4.2 Aerospace CFRP Composites Market Forecast by Application 2014-2024 ($bn, AGR %, CAGR %, Cumulative)

	2013	2014	2015	2016	2017	2018	2019	2020	2021	2022	2023	2024	2014-24
Commerical Aircraft	3.96	4.14	4.33	4.53	4.75	5.00	5.26	5.53	5.79	6.06	6.33	6.60	58.31
AGR (%)		4.6	4.5	4.6	4.9	5.2	5.3	5.0	4.8	4.7	4.5	4.3	
Military Aircraft	1.47	1.52	1.57	1.64	1.70	1.77	1.84	1.92	2.01	2.09	2.17	2.25	20.48
AGR (%)		3.9	3.3	4.1	4.0	4.0	4.2	4.2	4.4	4.2	4.0	3.3	
Business Jet	0.85	0.88	0.91	0.95	0.99	1.03	1.08	1.12	1.17	1.22	1.28	1.32	11.95
AGR (%)		3.8	3.7	4.1	3.9	4.8	4.3	4.3	4.3	4.4	4.2	3.8	
Helicopter	0.79	0.82	0.85	0.88	0.92	0.96	1.00	1.05	1.09	1.14	1.19	1.23	11.11
		4.1	3.1	4.3	4.1	4.2	4.3	4.8	4.6	4.2	4.0	3.5	
Total Aerospace	7.06	7.36	7.66	7.99	8.35	8.76	9.18	9.62	10.06	10.51	10.96	11.40	101.86
AGR (%)		4.3	4.0	4.3	4.5	5.0	4.8	4.7	4.6	4.5	4.3	4.0	
CAGR (%) 2014-19					4.5			2019-24		4.4			
CAGR (%) 2014-24							4.5						

Source: Visiongain 2014

탄소복합재 시장에서 I, J, C, O, Hat 등의 주 구조물 점유율을 약 15%로 가정 시, 2020년에는 약 1.5 조의 시장이 형성됨.

❏ 국내 시장전망

세계시장에서 국내시장 점유율을 2020년 기준 약 3%로 가정 시, I, J, C, O, Ω 등의 주 구조물 구성품들은 약 400억 시장이 형성됨.

국내 시장중 드론에 현재 많은 O형 Tube가 사용되고 있고 향후 시장 전망이 밝기 때문에 드론 시장에도 성장이 기대됨.

5. 국내외 연구동향 및 기술발전 전망

❏ 해외 주요 연구동향

JAMCO(일본)사 : A380 용 Floor CFRP H-Beam 자동 성형 생산 적용 중 JAMCO (일본)사의 ADP (Advanced Pultrusion)는 Hand layup의 장점과 (Autoclave 성형법) Pultrusion의 자동화를 접목하여 높은 직진성과 65 Vol%의 Fiber 충진률, 저 비용 생산 등의 장점이 있음. 또한 Material은 항공우주산업에 이미 승인된 Prepreg를 사용하였기 때문에 재료 승인 비용을 최소화 가능하여 JAMCO사는 1980년대 중반부터 ADP의 개발을 시작하여 1995년에 T형 단면 형상을 만들어 Airbus의 성능 요구조건을 만족시켰으며 1996년부터 A330-200의 Vertical tail의 Stiffener와 Stringer를 납품하게 됨. 처음에는 Boeing사의 B777 기종에 적용하고자 했으나 Boeing은 Autoclave 성형법을 선호했다. JAMCO사는 A380의 Vertical tail의 Stiffener와 Stringer, Upper deck floor panel의 Pultruded carbon fiber/epoxy I-beam에도 ADP를 적용한 부품을 공급하고 있음.

JAMCO사 자동화 I 구조물 생산 라인

A380 Upper Deck Floor에 적용된 모습

ATK(미국)사: A350 용 동체 Stringer 자동 성형 생산 적용 중 ATK사가 개발한 ASF(Automated Stiffener Forming) 기술을 통해 저비용, 고품질 Stringer 및 Frame 생산이 가능해짐. 연속 생산 자동화 기술을 통해 생산성이 10배 늘어났으며 작업 M/H를 90% 절감함에 따라 A350 동체에 적용되는 Stringer 및 Frame류에 적용하고 있음.

ATK사의 A350 동체 Stringer & Frame 생산 모습

❏ 국내 주요 연구 동향

없음

6. SWOT분석

Strengths	Opportunities
· 실증용 국내개발 항공기(무인기 등) 보유 · 787 복합재 구조물 요소기술 확보	· 시장 확대 추세 · 고수익 부품 · 복합재 시장진입 장벽 구축 가능
Weaknesses	Threats
· 국내 복합재 자동화 연구 활동 미진 · 기술 인력 부족	· 초기 개발 비용 및 기간 과다 소요 · 개발 리스크 존재

7. 핵심전략 제품·기술

핵심 제품/서비스	핵심스펙 및 요구사항
항공기 용 Primary 구조물 (I, T, Z, Ω등) 개발	재료규격/공정규격 개발 정적/피로 시험 수행, T700/T800급 탄소 섬유 Co-cure 기술 재료허용치 산출 T800급 탄소섬유, 기공율 2% 이하
항공기용 복합재 구조물 자동화 성형 장치 개발	최적 금형 및 장치 설계 성형공정 개발 장비 온도 및 가압 제어 기술 복합재 정밀 성형 제어 기술

❑ 기술개발 목표 및 중장기 계획

핵심 요소기술	성능지표	연도별 성능 개발 목표(선진국 수준 100 대비)					비고
		2016	2017	2018	2019	2020	
복합재 자동화 연속 성형 공법 개발	재료 및 공정설계 기술 (재료허용치)	50	70	80	90	95	
	공정개발/평가 기술	50	70	80	90	95	
복합재 자동화 연속 성형 장치 제어 기술 개발	자동화 장치 설계 및 제어 기술	50	70	85	90	95	
	고품질 및 고 생산성 획득	50	70	80	90	95	
복합재 구조물 시험 및 구조 건전성 평가	구조물 시험 평가 (설계/해석, 정적/피로 시험)	50	60	70	90	95	
	물성확보 및 인증	50	60	70	85	95	

8. 기술확보 전략

확보전략	특징	위험도	획득기간	독자전략 구상	성과 독점성
자체개발	핵심기술 확보 소유권 획득	고	장기	가능	높음
기술도입	소유권 권리 이전 영업권 확보, 고가	중	단기	불가능	낮음
라이센싱	계약기간 내 실시권 사용권 획득, 저렴	저	단기	불가능	낮음
공동개발	기술 공동 소유 수출 등 해외진출 용이	중	중기	중간	보통
합작투자	기술, 자본, 경영의 포괄적 협력, 고가	중	단기	불가능	낮음
M&A	기술, 조직 영업인수	중	단기	가능	높음

9. 연구개발 가이드라인

❏ 신규 R&D 제안

핵심요소 기술명	세부기술	연도별 연구 비용 (억원)					비고
		2016	2017	2018	2019	2020	
복합재 자동화 연속 성형 공법 개발	재료 및 공정설계 기술 (재료허용치)	10	10	10			
	공정개발/평가 기술	10	10	10	5		
복합재 자동화 연속 성형 장치 제어 기술 개발	자동화 장치 설계 및 제어 기술	20	20	10			
	고품질 및 고 생산성 실현			10	5	5	
복합재 구조물 시험 및 구조 건전성 평가	구조물 설계 및 시험 평가 (설계/해석, 정적/피로 시험)	5	10	15	20		

* 연구비는 정부투자R&D로 한정

10. 정책제언

구분	미비점	개선점
정부 정책 지원	1. 복합재 분야 고급인력 부족은 학계에서 수행하는 연구과제들이 산업계에서 요구하는 분야와 서로 일치하지 않으므로 미래부와 산업부 간의 협의 필요. 2. 복합재는 소재 및 공정, 설계 해석 & 시험 등의 많은 분야가 연구해서 Database를 축적해야 하는 분야하나 일체화된 일련의 system을 갖춘 기업이 많지 않아 개발이 지연되고 있음.	1. 해당분야 고급인력 부족으로 학계의 유명 해당분야 교수 영입과 미래부 정부과제 활성화를 통해 우수 연구인력 확보 필요. 2. 항공산업 분야에서 선행했던 높은 복합재 기술수준을 일반산업으로 진파 육성할 수 있도록 국내 중소/중견기업 육성을 위한 정부 지원 확대 필요.

11. 기대효과

❏ 해당기술 확보로 인한 기대효과

자동화 복합재 구조물 개발 기술 확보시, 2020년 기준 연간 약 1000 억원 이상의 매출과 100명의 고용효과를 기대함.

민수 및 군수시장에 저 비용 고품질 복합재 구조물 생산이 가능하여 국내산업의 국제 경쟁력 확보에 이바지.

기술확보에 따른 향후 민수 및 군수시장에서 추가적인 물량 확보 가능하여 국내 항공산업 발전에 기여 예상됨.

2.3 초고내열 시아네이트 수지 개발

기술명 : 초고내열 시아네이트 수지 개발 요약	
정의	탄소섬유를 이용한 항공용 300℃ 이상의 내열도를 가지는 초고내열 시아네이트 수지 - 에폭시 수지 하이브리드 조성물의 합성 및 조성물의 원천 기술 개발
비전및목표	비전 : 300℃ 이상의 고내열 특성을 가지는 시아네이트 에스터 - 에폭시 수지 하이브리드 시스템의 개발 목표 : 2015년 - 저점도 시아네이트 에스터 수지의 원료 검토 및 합성 2016-2017년 - 고내열 저점도 시아네이트 에스터 수지의 합성 및 제조 기술 확립 2018-2019년 - 신규 페놀노볼락 수지를 이용한 시아네이트 에스터 수지의 합성 및 제조 기술 확립 2020-2021년 - 시아네이트 에스터 에폭시 수지 하이브리드 수지의 Formulation 개발 및 복합재료 공정에의 적용 2022-2023년 - 대량 생산 체계 구축
동향	국방 및 항공용으로 사용되는 고내열 에폭시 수지 조성물은 항공기의 모델이 개발되는 시점에 지정되면 변경이 불가능하기 때문에 Huntsman사를 제외한 기타 에폭시 제조회사의 진입장벽이 매우 높음. 전략물자로 국내사용에 제약이 있음. 국내 제품의 납품 사례가 없음. 고내열 에폭시 수지 조성물의 활용을 통한 경량화 실현으로 많은 응용제품 분야의 확대에 따라 전 세계적으로 수요가 증가, 비약적인 성장이 가능

기술수준 및 경쟁력	세계최고국명	최고국대비 기술수준(%)	기술격차(년)	R&D전략
	미국	40%	10 년	신규의 고내열 시아네이트 에스터를 개발하여 국내 우주항공 산업의 경쟁력을 강화시킴으로써 기반산업을 증대시킴
	강점		약점	
	신규 화합물의 분자설계 및 대량 생산화에 대한 경험이 풍부		기반 산업의 취약성	

향후전망	핵심 요소기술	세부기술*	현재 (2015)		목표 (2022)
	저점도 시아네이트 에스터 개발	원료 검토 및 합성	80	➡	100
		수지의 제조기술 확립 및 경화 최적화	0	➡	95
	페놀노볼락 시아네이트 에스터의 개발	원료 검토 및 합성	80	➡	100
		수지의 제조 기술 확립 및 경화 최적화	0	➡	95
	* 선진국 수준(100) 대비 목표를 표시				

핵심기술	탄소섬유 복합재료의 고부가 가치화 및 경쟁력 확보를 위하여, 300℃ 이상의 고내열 특성을 가지는 시아네이트 에스터 수지의 개발 및 이를 이용한 에폭시 수지 하이브리드 시스템의 개발 복합재료의 각 공정별 특성에 맞는 에폭시 수지의 구조를 설계, 합성 및 제조에 이르기 까지 노하우를 축적할 경우 응용 분야를 다양화 할 수 있음.

1. 기술의 정의

❏ 탄소섬유를 이용한 항공용 300℃ 이상의 내열도를 가지는 초고내열 시아네이트 수지 - 에폭시 수지 하이브리드 조성물의 합성 및 조성물의 원천 기술 개발

2. 비전

❏ 300℃ 이상의 고내열 특성을 가지는 시아네이트 에스터 - 에폭시 수지 하이브리드 시스템의 개발

3. 목표

❏ 목표 :

    1단계 :   2015년 - 저점도 사이네이트 에스터 수지의 원료 검토 및 합성
              2016-2017년 - 고내열 저점도 시아네이트 에스터 수지의 합성
                                                    및 제조 기술 확립
              2018-2019년 - 신규 페놀노볼락 수지를 이용한 시아네이트
                                                      에스터 수지의 합성 및 제조 기술 확립
    2단계 : 2020-2021년 - 시아네이트 에스터 에폭시 수지 하이브리드
                                                     수지의 Formulation 개발 및 복합재료 공정에의 적용
    3단계 : 2022-2025년 - 대량 생산 체계 구축 및 제품 적용

4. 국내외 시장 전망

❏ 해외시장 전망

최근 고분자 복합재료가 국방 및 항공기용 소재 부품에서 차지하는 비중이 기존에 사용되어져왔던 금속재료를 넘보는 상황으로 이와 관련된 산업이 전 세계적으로 급팽창하고 있는 실정임.

특히 고분자 복합재료의 우수한 특성에도 불구하고 원천소재인 고강도 고내열성 매트릭스 수지의 국내기술이 미약하기 때문에 급성장하고 있는 국방 및 항공용 복합재료 산업분야의 새로운 응용제품에 대한 성장을 둔화시키고 있는 실정임.

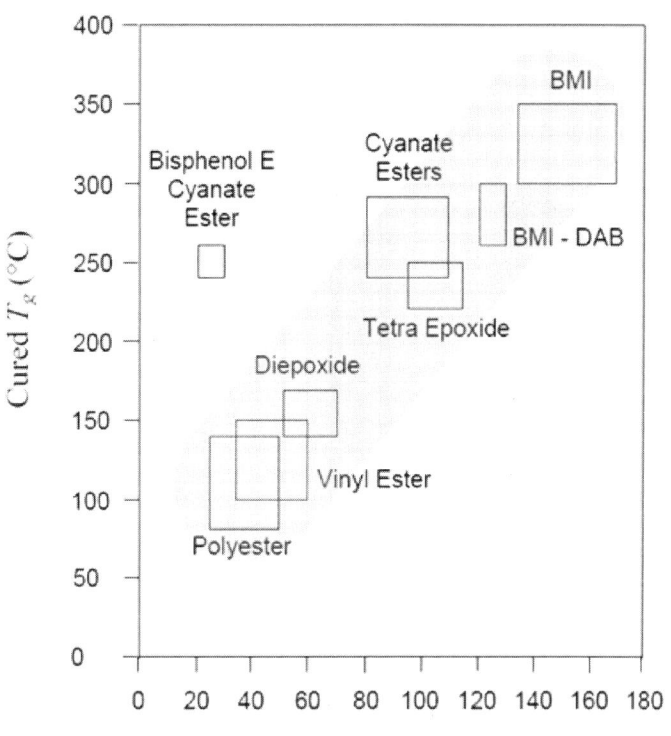

High Tg resins typically have high viscosities; bisphenol E cyanate ester is an exception

국방 및 항공용 고분자 복합재료의 매트릭스 수지로 사용되고 있는 일반적인 수지는 에폭시 수지로, 이는 고분자 복합재료의 프리프레그를 구성하는 가장 중요한 원자재 중 하나로, 1차 구조재로 사용되기 위해서는 에폭시 수지의 물성이 경화 후 우수한 열적 안정성, 강도, 탄성계수, 비강도 및 비탄성계수는 물론 강인성을 포함하고 있어야 함.

따라서 국방 및 항공용 프리프레그에 사용되기 위해서는 목적에 맞는 수지 설계 기술이 필수적이며, 고도의 숙련된 합성 연구인력 및 기술력이 필요하기 때문에 일정수준에 도달하기까지 정부와 기업이 전략적으로 협조하여 연구개발을 진행할 필요가 있음.

고내열 에폭시 개발과 그를 이용한 조성물 제조기술을 확보하면 산업 전반에 걸쳐 사용하고 있는 열경화성 소재인 고내열 에폭시 소재의 국산화로 수입대체는 물론 고분자 복합재료 제조 및 사용 관련기업에 파급효과가 클 것으로 기대됨.

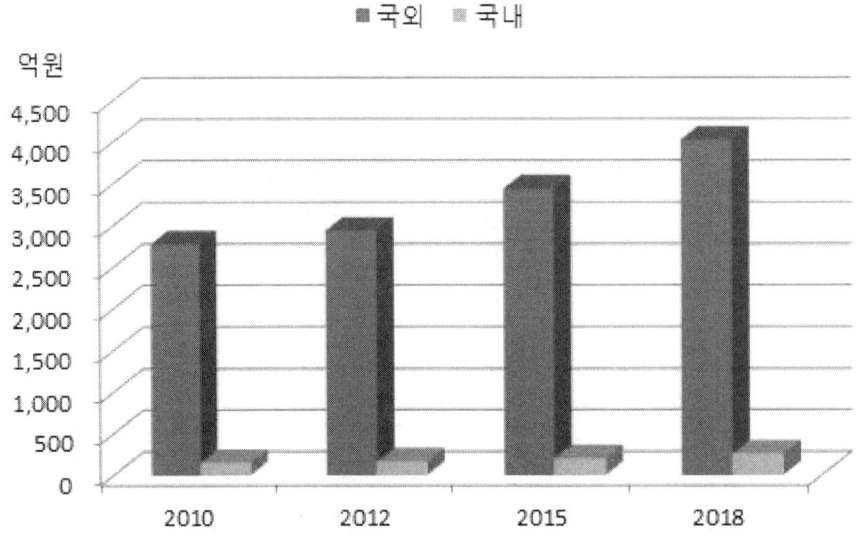

[고내열성 에폭시 수지의 시장 규모]
산출근거 : World Epoxy Resin Market, Acmite Market Intelligence 2010

특히 초고내열 특성을 가지는 시아네이트 에스터 수지는 해외 1개사 Lonza사의 독점공급으로 국내 전략물자로 사용하는 데 한계가 있음. 또한 용융점이 상당히 높고 경화시키기 어렵기 때문에 실제 복합재료 공정에 적용하는 것이 쉽지 않음. 물론 아래의 구조와 같이 Bisphenol E 타입의 시아네이트 에스터는 액상의 제품이지만 내열도가 떨어지기 때문에 다른 구조의 시아네이트 에스터의 개발이 필요함.

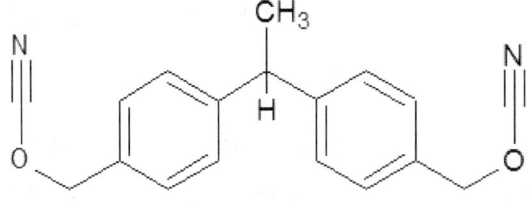

대표적인 시아네이트 에스터 - 액상타입

첨단소재 관련기술의 선진국 예속화가 심각하게 우려되며 이와 같은 소재는 기술이전을 기피하고 있기 때문에 기술 도입이 전혀 불가능한 상태로 높은 가격으로 인하여 일반산업 뿐 아니라 항공산업의 발전에도 걸림돌이 되고 있는 상황임.

국방 및 항공용으로 사용되는 고내열 에폭시 수지 조성물은 항공기의 모델이 개발되는 시점에 지정되면 변경이 불가능하기 때문에 Huntsman사를 제외한 기타 에폭시 제조회사의 진입장벽이 매우 높음.

에폭시 수지의 국내 생산이 미미한 실정이며 단지 범용 에폭시 수지만이 제조되고 있으며 전량 수입에 의존하고 있어 심각한 무역수지 불균형 초래함.

고내열 에폭시 수지 조성물 기술개발은 원료 개발부터 제품까지 그 응용범위가 넓으며, 고도의 숙련된 연구 인력 및 기술력이 필수적이고, 일정수준에 도달하기까지 기반기술의 장기적인 축적이 요구되기 때문에 정부와 기업이 전략적으로 협조하여 연구개발을 정책적으로 진행할 필요가 있음.

고내열 에폭시 수지 조성물의 활용을 통한 경량화 실현으로 많은 응용제품 분야의 확대에 따라 전 세계적으로 수요가 증가, 비약적인 성장이 가능.

❏ 국내 시장 전망

국내 최대 에폭시 수지 생산업체인 국도화학은 내수시장 점유율이 60%로 에폭시 수지와 경화제를 주력 생산하고 있으나 고내열성 에폭시 수지 제품은 아직까지 상용화된 제품은 가지고 있지 않은 실정으로 실험실 규모의 연구개발 단계만 진행되고 있으며 주로 국외제품의 관련제품 수입을 대행하고 있음.

분야	생산능력	M/S (%)
국도화학	220	62
금호피엔비화학	60	16
헥시온코리아	40	11
한국다우케미컬	40	11
합계	365	100

* 자료: 각 회사 제시자료

현재 고부가가치 고내열성 에폭시 수지 제품은 국내 수요의 전량을 Huntsman사 등을 통해 수입하고 있으며 kg당 20만원이 넘는 있는 실정임. 시아네이트 에스터 수지는 전량 Lonza사에서 수입되고 있으며 이도 kg당 10~20만원의 고가에 형성되어 있음. 특히, 우주 항공용으로 사용될 경우 전략 물질로 되어 있어 수입이 불가능한 실정임 (방위산업에 사용될 경우 Lonza사에서 판매 불가).

반도체와 같은 전기전자 산업에서의 급격한 수요증가와 최근 항공산업의 소재로 대두됨으로 인해 국내 관련 제조업체들이 고내열성 에폭시 수지 개발을 적극적으로 검토 중이며 양산을 목표로 적극적으로 연구개발 중에 있음

국산화로 방위산업에 적용될 가능성이 매우 큼.

국도화학, 금호피엔비화학, 신아테크 등 국내 수지 업체들이 개발을 시도하고 있으나 특별히 상품화되어 나온 제품은 없는 실정임.

5. 국내외 연구동향 및 기술발전 전망

❏ 해외 주요 연구동향

해외의 Lonza사 독점으로 중국의 군소 업체에서 개발된 제품 이외 Major급 화학회사의 개발은 이루어지고 있지 않음.

❏ 국내 주요 연구 동향

국내는 우주 항공 산업 기반이 취약하여 사용 수요가 적은 편임.

국내 사용되는 시아네이트 에스터는 100% 수입

원재료가 확보될 경우 국내 우주항공 산업의 경쟁력이 확보될 수 있음.

6. SWOT분석

Strengths	Opportunities
· 고분자 분자설계에 대한 경험이 풍부 · 대량생산에 대한 기술력이 풍부함 · 원료의 수급이 안정적임	· 국내 우주 항공 산업의 기반을 확립 · 우수한 내열도로 세계 우주항공 산업 시장에 진출 할 수 있음.
Weaknesses	Threats
· 국내 산업 기반이 약함	· 선진국의 특허 선점 · 선진국 생산회사의 국내 영업 강화 (견제)

7. 핵심전략 제품·기술

전량 수입에 의존하는 초고온용 복합재료의 수지의 국산화를 위하여 원료의 합성기술 및 복합재료의 가공 공정 기술 등이 필요할 것임. 또한 부품별 요구사항에 맞는 제품개발을 위하여 여러 가지의 기초 원료를 이용한 다양한 물성을 가지는 제품이 개발되어야 할 것임.

핵심 제품/기술	설명	사례	핵심스펙 및 요구사항
Wings, empennage fuselage, under structure	- Aerodynamic Heating - 초고온에서의 높은 기계적 성질 - 우수한 물성의 균형 (내열도 - 기계적 물성)		

At Flap Hinge Fairing	- 우수한 내열도
	- 빠른 Scale-up이 가능
			- 200℃에서 연속 사용 가능
			- 230℃에서 단시간 사용 가능
			- Hot-wet 조건에서 100~190℃ 사용가능
			- 상온 인장강도 : 100 MPa 이상
			  연신율 4.5% 이상
			  탄성율 4.5GPa 이상
			- 상온 굴곡강도 160MPa 이상
			  $K_{IC}(MPa/m^{1/2})$ 0.85이상
			  230℃에서 안정성
			- 3000시간 노출 후 무게감소 9.0% 이하

Tailboom	- 우수한 내열도 - 낮은 유지 보수비용 - 금속보다 경량화 되어야 함		
Sine wave spars	- 우수한 내열도 - 뛰어난 RTM 공정성		
Engine Parts	- 우수한 내열도 - 무게의 감소		

8. 기술로드맵

❏ 기술로드맵 전개

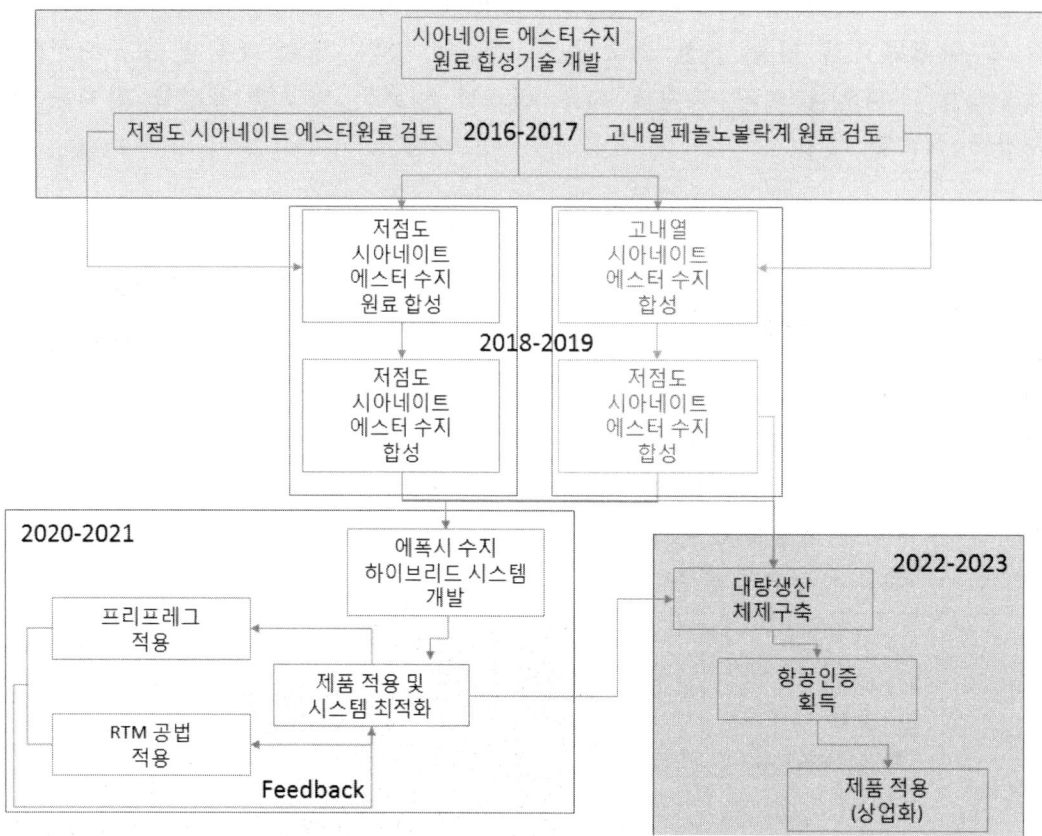

❏ 기술개발 목표 및 중장기 계획

탄소섬유 복합재료의 고부가 가치화 및 경쟁력 확보를 위하여, 300℃ 이상의 고내열 특성을 가지는 시아네이트 에스터 수지의 개발 및 이를 이용한 에폭시 수지 하이브리드 시스템의 개발

- 2016~2017 : 저점도 시아네이트 에스터 수지 및 신규 페놀노볼락 수지의 원료 검토 및 합성
  - 분자 구조 설계
  - LAB용 원료 합성 시스템 구축
  - LAB용 시아네이트 에스터 수지 합성 기술 연구

- 2018~2019 : 고내열 저점도 시아네이트 에스터 수지의 합성 및 제조 기술 확립
  - 시아네이트 에스터 수지의 합성 기술
  - 시아네이트 에스터 수지의 열적, 기계적 물성 평가

- 2020~2021 : 시아네이트 에스터 - 에폭시 수지 하이브리드 수지의 Formulation 개발 및 복합재료 공정에의 적용
  - Infusion, RTM, 프리프레그, Filament Winding 등 각 공정의 공정 적합성 평가 및 최적 성형 조건 확립
  - 복합재료의 기계적 물성 평가 및 데이터베이스 확립
- 2022~2023 : 대량 생산 체계 구축
  - Mass 규모 합성 시스템 구축
  - 제조 공정 최적화

9. 기술 확보 전략

❑ 자체 개발

원료 합성에 대한 기술력은 국내 업체의 수준이 일정 수준 이상으로 자체 개발이 가능함.

개발 비용적인 면을 고려할 때 해외의 제조사에서 수급하여 개발 속도를 줄일 수 있으나 공급안정성에 대한 리스크 문제 및 국방산업에 사용될 수 있기 때문에 반드시 국산화해야 함.

❑ 공동 개발

수지 합성을 전문으로 하는 기업과 복합재료 가공을 전문적으로 하는 회사와 공동으로 개발할 경우 실제 제품 적용에 최적화 된 제품 개발이 가능할 것임.

해외 판매 등을 공동으로 수행할 경우 시스템으로 납품 가능하기 때문에 부가가치를 더욱 높일 수 있음.

전략	특징	위험도	획득기간	독자전략 구상	성과 독점성
자체개발	핵심기술 확보 소유권 획득	고	장기	가능	높음
공동개발	기술 공동 소유 수출 등 해외진출 용이	중	중기	중간	보통

10. 연구개발 가이드라인

❏ 정부 예산 R&D 가이드라인

핵심요소 기술명	연도별 연구 비용 (억원)						비고
	세부기술	현재	2016-7	2018-9	2020-21	2022-23	
초고내열 시아네이트 에스터 수지의 개발	시아네이트 에스터 원료제조기술	0	30	0	0	0	
	시아네이트 에스터 수지 제조 기술	0	0	30	0	0	
	복합재료에의 적용 및 대량생산화	0	0	0	40	30	

* 연구비는 정부투자R&D로 한정

11. 기대효과

❏ 정책적 효과

전량 수입되고 있는 시아네이트 에스터 수지의 국산화

생산업체가 한정되어 있으므로 원료 및 제품 선택의 주도권을 우리나라가 가질 수 있음 특히, 시아네이트 에스터 수지는 전략물질로 방위산업에 사용될 경우 수급이 안되는 문제를 해결 할 수 있음. (경쟁력 강화)

❏ 기술적 효과

기존에 판매되고 있지 않은, 다양한 신규 구조의 시아네이트계 수지의 개발로 응용분야의 범위가 확대되고 이를 이용한 복합재료의 기능적 경쟁력이 확보됨.

❏ 경제적 효과

국내 시장 규모는 대략 20억원/연 규모이나, 가격경쟁력 및 기술적인 한계를 극복하면 100억원/연 규모로 성장 가능함.

국내 에폭시 제조사는 수출이 50~60% 규모로 개발 성공 시 해외 시장 판로를 개척하는데 어려움이 없을 것이며, 300~500억원/연 규모로 성장할 잠재성이 있음.

2.4 국산 탄소섬유 복합재료의 항공기적용 인증기술

국산 탄소섬유 복합재료의 항공기적용 인증기술 요약

정의	국내 생산하고 있는 국산 탄소섬유(T800급) 복합재료의 항공용 인증 평가
비전 및 목표	국내에서 생산한 탄소섬유(T800급) 복합재료의 특성을 평가하여 항공용으로 인증을 받도록 함
동향	복합재료 인증기술은 국토부 "소형항공기용 국산 복합재료 DB 구축 및 공유 시스템 개발"과제를 통해 확보하였음(품질체계, 제조공정 감사 및 시험 입회를 통한 안전성 확보) 국토부 항공안전기술 사업으로 구축한 인증체계를 활용하여 체계적인 국산 탄소섬유 복합재료 평가 및 인증 업무 수행 효성에서 생산한 탄소섬유(T800급) 복합재료의 인증을 위한 특성 평가 착수 (미래성장동력 Flagship Project로 2015년 수행 착수)

기술수준 및 경쟁력	세계최고국명	최고국대비 기술수준(%)	기술격차(년)	시사점
	미국	80	5	국내 개발 항공기에 적극적으로 활용 필요 다양한 국산 탄소섬유를 생산하여 적용범위 확대 필요
	강점		약점	
	국산복합재료 사용으로 경쟁력 확보 가능		사용 가능한 항공기용 국산 복합재료가 다양하지 않음	

향후전망	전략품목	성능지표*	현재(2015)		2018
	고강도 고성능 복합재료	국산 탄소섬유 평가 및 인증	40	➡	100
		고성능 복합재료 인증	90	➡	100
	복합 부품 공정 기술	공정기술 평가	80	➡	100
		AC20-107B 평가	80	➡	100

* 선진국 수준(100) 대비 목표를 표시

핵심기술	국산 탄소섬유 시험 평가 및 인증 국산 탄소섬유 복합재료의 특성 데이터베이스 구축 및 인증 소재업체/성형업체/제작업체의 품질인증 체계 확립

1. 기술의 정의

- 고성능 고강도 국산 탄소섬유 복합재료 데이터베이스 확보

- 표준 공정기술 확보

- Building Block Approach 평가

2. 비전

- 고성능 국산 탄소섬유 복합재료 특성 데이터베이스 확보

    Autoclave, 오븐성형 등 수지 개발
    고온용 고인성 수지기술 개발
    국산 탄소섬유 복합재료의 인증

3. 목표

- 저비용 일체화 성형기술 확보

    1단계 : 국산 탄소섬유 복합재료 데이터베이스 확립
    2단계 : 국산 탄소섬유 복합재료 공정 규격 표준화
    3단계 : AC20-107B 평가

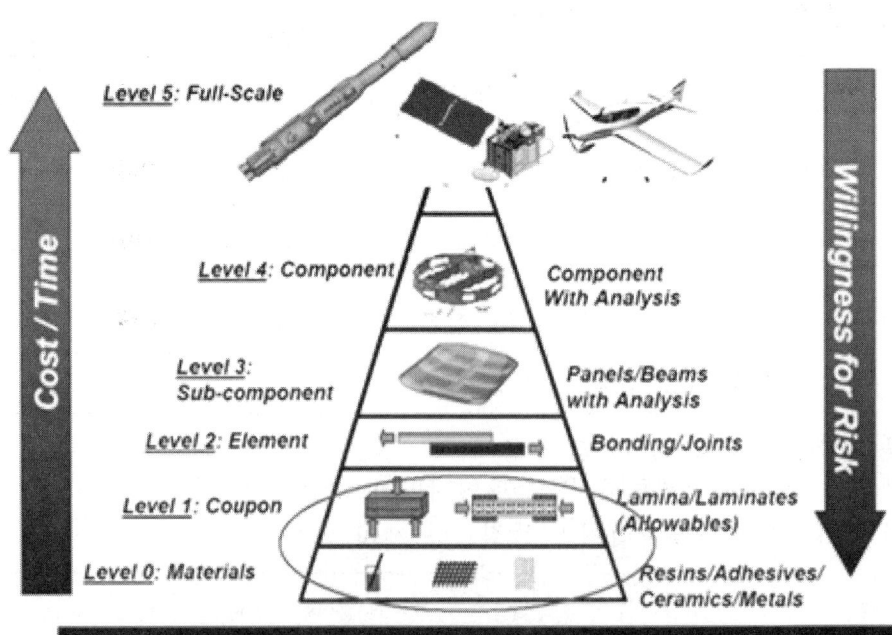

<복합재료 인증의 범위>

4. 국내외 시장 전망

❑ 현재 전세계 탄소섬유 시장 점유율은 일본 도레이가 40%로 1위, 도호테낙스가 17%, 미쓰비시레이온이 13%로 일본 3개 업체가 70% 이상을 차지하고 있음. 이밖에 30% 가량은 미국, 대만, 독일, 영국, 프랑스 등 화학섬유 선진국과 중국이 소량 생산 중인 것으로 집계됐음

　항공기 시장 즉, 폴리아크릴로니트릴(PAN)계만 한정할 경우, 일본 도레이가 60% 이상의 점유율을 차지

❑ 시장전망 (High Performance Composites, May 2012)

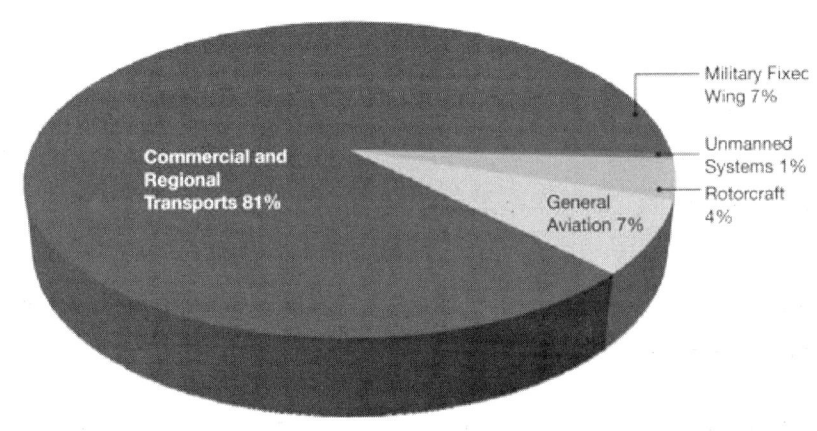

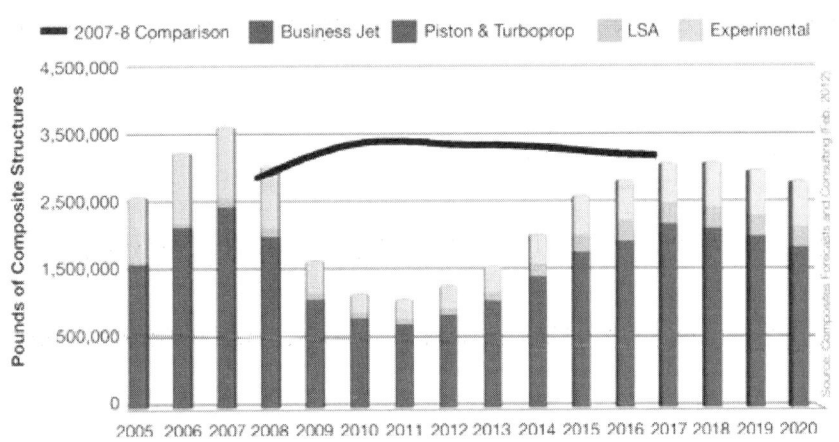

5. 국내외 연구동향 및 기술발전 전망

<해외>

❑ 그동안 수행했던 AGATE (NASA Advanced General Aviation Transport Experiment) 프로그램의 결과를 바탕으로, 미국 NIAR(National Institute for Aviation Research)내의 NCAMP(National Center for Advanced Materials Performance)를 활용하여 데이터베이스를 공유하고 있음.

AIR100-2010-120-003, September 20, 2010

❑ 유럽 EASA에서도 NCAMP방법 승인

EASA Certification Memo CM-S-004(January, 2014)

<국내>

❑ 국토교통부의 복합재료 인증체계 구축 사업(2012.6~ 2015.5)이 진행 중임.

㈜한국화이바의 글라스패브릭 1종과 탄소패브릭 1종, ㈜티비카본의 일방향 탄소섬유 1종, 총 3종의 프리프레그가 대상임
KC-100기종에 사용한 재료(2002년 AGAGE 승인 재료)를 대체할 목적으로 이와 유사한 특성의 재료를 선정

❑ 효성에서 생산한 국산 탄소섬유를 사용한 복합재료의 인증시험을 착수하였음

과제명 :국산 탄소섬유 복합재료 특성 평가 (2015.1-2018.12)
미래부 미래성장동력 Flagship Project : 탄소섬유 복합재료 Project 시범사업

❑ 항공우주복합재료 데이터센터

국가기술표준원 공고 제2015-28호(2015.1.28): 제30호 국가참조표준 데이터센터

항공우주복합재료 데이터센터 홈페이지 http://www.acdc.kari.re.kr

〈http://www.acdc.kari.re.kr 캡쳐화면〉

2.5 미래선도 항공기 경량구조 개발 기술

미래선도 항공기 경량 구조 개발 기술요약

정의	언제 어디서나 자유롭게 항공이동이 가능한 새로운 수송체계인 고효율, 지능형 개인용 항공기(PAV) 경량 구조물 개발		
비전 및 목표	**구분**		
	체계 시스템	1단계 핵심·원천기술 개발	2단계 무인기술시현기	3단계 유인시제기
	Goal 1 친환경·고효율 추진시스템	• 친환경 고효율 항공기용 내연기관 개발 • 항공기용 고신뢰성 연료전지 (PEM/SOFC) 시스템 개발 • 하이브리드 동력/추진시스템 핵심기술 개발	• 친환경 내연기관 및 프로펠러/팬 추진 시스템 실용화 개발 • 연료전지 시스템 비행체 통합 및 장기 체공 비행성능 실증 • 내연기관/전기동력 하이브리드 기술 시현	• 내연기관/전기동력 하이브리드 시스템 성능 향상 • 연료전지/배터리시스템 에너지밀도 향상 • 전기동력/추진시스템 효율 향상 및 신뢰성/안전성 확보
	Goal 2 Easy-Fly 자율비행	• 자동 편대비행 및 충돌회피 기술개발 • 외부 상황인식 및 고장진단/재형상제어 기술개발 • PAV 운영 및 교통관리 기반 기술	• 군집 비행환경에서의 자율비행 기술 실증 • PAV 운항감시 및 교통관제 기술	• 교통관제 연동가능한 Easy-Fly 환경 구현 • PAV 공역관리 및 통합운용 교통관리 기술
	Goal 3 첨단소재 경량구조 및 내추락 성능향상	• 고강도/고강성 복합재 성형공정 개발 • 내추락 성능 향상 복합재 구조 설계/해석	• 경량구조 성형공정 및 실용화 기술개발 • 내추락 구조 최적화 및 유인기 적용기술 개발	• 고성능 복합재 적용 구조경량화 및 내추락 성능향상 • 경량 복합재 PAV 구조개발
	Goal 4 저소음·저항력 공력형상 최적화	• 소음원 측정 및 전산해석 기술 개발 • 항력저감 및 고양력 설계 기술 개발	• 저소음 형상설계 기술 실증 및 체계적용 • 날개 항력 저감 및 저항력 동체 형상 설계 기술 체계 적용	• 저소음/저항력 형상 설계 기술 실용화

| 동향 | 항우연에서는 태양전지/연료전지/2차전지로 구성된 친환경 하이브리드 전기 추진 시스템을 적용한 무인 전기 비행체 기술을 개발함
스마트무인기 및 전기동력 무인기 시제 개발을 통해 경량 복합재 기체구조 설계/제작 경험을 확보함
Terrafugia社의 PAV "Transition"은 동체 및 날개 스킨에 복합재를 적용하였고, 영국의 Qinetiq社는 고성능 복합재를 적용한 고효율 장기 체공 무인기 "Zephyr"를 개발함 |||||

기술수준 및 경쟁력	세계최고국명	최고국대비 기술수준(%)	기술격차(년)	시사점
	미국	60.0	10.0	국산 탄소섬유를 사용하여 일체화 성형기술 개발 필요
	강점		**약점**	
	국산복합재료 사용으로 경쟁력 확보 가능		사용 가능한 항공기용 국산 복합재료가 다양하지 않음 일체화 성형기술 부족	

전략품목	성능지표*	현재(2015)		2022
고강도 고성능 복합재료	복합재료 생산 및 인증	70	➡	100
	저비용 성형기술 개발	40	➡	80
내추락 성능향상 구조설계	Crashworthiness 구조해석	60	➡	70
	내추락 설계기술	60	➡	80

* 선진국 수준(100) 대비 목표를 표시

향후전망

핵심기술

01 2013-2020
친환경 추진시스템 개발
- 고효율 내연기관 및 연료전지·배터리 기술
- 고효율·저소음 프로펠러 및 덕티드 팬 개발

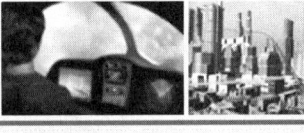

02 2013-2020
고신뢰성 자율비행 및 교통관리 기술 개발
- 자동이착륙, 다중기능 Display
- 편대비행 및 충돌탐지·회피 기술
- PAV 운영 및 교통관리 기반 기술

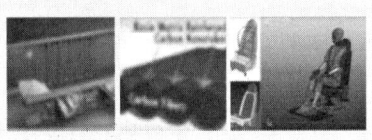

03 2013-2020
첨단소재 적용 경량 구조 개발
- 고강도·고강성 복합재 성형공정 개발
- 내추락 성능 향상 복합재 구조 설계/해석

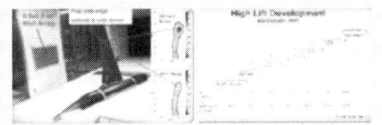

04 2013-2020
저소음·저항력 형상 개발
- 공력소음 예측 및 저소음 형상설계
- 저항력 형상 및 초고양력 장치
- 소음 및 진동 능동제어 기술

1. 기술의 정의

- 고성능 고강도 국산복합재료 데이터베이스 확보
- 저비용 일체화 성형기술 확보
- 복합재료 부품 Crashworthiness 설계기술 개발

2. 비전

- 고성능 국산복합재료 부품 설계데이터베이스 확보

    저비용 일체화 성형을 위한 복합재료 수지 개발
    Liquid Molding 공정기술 개발
    인장응력에서 Dynamic in-plane 특성분석으로 Crashworthiness BBA 증명

3. 목표

- 저비용 일체화 성형기술 확보

    1단계 : Liquid Molding공정을 위한 복합재료 데이터 확보
    2단계 : Crashworthiness 고려한 설계개발시험 및 Joints 거동 모델링
    3단계 : Crashworthiness BBA 데이터 확보

4. 국내외 시장 전망

- NASA VSP(Vehicle Systems Program) 의 PAV 전망

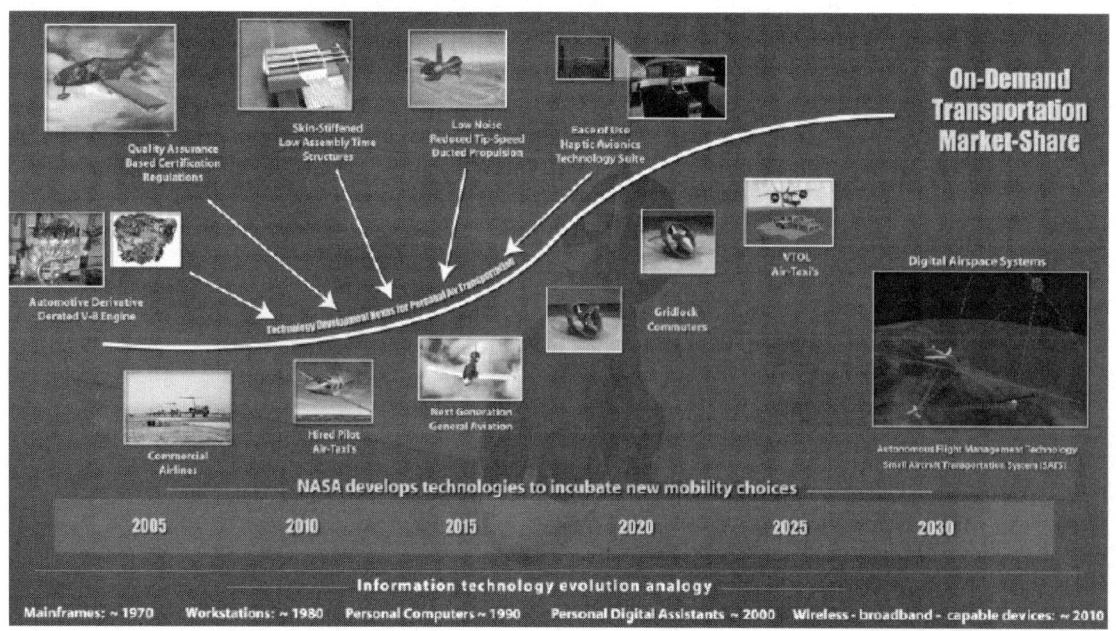

5. 국내외 연구동향 및 기술발전 전망

⟨해외⟩

❏ 2013년에 시험 비행을 마친 Terrafugia사의 PAV의 경우

　구조설계는 미국 항공법의 FAR 23을 따름
　중량절감을 위하여 one-piece제작으로 부품수를 줄임

	Type	Concept	Roadable	Propulsion	Characteristics
	STOL	Door-To-Door	Yes	Propeller	•Folding Wing & Tilt-Rotor •Design for Highway operation •Only available in market, Not Cert.
	STOL		Yes	Rotor + Propeller	•Foldable Rotor •Simultaneous use of Propeller & rotor during cruise •Performed Demo flight[2013]
	VTOL		Yes	Ducted fan	•Vector Control of four ducted fans •Considering Design change
	VTOL		No	Ducted fan	•Lifting[2] & forward flight by using four ducted fans •Vanes used to control direction
	VTOL		No	Ducted fan	•Application of two ducted rotors(counter-rotating propeller)
	VTOL		No	Ducted fan	•Rotation plane of two ducted fans can be changed
	STOL		Yes	Turbofan	•Pressurized cabin & automatic mode change •Wing deployment method is nor clear

(한국기계학회 2014춘계학술대회)

핵심 요소기술*	해외	국내	
		공공	민간
저비용 일체화 성형기술	인증된 경량 복합재료 사용 가능	복합재료 인증데이터 개발중	국산 탄소섬유 생산중
설계개발시험 및 Joints 거동	기술 표준화 개발중	부품 설계기술 개발 중	시험기술 확보
Crashworthiness BBA 데이터	FAA 중심으로 기준 개발	Crashworthiness 시험 기술 확보	

2.6 내열/고강도/경량 복합재료 개발

기술명 : 내열/고강도/경량 복합재료 개발 요약				
정의	재사용 가능한 우주비행기용 내열 복합재료 시스템 개발			
비전 및 목표	구 분	1단계	2단계	3단계
	체계 시스템	무인 로켓플레인 개발 (50km)	유인 재사용 저궤도 SSTO 우주비행기 개발(400km)	유인 준궤도 우주비행기 개발(100km)
	Goal 1 추진기관	• 램젯/스크램젯 및 로켓 엔진 기반기술개발 • 무인기용 소형 제트엔진 & 소형 고체 엔진 활용 기술개발	• 터보제트2기와 한국형발사체 10톤 액체 로켓엔진 2기 활용 • 가변사이클엔진 핵심기술 개발 및 비행시험	• 한국형발사체 75톤 액체로켓엔진 기술 활용 • SSTO용 가변사이클 엔진 개발
	Goal 2 구조/재료	• 시험환경에 따른 내열/고강도/경량 재료 및 구조설계 • 내열 코팅기술개발	• 탄소/탄소(노즈 및 날개선단), 티타늄/알루미나이트(동체하단), 베릴륨/동미소복합재료(엔진)기술개발	• 비행환경에 따른 내열/고강도/경량 재료 및 구조설계
동향	현재 개발 중인 한국형발사체용 75톤 및 7톤 액체엔진과 추진시험시설 구축이 완료되면, 우주비행기 시스템 개발에 필요한 기반기술이 확보될 것으로 예상 우주여행은 고도의 훈련받은 우주인만이 다녀올 수 있는데, 미국의 Space Ship-One은 2004년 성공으로 Space Ship-Two가 개발중이며 2013년에 상용화되어 본격적인 우주여행 상업화 시대가 시작 재진입 Orbiter에 실리카, C/C 등 5가지 내열재료 사용 (TRL 10)			
기술수준 및 경쟁력	세계최고국명	최고국대비 기술수준(%)	기술격차(년)	R&D전략
	미국	60%	15	3000℃ 이상의 Ultra-high temperature에서 안전하게 사용할 수 있는 Group IV-V compounds의 탄화, 질화 및 보라이드계의 부품개발
	강점		약점	
	C/C내열부품 Prototype제작		내열재료기술 및 고온시험평가 기술 취약	

	핵심 요소기술	세부기술*	현재 (2015)		목표 (2022)
핵심요소기술	내열재료 시스쳄	탄소기지 복합재료 개발	70	➡	95
		SiC 복합재료 개발	50	➡	90
	내삭마 복합재료	금속기지 열차폐시스템 개발	30	➡	90
		(Hf, Me)C 세라믹 개발	30	➡	90
	* 선진국 수준(100) 대비 목표를 표시				

1. 기술의 정의

- 극한환경/열보호 경량 우주 재료시스템 개발
- 저비용 C/C, C/SiC 및 금속기지 복합재료 공정기술 확보
- 우주 극한환경 성능평가

2. 비전

- 우주의 극한환경에 사용하는 재료시스템의 특성 연구 필요

  비산화물계 붕화물 및 탄화물을 분산시킨 금속-세라믹복합소재 제조
  C/SiC 제조 및 부품성형 기술
  접합기술 개발 및 성능평가

3. 목표

- 극한환경/열보호 경량 우주 재료시스템 개발

  1단계 : 내열복합소재 특성설계, 계면제어 기술, 입자미세화 기술
  2단계 : 내열복합소재 성형기술
  3단계 : 내열복합소재 부품 성능평가기술

4. 국내외 시장 전망

- High Temperature Insulation Market Analysis by Product

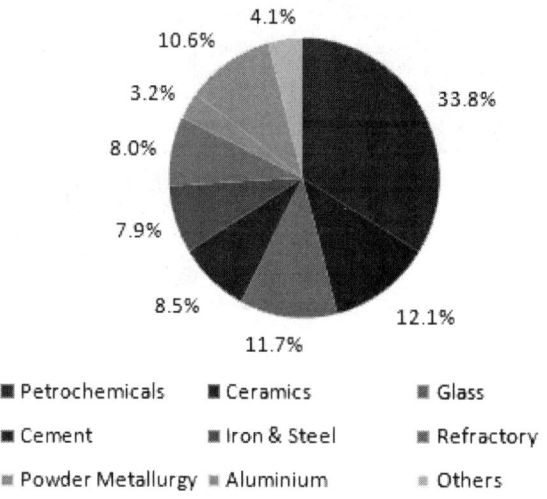

Global HTI products volume, by application, 2012

(http://www.grandviewresearch.com/industry-analysis/high-temperature-insulation-industry)

5. 국내외 연구동향 및 기술발전 전망

❏ 우주왕복선의 경우 100번 가량 재사용이 가능하며 −160℃의 극한 우주환경과 거의 1600℃에 달하는 재진입 온도에서 사용되어야 하므로 여러 환경조건에서 특성변화나 강도저하가 없는 재료를 사용하고 있음.

❏ 미국의 DWA, MC21사 등에서는 금속복합소재의 실용화를 위한 대량생산기술을 보유하고 있으며, 최근에는 강화재의 크기를 나노 크기까지 복합화하는 기술을 개발

❏ 국내에서는 C/C 복합재료로 발사체 부품을 제작하였으나, 성능이 낮아서 실용화 하지 못했음

핵심 요소기술	해외	국내	
		공공	민간
재료 개발	미국, 유럽연합(EU), 일본 등의 선진국들은 장기적인 계획 하에 금속복합소재 개발	초보단계로서 지원필요	재료개발 분야 취약
대형부품 제작기술	NASA 로켓 및 Space Shuttle 등에 사용 중임	부품설계 및 성형기술 개발 필요	부품 제작 설비 필요

2.7 극저온 복합재료 개발

기술명 : 극저온 복합재료 개발 요약		
정의	발사체 연료탱크용 극저온 복합재료 개발	
비전및목표	단계	세부목표
	1단계 (2013-2015)	극저온용 수지 및 복합재료 국산화개발
	2단계 (2016-2019)	극저온용 복합재료 대형구조 일체화 성형기술 개발
	3단계 (2019-2022)	극저온 단열코팅 복합시스템 개발
동향	2014년 8월 NASA에서 5.5m 크기 대형 Composite Cryotank시험성공(TRL 7) Space Shuttle 탱크에 5가지 극저온 코팅 사용 (TRL 10) 극저온 복합재료 사용시 탱크무게 40% 무게 감량 가능	

기술수준 및 경쟁력	세계최고국명	최고국대비 기술수준(%)	기술격차(년)	R&D전략
	미국	50	15	발사체 경량화를 위한 필수기술
	강점		약점	
	수지 합성 기술 보유		극저온 시험설비 필요	

핵심요소기술	핵심요소기술	세부기술*	현재(2015)		목표(2022)
	극저온 복합재료 시스템	극저온 수지 개발	50	➡	95
		극저온용 고성능 복합재료 개발	40	➡	90
	열보호 시스템 개발	극저온 보호 복합시스템 개발	30	➡	90
		성형공정 개발	30	➡	90

* 선진국 수준(100) 대비 목표를 표시

핵심기술

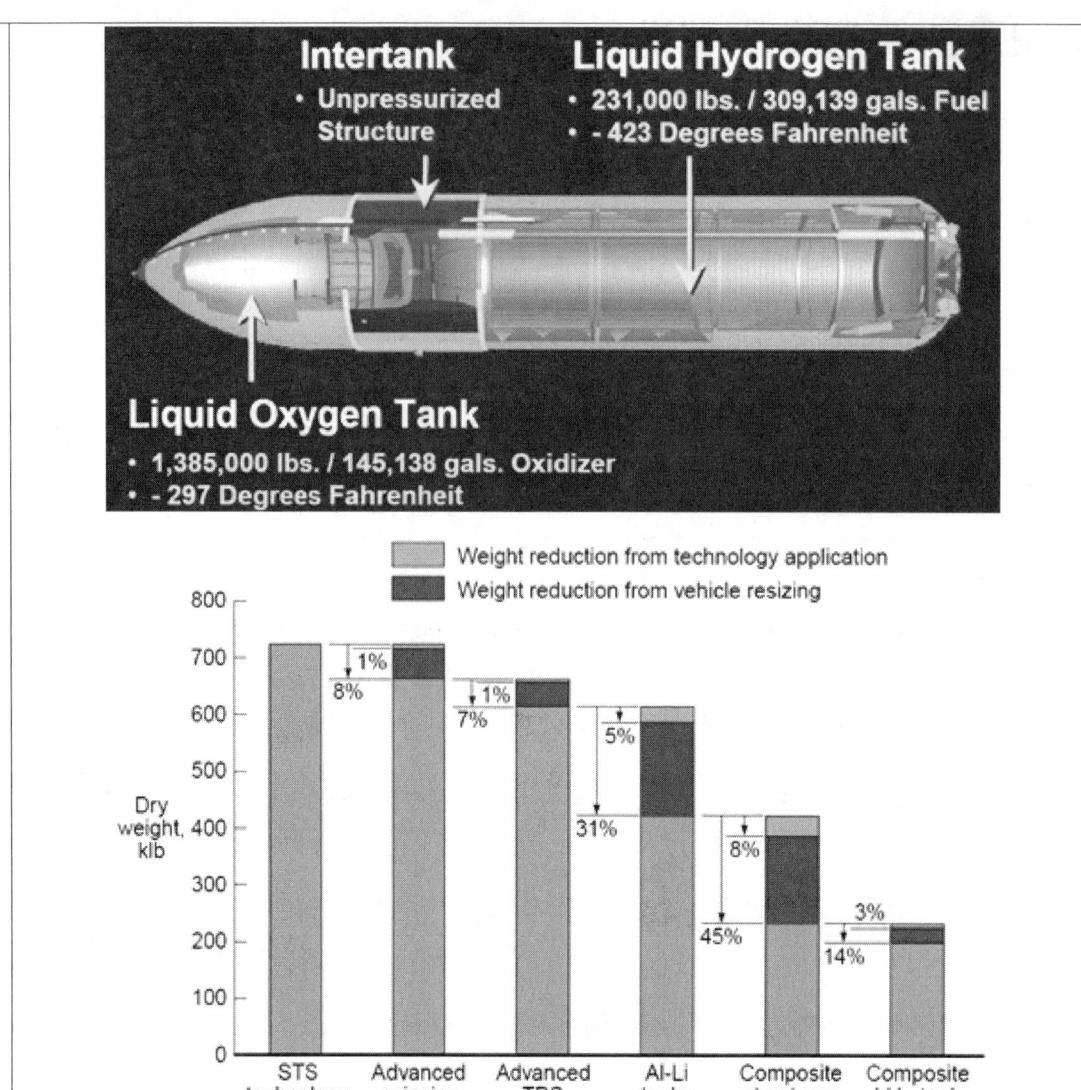

1. 기술의 정의

❏ 극저온 탱크용 복합재료 시스템 개발

❏ 복합재료 설계 및 공정기술 확보

❏ 극저온 및 발사환경 성능평가

2. 비전

❏ 발사체 연료탱크용 극저온 복합재료 시스템 개발

　　극저온용 수지 개발
　　대형구조물 경량화 성형 기술
　　극저온 성능평가 및 Producibility 시험

3. 목표

❑ 발사체 연료탱크용 극저온 복합재료 시스템 개발

　　1단계 : 극저온 복합소재 특성설계 및 재료 공정 개발
　　2단계 : 극저온 복합소재 대형부품 성형기술 개발
　　3단계 : 극저온 복합소재 탱크제작 및 성능평가기술

4. 국내외 시장 전망

❑ 중국의 극저온 시장

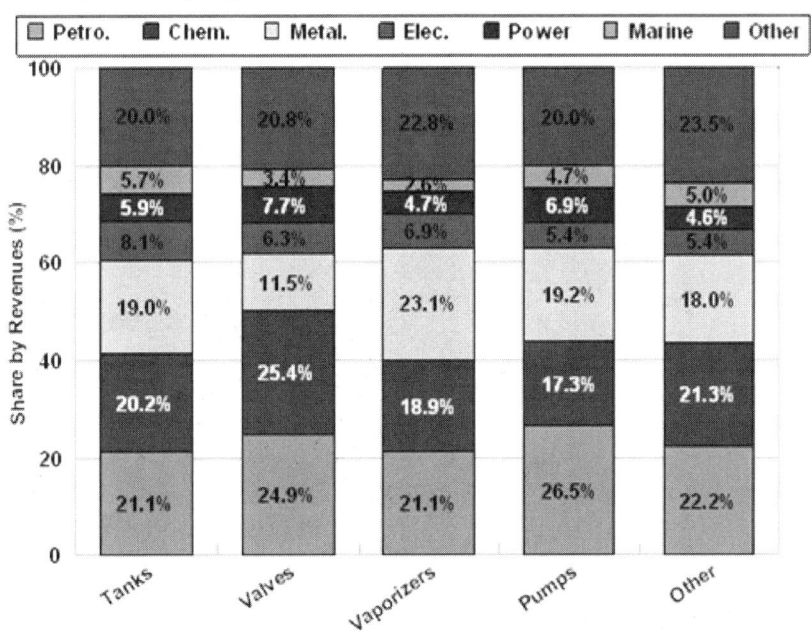

Source: GCiS

(http://www.gcis.com.cn/china/Cryogenic%20Equipment.htm)

5. 국내외 연구동향 및 기술발전 전망

❑ X-33 우주비행기에 사용하려고 극저온 복합재료 탱크를 개발했으나, 1999년 압력시험도중 파손되어 중단

❑ 2014년 8월 NASA에서 5.5m 크기 대형 Composite Cryotank 시험성공(TRL 7)

핵심 요소기술	해외	국내	
		공공	민간
재료 개발	NASA에서 5.5m 크기 대형 Composite Cryotank 시험성공	알미늄 탱크 대신 극저온 복합재료 탱크 사용 검토중	극저온 복합재료 기술 개발 능력 낮음
대형 부품 제작 기술	NASA에서 5.5m 크기 대형 Composite Cryotank 시험성공	Fiber Placement 등	Fiber Placement/ Winding 등 대형 복합재 탱크 제작 시설 보유

❑ Composite Cryotank Technologies and Demonstration (CCTD)

(http://gcd.larc.nasa.gov/projects/archived-projects-2/composite-cryogenic-propellant-tank/)

2.8 우주용 복합재료 구조물 개발

기술명 : 우주용 복합재료 구조물 개발 요약				
정의	위성체 경량화 및 기능성소재 개발 우주극한환경(Cosmic ray, Atomic Oxygen 보호 등)으로부터 달 착륙선의 기능성 구조물 보호를 위한 내방사선 차폐 시스템 개발 우주환경에 사용하는 첨단 복합재료 경량 구조 개발			
비전 및 목표	비전 : 첨단 복합재료를 적용하여 우주 구조물 경량화 개발 목표 : | 구 분	1단계	2단계	3단계 | |---|---|---|---|
체계 시스템	1.5톤급 우주구조물	10톤급 우주구조물	60톤급 우주구조물스마트 위성정보 융복합 서비스
Goal 1 모듈 설계 및 제조	정밀급 대형압력 챔버 제조기술 우주방사능 차폐 유성체 및 우주파편 회피 기술 팽창 소재 개발 및 전개 기술 태양열 전지제작 및 전개 기술	water recovery/waste management 기술 단기체류 거주 제작 기술 Re Fueling Chemical reaction 추력기 제조기술	Inflatable 가압모듈 설계/제조 기술 장기체류 거주 제작 기술 Kevlar 섬유를 이용한 극한환경에서의 Inflatable 구조물 건설 기술				
동향	XMM, Envisat 등의 대형구조물에 Ultra-high modulus M60/954-3 복합재료 사용 Dream Chaser의 동체구조물에 사용 Lunar Lander 등에 ATK 복합재료 사용			
기술수준 및 경쟁력	세계최고국명	최고국대비 기술수준(%)	기술격차(년)	R&D전략
	미국	60%	15 년	우주환경용 구조물 개발 기술
	강점		약점	
	위성체 구조물 시스템 개발		Additive Manufacturing등 기술 미비	

핵심요소기술	핵심 요소기술	세부기술*	현재 (2015)		목표 (2022)
	우주용 복합재료	피치계 고강성 탄소섬유개발	40	➡	95
		우주용 복합재료 프리프레그 개발	30	➡	90
	우주환경 내구성	우주환경 보호 재료 개발	60	➡	90
		초경량 고내구성 우주구조물 개발	60	➡	90

* 선진국 수준(100) 대비 목표를 표시

가압 및 비가압 모듈 설계 제조기술
- Water recovery/waste management 기술
- 단기체류 거주(Sleeping/Exercise/Resting/Feeding element) 제작기술
- Re Fueling Chemical reaction 추력기 제조기술

신소재 및 신개념 구조체 개발을 통한 초경량, 고내구성 우주구조물 개발

도킹모듈 및 외부 우주구조물 설계/제조 기술
- 도킹모듈의 선실 기밀 유지 및 선실압력 가압장치 개발기술
- 도킹 모듈간 결합/에너지 흡수/인터페이스 정렬 구조물 제조기술
- 도킹 모듈간 자료전송/전력분배/지령 호환 인터페이스 SW 및 HW 제조기술 관련 요소 기술
- 로봇팔 HW및 제어 소프트웨어제작기술

국제 협력을 통한 도킹 시스템 공동개발

유인 우주 기술
- 유인우주실험 외부/내부 실험 탑재체 개발기술
- EVA 장비 개발 기술
- 우주인 양성 기술

유인 우주 실험 기술 개발 및 지상 인프라 구축

핵심기술: 10톤급 성능검증 모듈 개발

1. 기술의 정의

☐ 우주용 복합재료 구조물 개발

☐ 우주환경에 적합한 복합재료 개발 및 공정기술

☐ Additive manufacturing 등 우주환경에서 대형구조물 구축기술

2. 비전

☐ 우주환경에서 사용가능한 대형 경량구조물 구축기술

    우주환경용 수지 개발
    대형구조물 전개 및 구축 기술
    Additive manufacturing 기술

3. 목표

❑ 우주용 대형 복합구조물 개발

   1단계 : 우주환경용 경량 복합소재 개발
   2단계 : Additive manufacturing등 개발
   3단계 : 복합소재 대형구조물 구축 기술 개발

epoxy resin
glass fibers
UV curing
(Astrium-SAS France)

epoxy resin
carbon fibers +45/0/-45
thermal curing

epoxy resin
glass fibers 0/90
visible light curing

<전개형 우주구조물 개발의 예>

4. 국내외 연구동향 및 기술발전 전망

❑ 미국 등 선진국에서는 우주비행체용 복합재료 개발로 위성체 및 우주 구조물 경량화

❑ 국내에서 우주용 복합재료 개발된 바 없음

핵심 요소기술	해외	국내	
		공공	민간
재료 개발	고성능 첨단 복합재료를 위성구조물에 사용	우주구조물의 경량화를 통한 경쟁력 향상이 요구되고 있음	우주용 복합재료 개발 여력 부족
우주 구조물 제작	Additive manufacturing 기술 개발 중	국가연구기관 주도	우주구조물 생산경험 부족

2.9 항공우주 복합재료 정밀 해석 기술 개발

기술명 : 항공우주 복합재료 정밀 해석 기술 개발 요약

정의

복합재료 소재의 파손, 피로파괴 등에 대한 수치 해석 기술 개발
Quantification of margins and uncertainties (QMU)에 근거한 복합재료물성의 신뢰성 평가 및 구조물 설계 기술 개발

비전 및 목표

비전 : 재료특성시험과 구조시험의 일부를 대체하는 복합재료 해석 기술 확보
목표 :

구 분	1단계	2단계	3단계
복합재료 파손 및 피로파괴 예측 소프트웨어	- 점진적 정적 파손해석 - 이산응집영역 모델 기술 - 허니컴 샌드위치 구조해석 기술	- 점진적 파손 동적해석 - 저사이클의 준 정적피로해석 - 고사이클의 조화 피로파괴해석	- 랜덤 피로파괴 - 파단이 포함된 피로해석 - 필라멘트 와인딩 복합재료 해석
재료 모델의 QMC 분석 및 설계 프레임워크	- 단위셀 기반의 멀티스케일 정적 해석 - 재료 불확정 해석 - 확률론적 분석기술	- 공정 불확정 해석 - A&B기저 허용치 해석 - 통계적 대표 모델을 고려한 멀티스케일 정적해석	- 파괴인성 결정 해석 - 비결정변수를 고려한 피로 균열 성장 해석 - PFA 단위셀 기반의 멀티스케일 정적/동적 해석 - ASTM 기반의 점진적파손최적화 기법

동향

GENOA 등 상용구조해석 소프트웨어와 연계한 가상시험 소프트웨어들이 등장하고 있으며, 국내외 산업체에서 도입 중
멀티스케일 및 다양한 파손 이론의 등장으로 해석 정밀도가 향상되고 있음
근래에는 재료물성, 공정상의 불확실성을 해석에 반영하는 QMU 개념이 재료물성 평가와 상세 구조설계에 모두 반영이 되는 추세

기술수준 및 경쟁력

세계최고국명	최고국대비 기술수준(%)	기술격차(년)	시사점
미국	40%	10 년	불확정성 요소가 포함된 복합재료 물성 예측 소프트웨어 및 복합재료 통합솔루션 개발 필요
강점		약점	
해외 수준의 구조 응력해석 소프트웨어 확보		최신파손이론 및 물성의 불확실성 반영 미흡	

핵심기술

핵심 요소기술	세부기술*	현재 (2015)		목표 (2022)
복합재료 파손/피로파괴 해석기술	점진적 정적/동적 파손해석 기술	80	➡	95
	파손/피로해석 관련 이론 개발 및 구조해석 소프트웨어와 연계	40	➡	95
복합재료 통합 솔루션 개발	재료물성평가를 위한 QMU 소프트웨어 구성	30	➡	90
	불확정요소를 고려한 재료/구조물 설계 프레임워크 구성	20	➡	90

* 선진국 수준(100) 대비 목표를 표시

1. 기술의 정의

❏ 수치해석 기반의 우주용 복합재료의 점진적 파손해석 및 피로파괴 해석 기술

❏ 공정오차, 재료의 불확정성을 고려한 QMU 모델 도출 및 시험 시편에 대한 통계적 허용치 등 도출 기술

❏ 표준 시편 테스트 검증을 위해 미시역학적 관점에서 재료 물성을 구성하는 방법론 구성 및 강도의 카펫차트(Carpet plot) 도출 기술

2. 비전

❏ 시험의 일부를 대체할 수 있는 복합재료 해석 기술의 확보

정적/동적의 점진적 파손해석 및 피로파괴해석 기술
항공우주용 복합재료에 적합한 해석 기술 확보
불확정 요소가 고려된 복합재료 해석 모델 확보

3. 목표

❏ 복합재료 통합 해석 솔루션 개발

1단계 : 다양한 파손모드를 고려한 멀티스케일 기반의 점진적 파손해석 툴 개발
2단계 : 동적 파손해석과 불확정성에 기반한 통계 해석 기술 기반의 확보
3단계 : 결정/비결정 요소가 포함된 피로파괴 해석 기술 확보

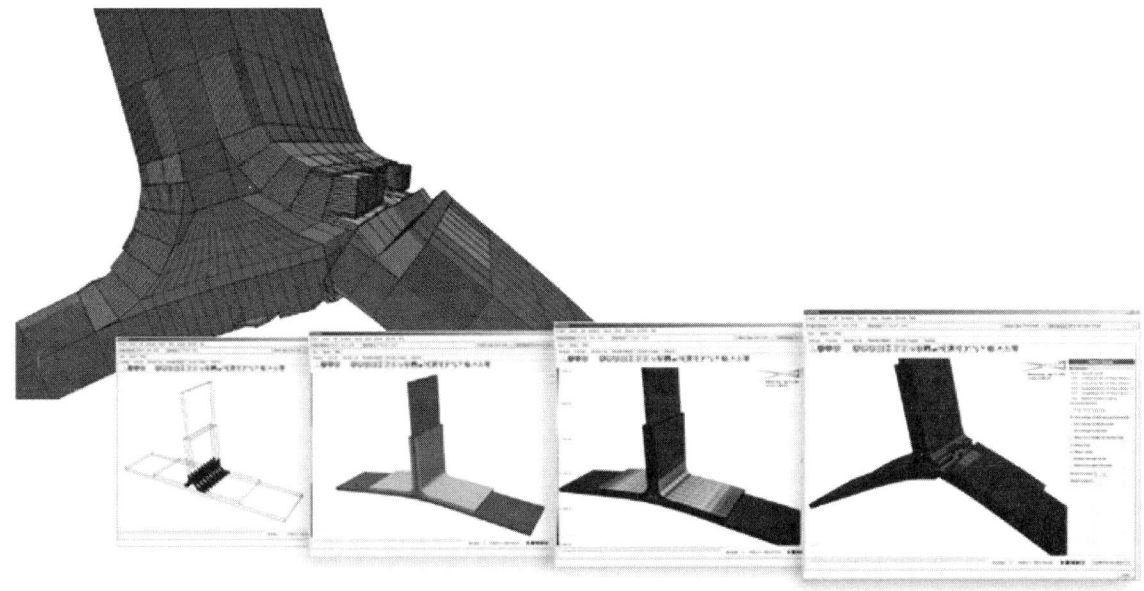

<통합 복합재료 설계 프레임워크 개발의 예>

4. 국내외 연구동향 및 기술발전 전망

❏ 미국 등 선진국에서는 전문 해석 소프트웨어가 상용화되고 있는 추세이며, 구조 수준의 크기에 대해서는 범용적인 해석 방법에 대한 수렴이 이루어지고 있음.

❏ 시편 크기의 재료 물성 예측과 관련해서는 표준 시험 규격에 맞는 재료 물성을 찾아내는 연구와 이를 반영할 수 있는 소프트웨어의 개발이 이루어지고 있음.

❏ 최근에는 섬유, 기지, 인터페이스 등 미시역학적 특성 및 불확정성을 고려한 MCQ 소프트웨어가 개발되고 있음.

❏ 국내에서는 복합재료가 포함된 구조해석 소프트웨어는 존재하지만, QMU가 고려된 복합재료 물성 예측 전용의 소프트웨어는 없으며 불확정성이 고려된 통합 소프트웨어 부분은 미흡함.

핵심 요소기술	해외	국내	
		공공	민간
복합재료 파손해석 및 피로해석 소프트웨어	구조해석 프로그램의 일부 해석 모듈로서 자리잡고 있음	파손모드, 피로파괴 등의 해석 방법에 대한 지속적인 연구 진행 중	민간 기업 주도로 복합재료가 포함된 구조 해석 프로그램 개발
복합재료 통합 솔루션 개발	상용 구조해석 프로그램과 연동되는 통합 복합재료 해석 소프트웨어 구성, 발전 중	프로그램 통합화나 표준화를 고려한 경쟁력 향상 방안이 필요함	통계 모델 및 복합재료 고유의 특성을 고려한 해석 방법에 대한 경쟁력 향상이 요구됨

자동차분야 복합재료기술 로드맵

2016. 9. 1

분과위원장 : 박민(KIST)
위원 : 김희준(LG하우시스), 김황용(도레이첨단소재), 고윤기(KATECH),
          박종수(국도화학), 방윤혁(효성), 정선경(KATECH), 이철규(KRRI)
감수위원 : 홍순형(KAIST)

< 목 차 >

1. 기술의 정의 66
2. 비전 69
3. 목표 70
4. 국내외 시장 전망 74
5. 국내외 연구동향 및 기술발전 전망 84
6. SWOT분석 114
7. 핵심전략 제품·서비스 118
8. 기술지도 121
9. 인력양성전략 130
10. 기술확보 전략 131
11. 연구개발 가이드 132
12. 정책제언 135
13. 기대효과 138

요약표

기술명 : 자동차용 탄소섬유	
정의	○탄소섬유가 연간 10만대 이상의 양산 자동차에 적용되기 위해 필요한 탄소섬유 생산 기술 ○자동차 경량화가 세계자동차 시장의 화두인 지금, 탄소섬유 적용으로 인한 코스트 상승을 최대한 억제하기 위해 자동차용 저가 탄소섬유 생산을 통해, 세계 자동차 산업을 선도하며 부가가치 창출 및 관련 산업 고용을 확대할 수 있음
비전 및 목표	**양산차에 적용 가능한 저가 CF의 개발** - 생산공정개선 및 재료비 절감을 통한 **CF의 원가절감** - **CF의 물성편차를 최소화** 및 품질안정화를 통한 탄소섬유 적용량 최적화 - 수지에 알맞은 **다양한 사이징제 개발**로 CFRP 발현율을 최대화하여 CF사용량을 절감
동향	○현재까지는 주로 F1머신이나 고급승용차에 한정하여 탄소섬유가 적용되어 왔으나, 최근 일반 양산 차량에 적용하기 위한 관련 기술 개발이 확대되고 있음 ○자동차등 일반 산업용 적용을 위해서는 품질안정화를 통한 탄소섬유의 적용량 최적화와 탄소섬유의 원가절감을 통한 가격경쟁력 확보가 필수적임 ○탄소섬유 메이커는 품질안정화 및 원가절감을 위한 기술개발을 활발히 진행하고 있음

핵심요소기술	현재 (2015)		목표 (2025)
생산공정개선	60	➡	95
물성편차최소화	60	➡	95
사이징제 최적화/다양화	30	➡	90

정책 제언	○각 CF 메이커들이 각 사의 대내외 환경에 맞춰 지속적이며 자구적인 노력이 요구되며, 일회성 프로젝트 개발보다는 연속성 있는 프로젝트를 진행하는 것이 최선임. 일본 CF업체의 기술적, 시장적 지배력이 막강하여 국내 후발업체가 이들 과의 경쟁을 위해서 정책적 지원이 필요함 ○CF의 원가절감을 위해서는 생산공정의 개선이 해결해야 할 급선무이고, 물성편차의 최소화나 사이징의 개발 등은 CF의 수요를 확장시킬 수 있는 필요조건이라 할 수 있음 이에 국내의 CF사용 중간기재/성형 산업의 활성화가 간접적으로 큰 도움이 된다 할 수 있으며, 이 분야 육성에 정책적 지원이 필요하다고 판단됨. 즉, 밸류체인 구축을 위한 정책적 지원이 요망됨

기술명 : 자동차용 복합소재 중간재 및 부품	
정의	■ 탄소섬유복합소재 중간재 ○ 탄소섬유 직물 - 자동차 부품성형에 있어 중간재 개념의 탄소섬유 직물 제직기술 및 직물에 추가기능 부여기술 - 프리폼이 필요한 각종 성형에 있어서 필수 중간재로 탄소섬유직물의 제직기술 및 프리폼 제조 기술 다양화 및 정립 ○ 열경화성 탄소섬유복합소재 중간재 - 연간 10만대 이상의 자동차에 적용되기 위한 최적의 성형 조건과 양산성을 겸비한 자동차 부품용 열경화성 탄소섬유복합소재 중간재의 제조기술 - 경량화를 통한 고연비의 친환경 자동차 개발을 위한 최적의 물성 조건 확보를 통해 고부가가치를 창출하고 자동차 산업을 선도할 자동차 부품용 열경화성 탄소섬유복합소재 중간재 제조기술 ○ 열가소성 탄소섬유복합재료 중간기재 - 성형사이클과 소재 재활용 측면에서 유리한 점을 갖고 있으나, 아직 부품적용이 미약한 열가소성 탄소섬유복합재료를 양산차에 적용하기 위한 기술 - 자동차 부품 적용하기 위해서 문제가 되고 있는 열가소성 탄소섬유복합재료의 낮은 물성 발현율, 내열성 및 높은 점도에 대한 보완 기술 ■ 탄소섬유복합소재 부품 ○ 탄소섬유복합소재 중간재 기반 자동차 부품화 - 탄소섬유복합재료가 양산형 일반 차량에 적용되기 위한 중간재를 이용한 부품의 설계/제조 기술 - 자동차 경량화가 세계자동차 시장의 화두가 되어 있고 있으나, full-carbon car는 현재 탄소섬유 가격과 성형에 따른 부품제조 단가를 고려할 때, 연간 10만대 이상의 일반 차량에 적용하기에는 아직 무리임. 따라서, 부품별 현실적 접근 도모의 필요성이 증대하고 있으며, 이에 따른 부품의 설계/제조기술
비전및목표	■ 탄소섬유복합소재 중간재 ○ 탄소섬유 직물(섬유의 중간재 개념) **다양한 종류의 프리폼 구현을 위한 제직 기술 정립** | 제직기술 다양화	추가기능부여	평가기술정립
---	---	---
Non Crimp Fabric, Braiding, 다축직물 등의 국내에 없는 제직기술 정립	프리폼의 바인더, 열가소성 고정사, CF이외의 섬유와의 혼직 등을 통한 추가기능부여	외관분석의 정량화, CFRP화 했을 때의 물성평가 등, 직물 평가 기술 정립	

비전 및 목표

○ 열경화성 탄소섬유복합소재 중간재

양산차에 적용 가능한 열경화성 탄소섬유복합재료 중간기재의 개발

- **속경화형 중간기재**
  공정 사이클 단축을 통한 양산성 확보

- **경화수축의 최소화**
  성형물의 치수 안정성 확보 및 뒤틀림 방지를 통한 수율 향상

- **CF배열기술의 최적화**
  물성 발현율 향상 및 편차 제어를 통한 CF사용량 절감

○ 열가소성 탄소섬유복합재료 중간기재

양산차에 적용 가능한 열가소성 탄소섬유복합재료 중간기재의 개발

- **중간기재 제조기술확립**
  연속기재로서의 UD tape, 불연속기재로서의 Stampable sheet, 사출기재로서의 pellet제조기술 확

- **발현율최대화 및 평가기술확립**
  수지와 CF의 계면처리 기술정립을 통한 최대 물성 발현화 및 CFRTP 평가법 정립

- **내열성 향상**
  열가소성 CFRTP 취약점 중의 하나인 내열성 개선을 위한 기술정립

■ 탄소섬유복합소재 중간재 기반 자동차 부품화

양산차에 CFRP를 적용하기 위한 중간재 기반 부품 설계 및 제반기술

- **하이브리드화**
  CF/GF, CFRP/금속, form재 등과의 결합사용으로 최대효과를 얻을 방안 모색

- **부품설계최적화**
  소재 안정성 확보를 통한 중간재 내 CF사용량 절감

- **이종접합기술**
  CFRP 발현율 극대화를 통한 중간재 내 CF 사용량 절감

동향

■ 탄소섬유복합소재 중간재

○ 탄소섬유 직물

- 양산차 적용을 위해 RTM, Autoclave 등 다양한 공법이 적용 가능하기 때문에 다양한 프리폼의 구현이 필요하며, 이에 따른 탄소섬유직물 제직 기술 및 추가기능 부여 기술이 필요

○ 열경화성 탄소섬유복합소재 중간재

- CFRP는 레이싱카 및 일부 럭셔리카에 한정되어 적용되어 왔지만, 최근에는 고연비, 친환경을 목적으로 전기자동차 등 양산자동차에로의 확대 적용 중
- 열경화성 수지의 낮은 양산성을 극복하기 위한 연구 개발이 활발히 진행되고 있으며 양산자동차에의 적용을 위해서는 이 기술의 개발이 필수적

○ 열가소성 탄소섬유복합소재 중간재

- 고분자 복합재의 시장은 열가소성 복합재 중심으로 변화
- 다양한 중간재 개발 및 시제품 소개단계
- 균일품질기반 대량생산화를 통한 가격경쟁력 확보 및 내열성 확보를 통한 자동차 부품 확대 적용 가속화 가능 전망

■ 탄소섬유복합소재 부품

○ 탄소섬유복합소재 중간재 기반 자동차 부품화

- 부품단가를 고려한 단계적인 CFRP 자동차부품 적용
- 부품 원가 절감을 위한 하이브리드화, 설계 최적화가 절실
- 불가피한 이종재료의 혼합에 의한 접합기술의 필요성 증대

핵심요소기술

■ 탄소섬유복합소재 중간재

○ 탄소섬유 직물

핵심 요소기술	세부기술*	현재 (2015)		목표 (2025)
제직기술 다양화	Non Crimp Fabric	10	➡	90
	Braiding	20	➡	85
	다축직물	10	➡	80
추가기능 부여	바인더 기술 개발	0	➡	70
	혼직 설계 기술 개발	20	➡	75
평가기술 정립	외관평가의 정량화	0	➡	90
	CFRP 물성 평가를 통한 직물물성 평가	0	➡	95

○ 열경화성 탄소섬유복합소재 중간재

핵심 요소기술	세부기술*	현재 (2015)		목표 (2025)
속경화형 중간재	속경화형 에폭시 수지 개발	70	➡	95
	연속섬유 중간재 제조 기술	90	➡	100
	불연속 섬유 중간재 제조 기술	70	➡	90
경화수축 최소화	경화 조건 최적화 기술	90	➡	100
	발열 제어 기술	90	➡	100
CF 배열기술	연속 섬유 spreading 기술	90	➡	100
	불연속 섬유 랜덤 배열 기술	70	➡	90

○ 열가소성 탄소섬유복합소재 중간재

핵심 요소기술	세부기술*	현재 (2015)		목표 (2025)
중간재 제조기술	UD tape 제조 기술	70	➡	100
	불연속기재 stampable sheet 제조기술	70	➡	95
	사출기재로서의 compound pellet 제조기술	75	➡	90
발현율 최대화 기술	수지와 CF의 계면처리 및 접착력 향상 기술	60	➡	95
	열가소성 탄소섬유복합소재의 물성평가 기술	70	➡	95
내열성 향상기술	범용수지개선에 의한 내열성 향상기술	40	➡	90
	추가 보강재를 이용한 내열성 향상 기술	40	➡	90

■ 탄소섬유복합소재 부품

○ 탄소섬유복합소재 중간재 기반 자동차 부품화

핵심 요소기술	세부기술*	현재 (2013)		목표 (2022)
하이브리드화	CF/GF	40	➡	95
	CFRP/금속	45	➡	90
	Form재를 이용한 샌드위치 구조	40	➡	90
부품설계최적화	부분적 일체 성형	40	➡	90
	간섭부품의 최소화 설계	50	➡	95
이종접합기술	접합부 물성 극대화	55	➡	95

정책제언	■ 탄소섬유복합소재 중간재 ○ 탄소섬유 직물 - 퇴행산업으로만 여겨지던 섬유사업을 고부가가치 산업으로 육성할 수 있다는 산업계의 비전 창출을 위해 업체의 제직기 도입 시, 장비 구입을 위해 필요한 자금 대출에 대한 이율의 감면 혜택 부여 등 ○ 열경화성 탄소섬유복합소재 중간재 - 열경화성 모재의 경우 뛰어난 역학적 특성에도 불구하고 경화에 많은 시간이 소요되므로 대량 생산에 적합하지 않은 소재로 인식되고 있어 이를 해소하기 위한 연구가 절실히 요구됨 - 탄소섬유와 같은 이방성 재료는 배열 방향에 따라 역학적 특성이 극명한 차이가 나타나므로 배열 기술의 확보를 통해 적은 양으로 최대의 특성을 나타낼 수 있는 연구가 필요하고, 이에 대해서는 국내의 연구 인프라가 부족한 상황으로 정책적 지원을 통해 저비용/고성능의 중간기재 기술개발이 필요할 것으로 판단됨 ○ 열가소성 탄소섬유복합소재 중간재 - 차량부품의 재활용이 가능한 부품 구성비율 확대 - 세제혜택을 통한 친환경 차량(재활용성 평가항목추가) 세제혜택 부여 ■ 탄소섬유복합소재 부품 ○ 탄소섬유복합소재 중간재 기반 자동차 부품화 - 연비규제 상향조정을 통한 차량경량화 가속화 및 CFRP 부품의 차량안전성에 대한 소비자의 인식 대중화를 위한 정책적 노력 전개

기술명 : 자동차용 복합소재 부품 및 성형 기술

정의	○ 자동차 적용 복합소재 부품의 양산화를 위한 복합재료 차체 적용 기술 고도화 ○ 전기자동차 대응 전자파차폐 소재기술 개발
비전 및 목표	○ 복합재료의 차체 적용 기술 고도화를 통한 1리터 카 상용화 ○ 전자파차폐 소재 적용 전기자동차 인체 유해성 저감 외장 부품 적용 (10% 저감) → 구동, 하중 지지 부품(25% 저감) → Body frame 적용 (50% 저감) 고유동성 EP 소재 → LFT-D 설비/공정 기술 → NCF 열가소성 프리프레그 및 성형 공정
동향	○ 국외 사례의 경우, 산학연 기반으로 복합소재 기술 저변을 확대할 수 있는 대규모 프로젝트 진행됨 ○ 해외 선진 완성차업계(OEM)는 자동차 body frame의 양산 적용 가능한 복합소재 설비/공정 기술개발 완료

기술수준 및 경쟁력	세계최고국명	최고국 대비 기술수준(%)	기술격차(년)	R&D전략
	독일	50%	10 년	- 기초 화학 기반 기술을 바탕으로 EP 소재 기술개발에 집중 - 대규모 정부투자를 통한 고속성형 복합소재 설비기술 저변화
	강점	약점		
	- 범용 화학소재 및 사출 가능한 복합소재 성형기술 우위	- EP 소재 기술 열위 - 복합소재 적용 부품 확대를 위한 설비기술 열위		

핵심요소기술	핵심 요소기술	세부기술*	현재 (2015)		목표 (2025)
	고유동성 열가소성 수지	EP 유동성 제어 기술	80	➡	100
		EP 수지 양산화 공정 기술	70	➡	100
	복합소재 고속성형을 위한 설비/생산 기술	LFT-D 생산 기반 및 공정 기술	60	➡	100
		NCF 기반 열가소성 프리프레그 제조 기술	65	➡	100
	전자파 차폐 소재 기술	Metal coated fiber 제조 및 컴파운딩 기술	70	➡	100

정책제언	○ 국가 주도의 장기 R&D 투자를 통한 생산/소재 기반기술 확보 필요 ○ 단발성 부품 개발이 아닌 지속적인 복합소재의 차체 적용 활성화를 위해서는 복합소재의 상용화 및 응용기술에 초점을 맞추어야 함

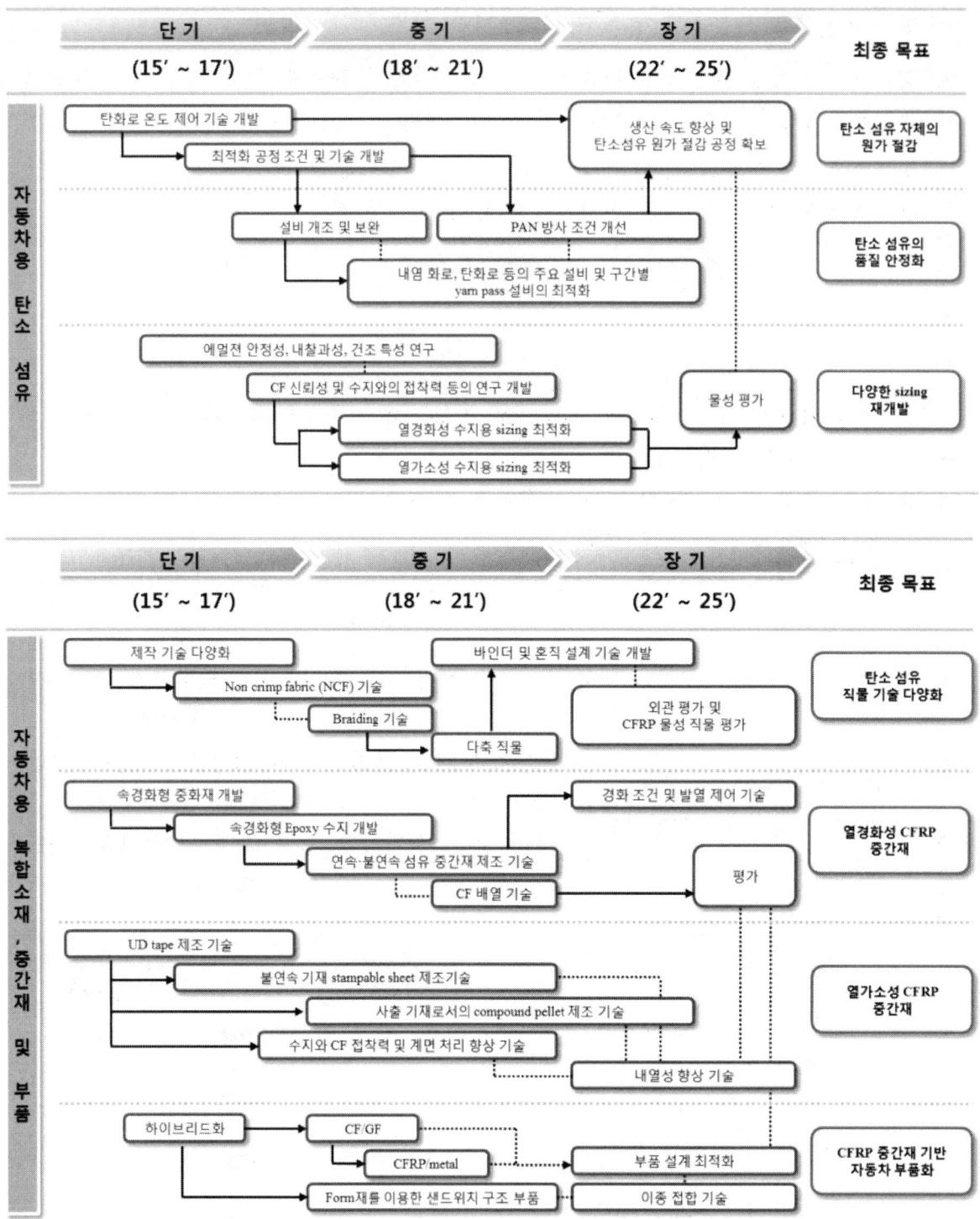

자동차분야 복합재료기술 로드맵

| | 단 기 (15' ~ 17') | 중 기 (18' ~ 21') | 장 기 (22' ~ 25') | 최종 목표 |

자동차용 복합소재부품 및 성형기술

- 고유동성 열가소성 수지 개발 → EP 수지결정화 및 유동화 제어 기술 → EP 수지 상용성 제어 기술 → EP 수지 양산화 공정 기술 → 수지 물성 평가
  - ▶ 자동차 구조 부재의 복합소재 적용을 통한 50% 경량화

- LFT-D 생산 기반 및 공정 기술 개발 → 고속 Compression molding 성형 기술 개발
- 수지-섬유 In-line compounding 시스템 개발
- Tailored LFT-D 성형 기술 개발
- LFT-D·LFT Hybrid 이중 사출 기술 개발 → 부품 평가
  - ▶ 복합소재 적용 부품제조 기술 고도화 및 양산성 확보

- 전자파 차폐 소재 기술 개발 → Metal coated fiber 제조 공정 기술 → Metal coated fiber Compounding 공정 기술
  - ▶ 전기자동차 용 전자파 차폐 소재 기술 개발

자동차 탈부착 용이성 및 형상의 복잡성 증가+기타 문제

'15 — '17 — '20 — '22 — '25 year

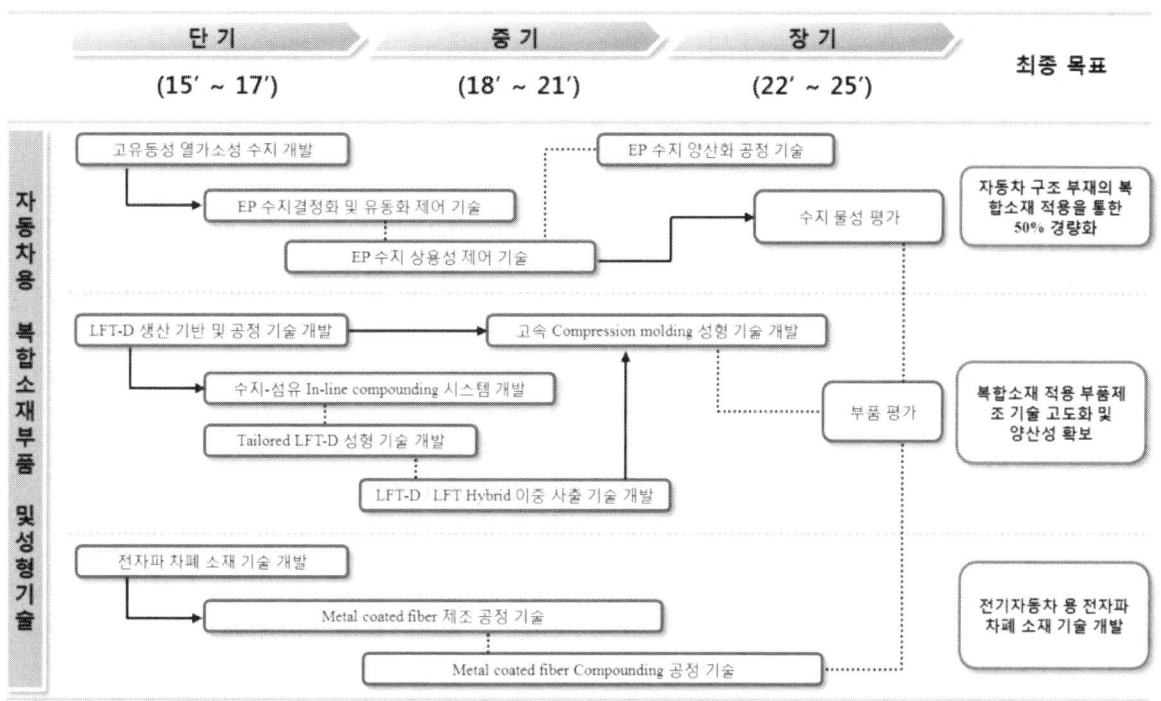

Bumper, Leaf, Hood, Spare tire well, Passenger cell, Carrier, Roof, Lower arm, Trunk Lid, Floor

1. 기술의 정의

❑ 자동차의 연비 향상 및 CO_2 배출량 감소의 목적으로 자동차에 적용된 탄소섬유 복합재, 이의 중간재 및 원소재

○ '탄소섬유복합재'란 강화재인 탄소섬유와 기지재인 고분자 수지가 복합된 재료 및 제품을 의미하며, '탄소섬유 강화 플라스틱 (CFRP: Carbon Fiber Reinforced Plastic)' 또는 '탄소섬유 강화 고분자 복합재 (CFRPC: Carbon Fiber Reinforced Polymer-matrix Composite)'라고도 함

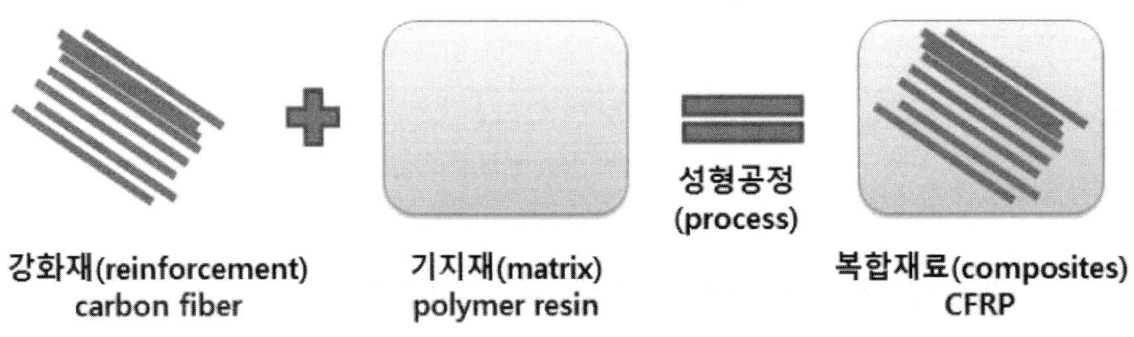

그림 1. 탄소섬유 복합재 (CFRP)의 정의

○ 탄소섬유복합재 (CFRP)는 유사한 기계적물성의 초고장력 강판에 비해 중량이 1/2 미만으로 가벼워 다양한 자동차 부품에 적용 가능함

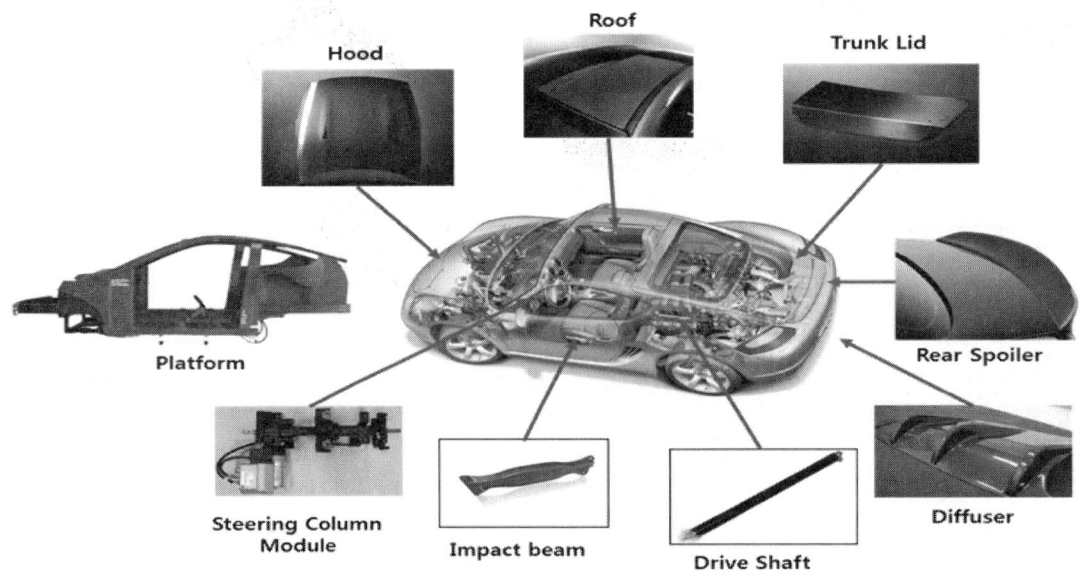

그림 2. 탄소섬유 복합재 (CFRP)의 자동차 적용

○ CFRP는 수지의 종류에 따라서 열경화성 CFRP와 열가소성 CFRP로 분류

○ 열경화성 수지에는 기계적 특성이 뛰어난 에폭시가 주종을 이루며, 사용 환경 및 요구특성에 따라 불포화폴리에스테르, 비닐에스테르, 페놀수지, 폴리이미드 등이 사용되고 있음

○ 최근 들어, CFRP의 인성 및 내충격성 향상, 리사이클링, 리페어, 원가절감 등에 관한 시장수요가 높아지면서, 폴리프로필렌, 나일론 등과 같은 열가소성 CFRP의 사용이 증가하는 추세임

❑ CFRP의 성형공정은 최종제품의 형상과 함께 CFRP의 기계적 성능을 동시에 고려하여 결정되어야 함

○ CFRP의 기계적 성능은 탄소섬유의 길이와 섬유함유율에 비례하여 높아지며, 높은 섬유함유율의 연속섬유 CFRP는 성형시간이 길고 기술적 난이도가 높으나 성능은 가장 뛰어남

○ CFRP의 성형공정은 연속섬유의 사용여부, 중간재의 사용여부 및 그 중간재에서의 수지 함침 여부 등에 따라서 크게 RTM (Resin Transfer Molding), Pressing (Autoclave 포함), RIM (Resin Injection Molding), Pultrusion 등 다양한 공정들로 구분됨

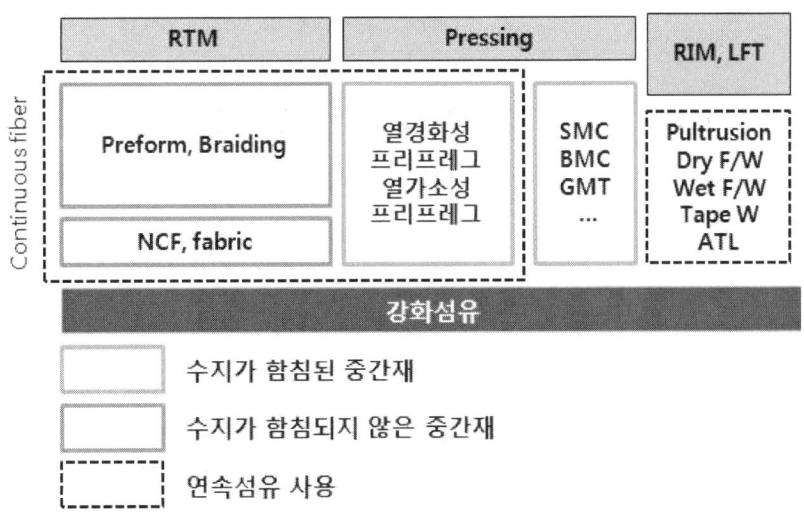

그림 3. 탄소섬유 복합재 (CFRP)의 성형공정

○ CFRP 성형공정은 제품의 형상, 물성, 생산성, 수지의 종류에 따라 결정

○ CFRP의 기계적 물성은 탄소섬유와 수지의 접착성과 각각의 물성, 섬유의 길이와 배향 및 함유율, 기공과 같은 결점 등에 의해 큰 영향을 받음

❏ 전자기기의 전자파에 대한 인체 유해성 논란과 전자파간의 교란에 의한 전자기기 오작동에 대한 우려가 심화됨에 따라 자동차 내에서 발생하는 전자파를 차폐할 수 있는 전자파차폐 복합소재의 필요성이 크게 대두하고 있음

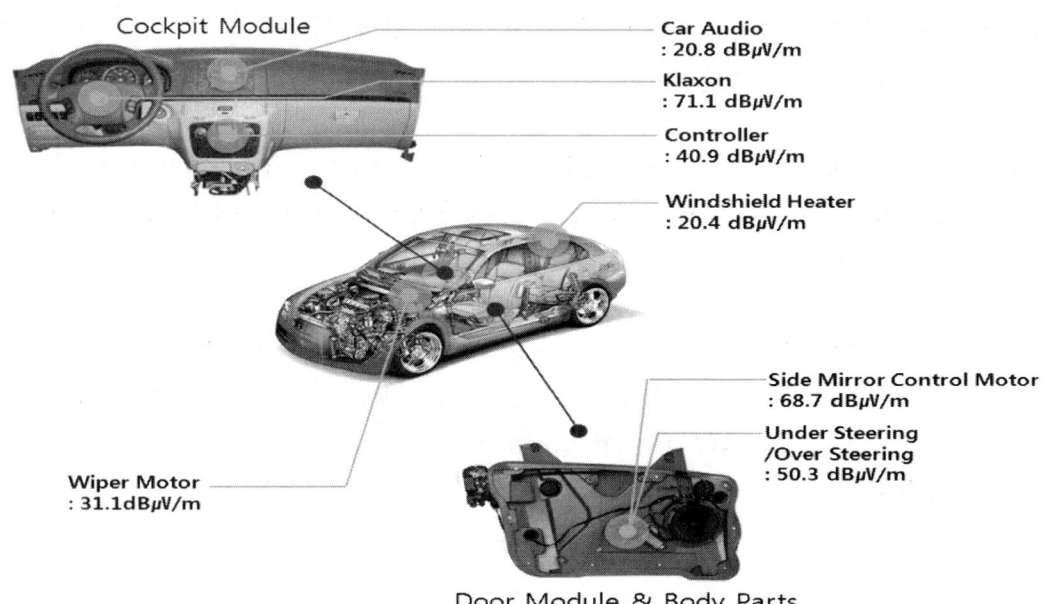

그림 4. 전자파 차폐 복합소재 적용 자동차부품

2. 비전

❑ 탄소섬유

○ 일반 양산형 차량에 적용 가능할 정도의 가격경쟁력이 있는 탄소섬유의 개발 및 양산기술 확립

❑ CFRP 중간재

○ 탄소섬유 직물
- 제직 기술 다양화, 기능성 부여 및 평가기술 확립을 통한 다양성 및 정밀 가공성 확보

○ 열경화성 CFRP 중간재
- 부품화 공정시간 단축, 재생 (repair) 및 재활용 (recycle) 기술 확보를 통한 양산 적용확대 및 가격경쟁력 확보

○ 열가소성 CFRP 중간재
- 세계적으로 연구초기/중기단계에 머물고 있는 분야로 효과적인 연구투자로 선두권 도약이 가능

❑ CFRP

○ CFRP 적용 기술고도화를 통한 All-composite 자동차 구현
- CFRP의 양산차 적용 확대를 통한 자동차 브랜드 이미지개선 및 상품경쟁력 확보
- 선진기술이 집적된 산업 도입 및 국내 제조업 구조 다각화를 통하여 자동차 부품 산업의 후발 주자인 개도국과의 산업구조 차별화 유도

❑ 전자파차폐 복합소재

○ 자동차 경량화를 위하여 경량 복합소재로 기존 금속재를 대체함에 따른 부작용 해결하기 위해 전자파차폐소재의 차폐성능과 양산성 확보

3. 목표

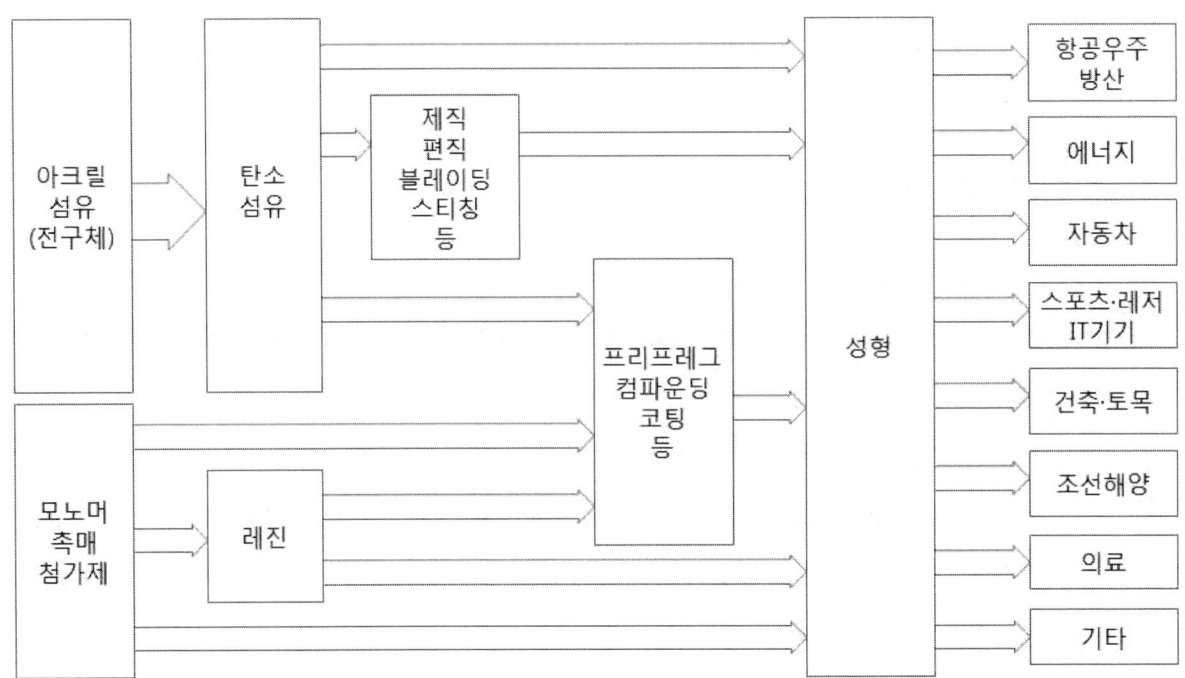

출처 PD Reports, KEIT, 2015

그림 5. CFRP 산업의 Supply Chain

❏ 탄소섬유

○ 탄소섬유 자체의 원가 절감

○ 탄소 섬유의 품질 안정화

○ 다양한 Sizing제 개발

❏ CFRP 중간재

○ 탄소섬유 직물

1) 제조기술 다양화
- Non Crimp Fabric (NCF) 기술을 이용한 3D 직물 프리폼의 구현
- Braiding을 이용한 프리폼 제작기술
- 다축직물 제조기술의 확립
2) 추가기능부여
- 프리폼의 바인더 기술개발

- 혼직설계 기술개발
3) 평가기술정립
- 직물의 외관평가 정량화

○ 열경화성 탄소섬유복합소재 중간재
 1) 속경화용 중간재의 개발
 2) 경화수축의 최소화
 3) CF 배열 기술의 최적화

○ 열가소성 탄소섬유복합소재 중간재
 1) UD tape 제조기술 개발
 2) 불연속 stampable sheet 제조기술 개발
 3) 사출기재로서의 compound pellet 제조기술 개발
 4) 발현율 최대화 기술
 - 수지와 CF의 계면처리 및 접착력향상 기술 개발
 - 열가소성 탄소섬유복합재의 평가기술
 5) 내열성 향상기술
 - 범용수지개선에 의한 내열성 향상 기술 개발
 - 고내열성 수지 중간재 기술 개발: PPS, PEEK, PEI 등 고내열 엔지니어링 플라스틱 적용

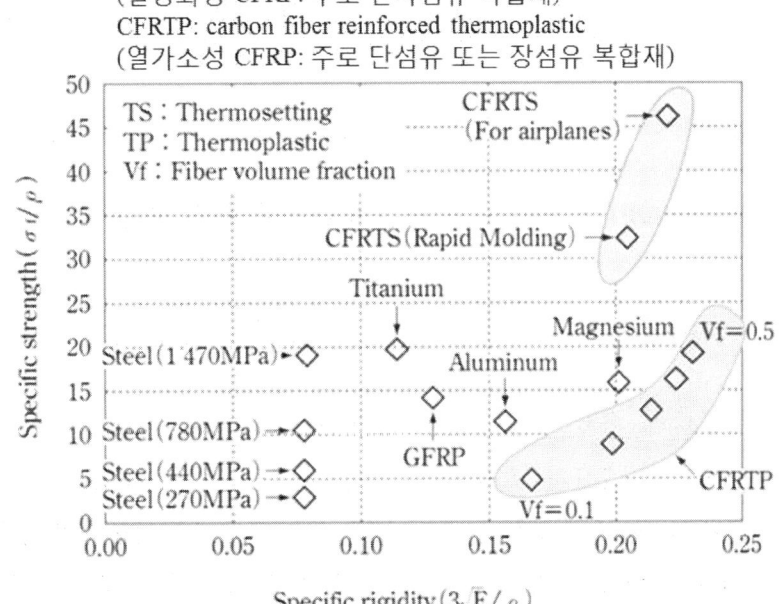

그림 6. 탄소섬유 복합재 (CFRP)와 금속의 비강도 및 비강성

❑ CFRP

○ 자동차 구조 부재의 복합소재 100% 적용를 통한 경량화 50% 달성

1) 기존 인테리어 부품의 적용에 탈피한 차체 구조부재의 복합소재 적용
   - (1차) Hood, Fendar, Tail gate 등 외장 부품 (body panel)의 복합소재 적용을 통한 차량 중량 10% 저감
   - (2차) Propella shaft, Control arm, Torsion bar 및 bracket 류 등 구동 부품 및 하중 지지 부의 복합소재 적용을 통한 25%까지 중량 저감
   - (3차) Chassis frame, Leaf spring, axles, bumper beam, passenger cell 등 body structure에 대한 복합소재 적용 및 50% 중량 저감 달성

Body Panel & Semi Structure → **Body Structure**

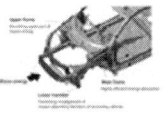
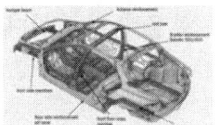

Interiors	Under the hood	Body panels	Semi-structural	Body structure
Example: • Seat structures	Example: • Polyamides preferred	Examples: • Hoods / Deck Lids • Fenders / Cowls • Spoilers • Door Panels	Examples: • Prop shafts • Control Arms • Torsion Bars • Brackets / Braces /	Examples: • Chassis / Frames • Leaf Springs / Axles • Bumper Beam • "Passenger Cell"

일반 열가소성 강화재 → 열경화성 Composites(현재) → 열가소성 Composites(미래)

그림 7. 자동차 부품의 복합소재 적용 방향

○ 복합소재 적용 부품제조기술 고도화를 통한 부품 양산성 확보

1) 열가소성 복합소재 적용 고양산성 차체부품 성형기술 개발
   - (1차)고유동성 엔지니어링 플라스틱 기반 열가소성수지 복합소재기술
   - (2차)LFT-D에 의한 장섬유강화 복합소재 성형기술 및 이중사출기술
   - (3차)NCF(Non-Crimped Fiber) 기반 열가소성 프리프레그 및 압축성형 공정기술

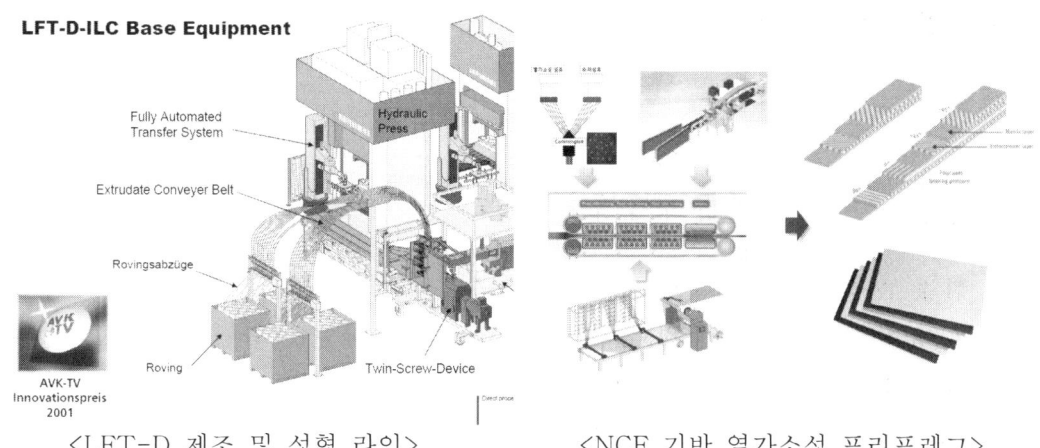

<LFT-D 제조 및 성형 라인>　　　<NCF 기반 열가소성 프리프레그>

그림 8. LFT-D 제조 및 성형 라인 및 NCF 기반 열가소성 프리프레그

❑ 전자파차폐 복합소재

○ 자동차 C/PAD 적용 70dB 이상 EMI 차폐 성능 보유한 소재 제조기술
- 자동차의 요구 강도 특성을 유지하면서 높은 전자파차폐 성능을 달성할 수 있는 EMI 차폐용 금속피복섬유 및 복합소재 성형기술

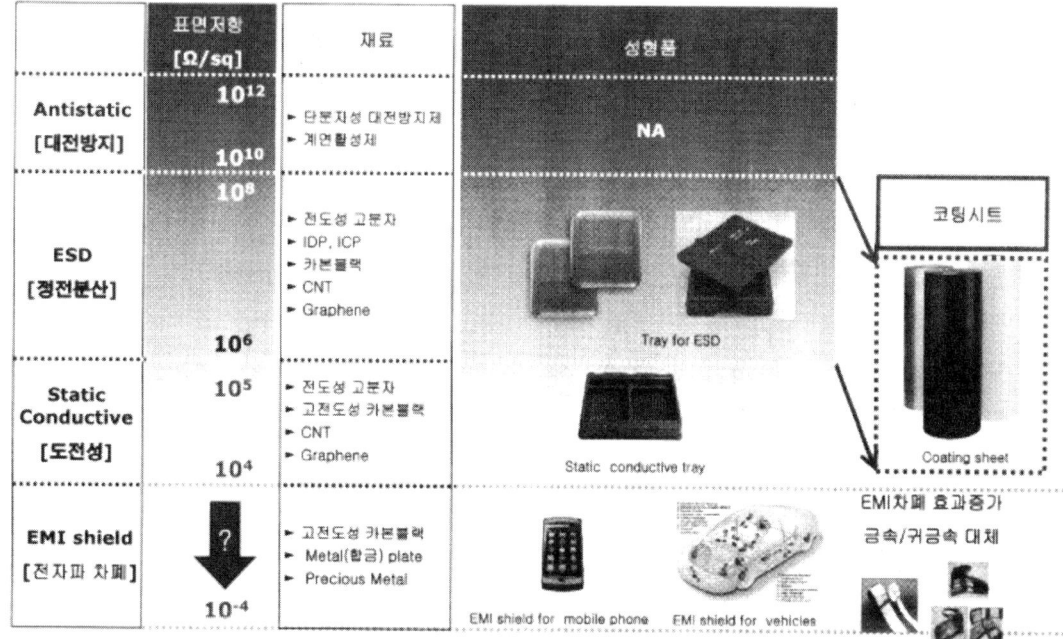

그림 8. 소재의 전도 특성에 따른 응용 분야

4. 국내외 시장 전망

❏ 탄소섬유

○ 세계 시장은 출하량 기준 2011년 34,500톤에서 2015년 70,000톤으로 빠르게 확대 전망
  - 현재 Toray 등 대형 8개 회사가 시장을 주도
  - 2008년 금융 위기 시부터 잠시 주춤하였으나, 매년 평균 10% 수준의 성장세
  - 풍력발전용 블레이드가 일반 산업용도로는 가장 비중이 높고, 골프채, 자전거 등 스포츠, 레저용 고급 내구 소비재도 성장에 큰 역할
  - 자동차 부품용 수요도 크게 늘어나 2020년에는 시장의 약 20%까지 차지할 전망

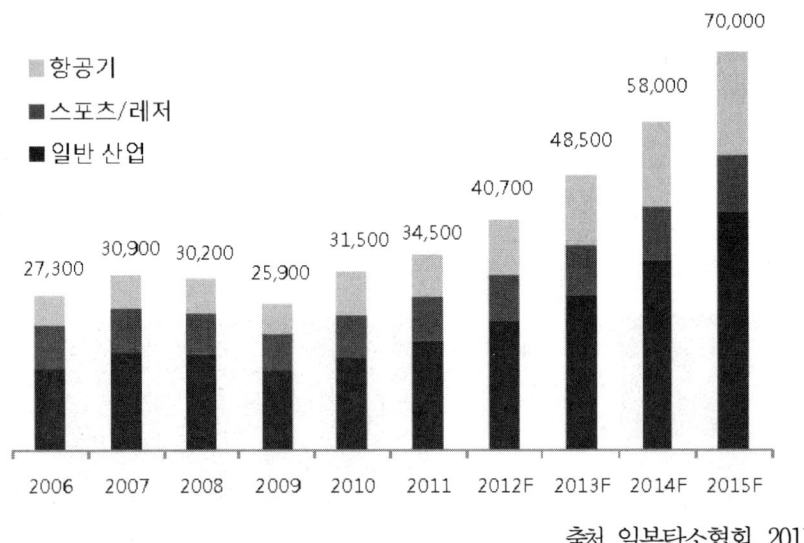

출처 일본탄소협회, 2011
그림 9. 분야별 탄소섬유 시장

○ 세계 탄소섬유 시장 판도는 일본 3개사 등 Top tier의 우주 항공 특화 속에서 유럽, 미국 등 후발주자는 토목내지는 스포츠용에 집중
  - 일본의 도레이, 토호-테낙스, 미츠비시레이온 3개사 생산량이 전세계 절반이상을 차지
  - 선두 업체 도레이는 보잉 등 항공사를 비롯하여 자동차, 스포츠 등 각 분야에서 시장을 선점
  - 독일의 SGL이 BMW와 손잡으며 전기자동차 "i3"를 양산하는 등 새로운 강자로 부상
  - 중국 등 후발주자는 주로 소규모로 내수 시장에 대응할 것으로 전망

표 1. Regular tow world capacities   * 2014 JEC 자료참조

Company	Brand name	Location	2015 Capa(t/year)
Toray	Torayca	HQ(일),CFE(프),CFA(미),TAK(한)	26,800
Toho	Tenax	HQ(일),TTA(미),TTE(독)	13,900
Mitsubishi Rayon	Pyrofil, Grafil	HQ(일), Grafil(미)	10,800
Chinese Manufacturers	-	China	18,650
Formosa	Tairyfill	Taiwan	8,750
Hexcel	HexTow	USA, Spain	11,200
ts(Aksa,Hyosung…)	-	-	21,500
Total(수율70%가정)			78,330

표 2. Large tow world capacities

Company	Brand name	Location	2015 Capa(t/year)
Toray(Zoltek)	Panex	헝가리, 미국, 멕시코	26,300
SGL Group	Sigrafil	영국, 미국	9,000
Etc	-	-	7,900
Total(수율90%가정)			43,200

○ 국내 시장은 2013년 기준 2,400톤 전량을 수입했으나, 2013년 도레이첨단소재 2200톤, 효성 2000톤, 태광 1500톤으로 총 5700톤 (2014년 도레이첨단소재 4700톤) 설비를 가동 중

- 도레이는 프랑스, 미국에 이어 한국에서도 도레이첨단소재를 통해 본격 진출함으로써 일본을 포함한 4개국에서 글로벌 생산, 판매 체제를 갖추고 있음
- 효성이 상업생산을 시작하였으며, 피치계 탄소섬유 생산을 추진하는 GS칼텍스도 2015년 상업화를 목표로 하고 있음
- 2015년 국내 약 1억 900만 달러의 국내 시장, 28억 달러의 세계 시장이 창출될 것으로 예상

표 3. 탄소섬유 국내 생산량

기업	위치	생산능력(톤/년)	가동시기
도레이첨단소재	구미 #1	2,200	2013년 1월
	구미 #2	2,500	2015년 3월
효성	전주	2,000	2013년 3월
태광산업	울산	1,500	2012년 9월

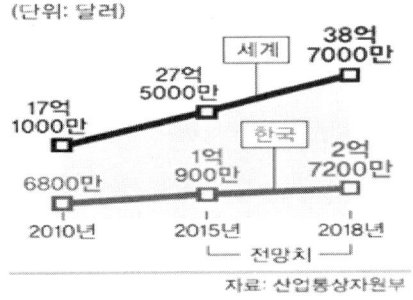

그림 10. 국내 탄소섬유 시장

❏ CFRP 중간재

○ 프리프레그

- 프리프레그 생산시스템의 시장규모를 직접 분석하는 것은 현실적으로 어려우므로, 프리프레그 소재 시장규모를 통해서 세계 프리프레그 생산시스템의 시장규모를 추정
- Global Industry Analysts, Inc의 2011년 'A Global Strategic Business Report'에 따르면 2017년 프리프레그 글로벌 시장 규모는 152,907톤으로 7.29 billion US$로 예측하고 있음
- 프리프레그 생산시스템의 연간 생산량이 40톤 정도임을 감안하면, 생산시스템은 3,823대가 필요하며, 1대당 평균가격이 대략 25억 원이므로, 전 세계 프리프레그 생산시스템의 시장규모는 9조 5,575억원 규모로 추정함
- 국내의 주력산업인 자동차, 선박 등을 기준으로 볼 때, 향후 프리프레그 생산시스템 국내시장은 세계 시장의 10% 수준에 달할 것으로 추정됨
- 세계시장에서의 프리프레그 생산시스템의 시장규모 9조 5,575억 원 규모인 점을 감안하면, 국내 프리프레그 생산시스템의 향후 시장규모는 9,500억 원 정도로 예측됨

○ 장섬유강화 복합소재

- 세계 장섬유강화 복합소재 시장규모는 2010년 기준으로 145,000톤 정도이며, 2014년에는 205,000톤으로 성장할 것으로 전망되며, 자동차 수요는 76% 수준임
- 유럽을 중심으로 활발히 시장개척이 이뤄진 후 전세계 시장으로 확대되고 있는 추세이며, 세계적으로 연평균 약 8.7% 이상의 성장을 지속하고 있음
- 현재는 유럽과 북미, 그리고 중국을 포함한 아시아 지역을 중심으로 시장이 형성되어 있으며, 유럽이 전체의 1/2을 차지하고 있고, 북미시장과 합쳐 80% 이상을 차지하는 시장 구조를 갖고 있음
- 최근에는 일본을 제외한 아시아 시장의 확연한 성장세가 두드러지며, 특히 중국 및 국내 시장의 급격한 성장세는 전세계 시장구도에 큰 변화를 가져올 것으로 예측되고 있음
- LFT Pellet 컴파운딩 시장은 비자동차 분야에서 활발히 응용되는 분야라 할 수 있으며, 여기에 사용되는 수지는 80% 이상이 폴리프로필렌(PP)이나 고기능성 요구로 PA 등 ENPLA LFT가 증가가 예상됨

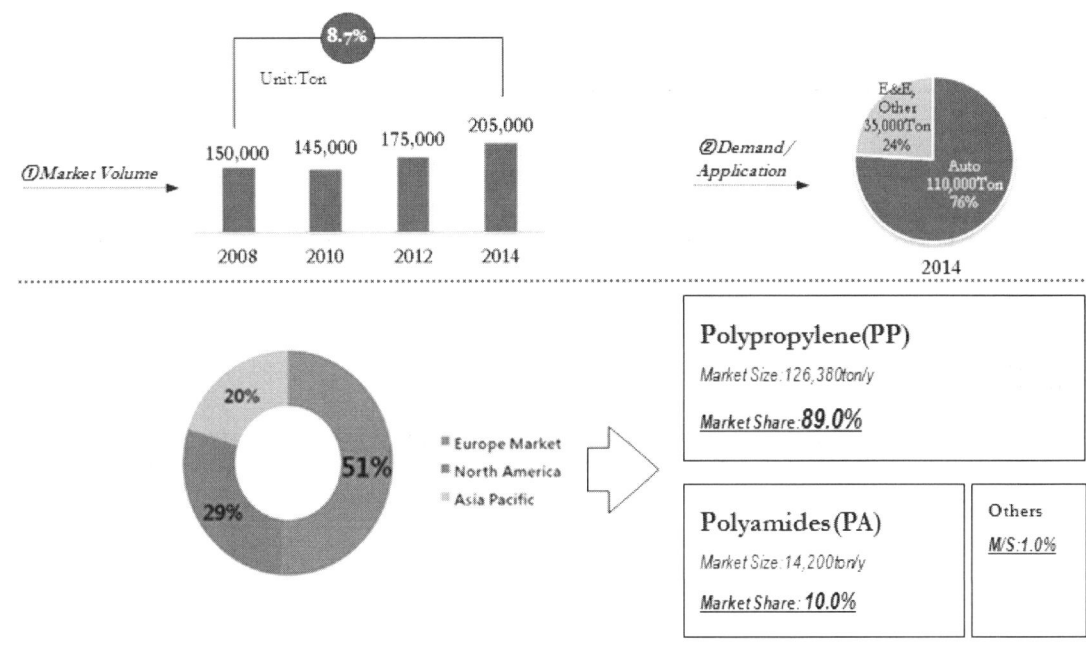

그림 11. 세계 장섬유 강화 복합소재 시장 현황

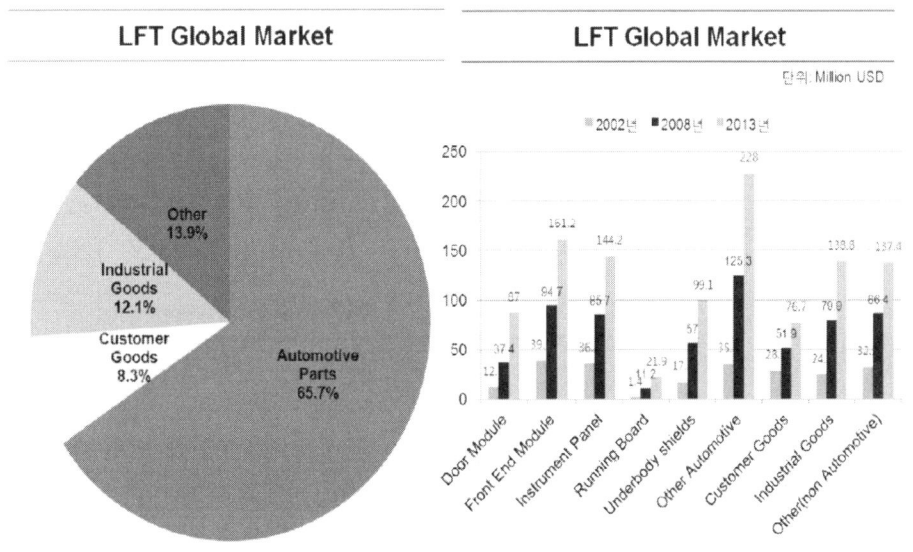

그림 12. 세계 LFT시장에서 용도별 점유율 및 자동차 부품소재에 따른 LFT 시장규모

Table 4.5 Carbon Fibre Composites Market Forecast 2012-2022 ($bn, AGR %)												
	2011	2012	2013	2014	2015	2016	2017	2018	2019	2020	2021	2022
Sales $bn	18.0	18.9	19.9	21.0	22.1	23.4	24.7	26.3	28.2	30.3	32.7	35.5
AGR(%)		5.2	5.2	5.4	5.4	5.7	5.8	6.4	7.0	7.5	8.0	8.6

Source: *Visiongain 2012*

그림 13. 세계 LFT시장 전망

표 4. 탄소섬유 국내 생산량 (단위 : 백만원)

년도 소재	2013년	2018년	2023년	CAGR
LFT	25,000	40,000	80,000	10.4

출처 Visiongain 시장보고서 'Global Automotive Composites Market, 2013~2023

❏ CFRP

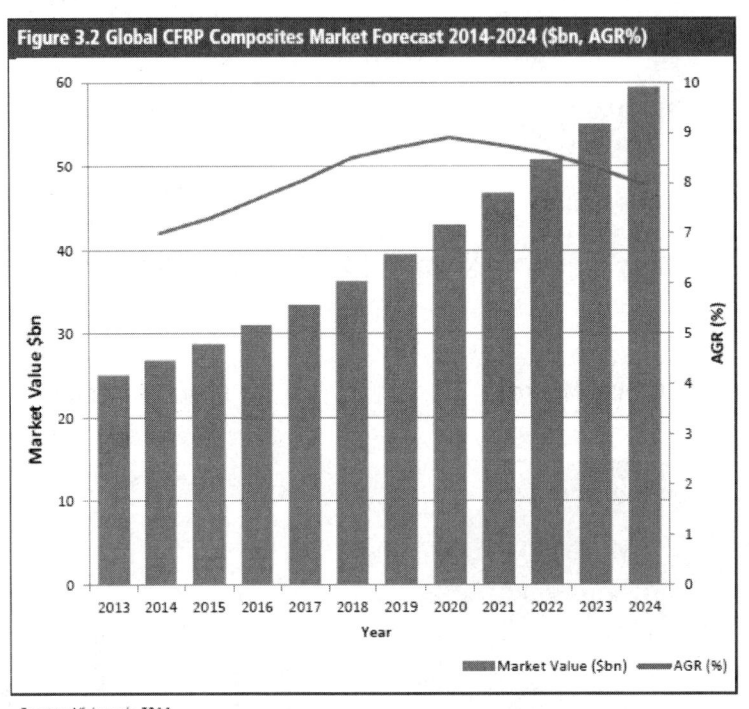

그림 14. 세계 CFRP 시장전망

○ 세계적인 리서치 회사인 Visiongain사의 조사결과에 따르면,

- CFRP 세계 시장은 연 7% 이상, 평균 8.3%의 성장이 예상됨
- 2014-2024 자동차분야의 성장율은 8.8%로 평균(8.3%)이상의 고성장률이 예측됨
- 2014년 8.7%에서 2024년 9.1%로 시장에서의 비중도 증가할 것으로 예측됨

○ 2013년 탄소섬유복합재료의 판매액은 1,470억$,
 - CFRP는 940억$로 전체 판매액의 64%를 차지함
 - 탄소섬유 복합재료는 고분자, carbon, 세라믹, 메탈 등 다양한 종류의 모재를 이용하여 생산됨
 - 판매단가를 고려할 때, 실제 판매된 CFRP의 양은 이를 훨씬 상회할 것으로 추산됨
 - CFRP의 모재의 종류에 따른 판매액으로는 열경화성 재료가 76% / 열가소성재료는 24%를 차지함
 - 뛰어난 기계적 특성, 내열 특성, 低수분흡수율, 함침 용이성, 재료 다양성에 기인한 제조의 이점 등에 의해 열경화성 재료가 시장을 주도하고 있음
 - 열가소성 재료의 경우 짧은 공정 시간, 우수한 내충격강도, 용이한 저장성 및 리사이클성 등의 이점을 가지고 있어 그 활용 영역이 넓어질 것으로 전망됨

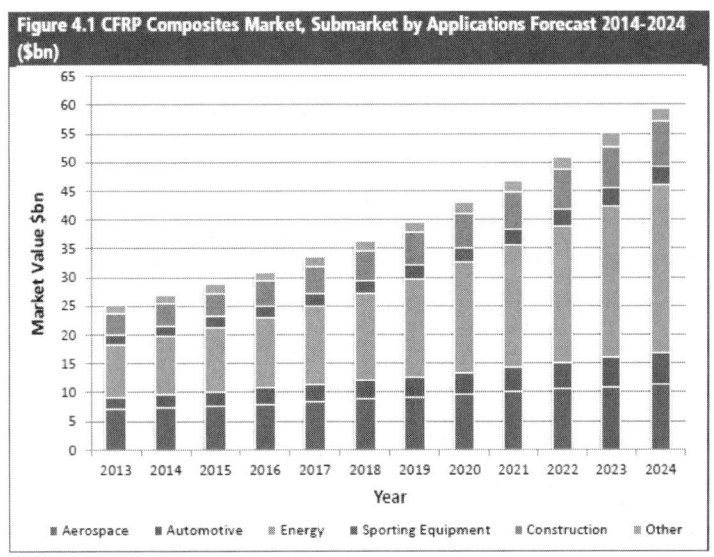

Source: *Visiongain 2014*

Table 4.1 CFRP Composites Market, Submarket by Applications Forecast 2014-2024 ($bn, AGR %, Cumulative)													
	2013	2014	2015	2016	2017	2018	2019	2020	2021	2022	2023	2024	2014-2024
Commerical Aircraft	3.96	4.14	4.33	4.53	4.75	5.00	5.26	5.53	5.79	6.06	6.33	6.60	58.31
Military Aircraft	1.47	1.52	1.57	1.64	1.70	1.77	1.84	1.92	2.01	2.09	2.17	2.25	20.48
Business Jet	0.85	0.88	0.91	0.95	0.99	1.03	1.08	1.12	1.17	1.22	1.28	1.32	11.95
Helicopter	0.79	0.82	0.85	0.88	0.92	0.96	1.00	1.05	1.09	1.14	1.19	1.23	11.11
Aerospace	7.06	7.36	7.66	7.99	8.35	8.76	9.18	9.62	10.06	10.51	10.96	11.40	101.86
AGR (%)			4.3	4.0	4.3	4.5	5.0	4.8	4.7	4.6	4.5	4.3	4.0
Interior Components	0.76	0.79	0.84	0.89	0.94	0.99	1.04	1.08	1.13	1.19	1.24	1.31	112.45
Body Components	0.57	0.63	0.70	0.77	0.86	0.97	1.10	1.24	1.40	1.59	1.79	2.00	59.33
Engine & Drivetrain	0.43	0.47	0.51	0.56	0.61	0.68	0.75	0.82	0.89	0.98	1.07	1.17	15.84
Other Components	0.41	0.44	0.47	0.50	0.54	0.57	0.62	0.67	0.73	0.80	0.88	0.96	15.84
Automotive	2.18	2.34	2.52	2.72	2.95	3.21	3.50	3.80	4.16	4.56	4.99	5.44	40.18
AGR (%)			7.3	7.8	8.0	8.3	8.7	9.1	8.7	9.3	9.8	9.4	9.0
Wind Power	5.33	5.85	6.44	7.11	7.87	8.74	9.73	10.86	12.07	13.31	14.57	15.89	112.45
Oil & Gas	2.92	3.19	3.50	3.84	4.23	4.67	5.16	5.73	6.33	6.93	7.56	8.20	59.33
Fuel Cells	0.41	0.48	0.56	0.67	0.81	1.00	1.23	1.49	1.79	2.16	2.60	3.06	15.84
High Pressure Vessels	0.37	0.43	0.49	0.56	0.66	0.77	0.90	1.06	1.23	1.43	1.66	1.90	11.08
Energy	9.03	9.94	10.98	12.19	13.57	15.17	17.01	19.14	21.42	23.84	26.39	29.05	198.70
AGR (%)			10.1	10.5	10.9	11.4	11.8	12.1	12.5	11.9	11.3	10.7	10.1
Sporting Equipment	1.82	1.90	1.99	2.08	2.19	2.31	2.44	2.58	2.73	2.90	3.08	3.26	27.47
AGR (%)			4.5	4.6	4.8	5.1	5.4	5.6	5.8	5.9	6.1	6.2	5.9
Construction	3.64	3.88	4.15	4.46	4.80	5.17	5.56	5.97	6.41	6.87	7.35	7.85	62.46
AGR (%)			6.5	7.2	7.4	7.6	7.7	7.6	7.4	7.3	7.1	7.0	6.8
Other	1.36	1.42	1.49	1.57	1.65	1.74	1.83	1.94	2.05	2.17	2.31	2.45	20.63
AGR (%)			4.7	4.9	5.0	5.2	5.3	5.5	5.7	5.8	6.0	6.2	6.3
Global Total	25.09	26.84	28.80	31.01	33.51	36.36	39.53	43.05	46.82	50.85	55.07	59.46	451.29
AGR (%)			7.0	7.3	7.7	8.1	8.5	8.7	8.9	8.8	8.6	8.3	8.0

Source: *Visiongain 2014*

그림 15. 분야별 CFRP 시장전망

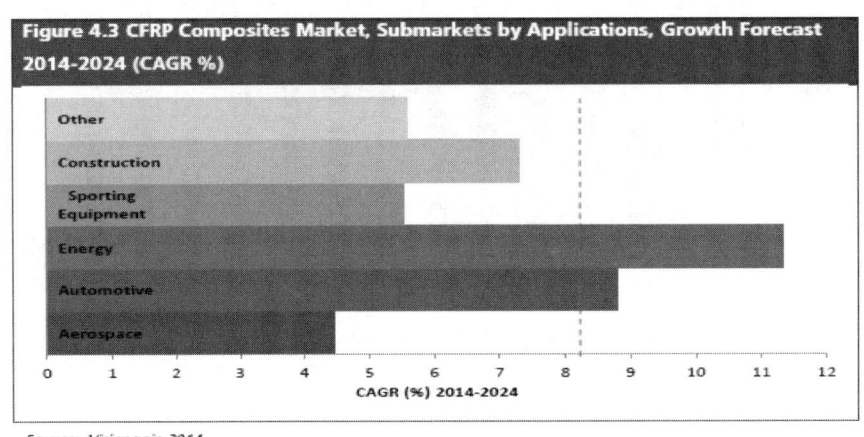

Source: *Visiongain 2014*

그림 16. 분야별 CFRP 시장 성장율

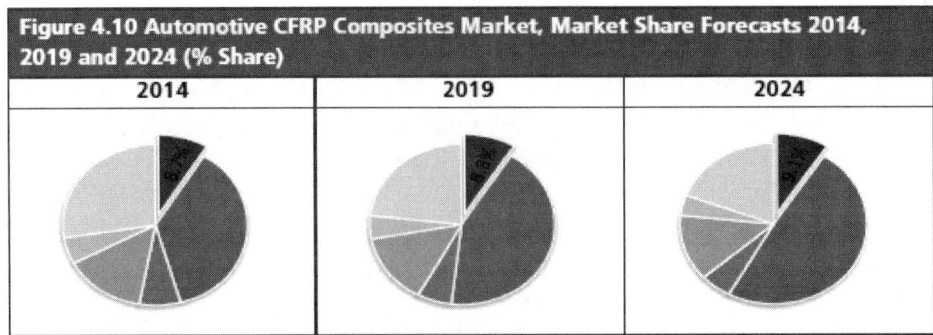

Source: *Visiongain 2014*

그림 17. 자동차 분야의 CFRP 시장 비중

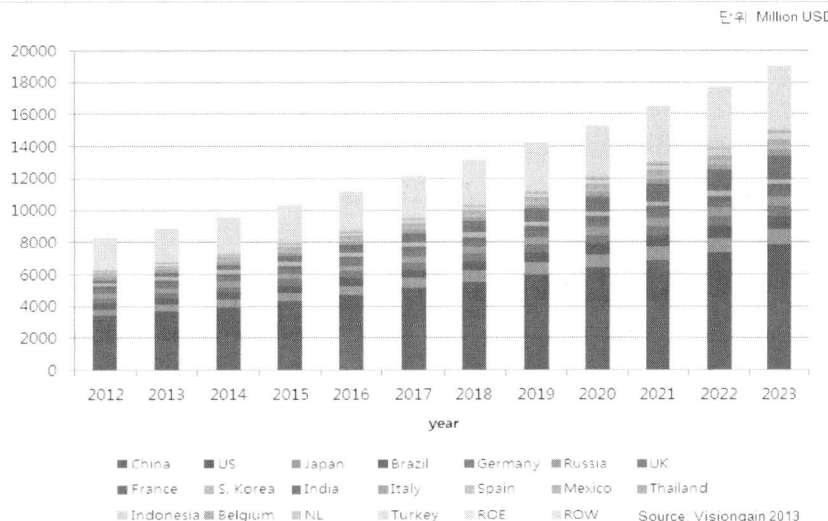

그림 18. 국가별 자동차용 CFRP 시장전망

○ 자동차용 CFRP의 적용은 럭셔리카에서 양산용자동차로 적용이 확대될 것으로 전망됨

- 복합재의 자동차 적용은 1979년에 Ford가 발표한 LTD 세단이 세계 최초임
- 이후 GM, BMW, 도요타자동차, 닛산자동차가 채용하였지만, 비용과 가공성의 문제로 본격 채용에는 이르지 못함
- 2000년대 들어 CFRP는 경주용 자동차 및 슈퍼카 등 럭셔리카를 중심으로 외장부품 및 내장부품, 기타 프로펠러 샤프트 및 새시 등에 채용되기 시작했으나, 한차종당 연간 수십 대~1,000대의 적은 생산량에 기인한 제조비용 및 생산성의 문제 때문에 한정적으로 적용됨
- 프로펠라 샤프트의 CFRP적용은 스틸대비 구성부품을 줄이고 기존 10 Kg에서 5 Kg으로 50% 경량화가 가능하여 100만개 이상이 적용됨
- 2013년에 BMW가 CFRP를 차체 구조부에 채용한 전기차 모델인 i3를 제품화하여 차체 중량의 절감요구가 높은 전기차를 중심으로 CFRP의 본격적인 채용 움직임이 활발해짐
- 2013~2016년까지 BMW와 다른 기업에서의 일부 채용에 의해 CFRP 수요량은 증가할 것으로 예측되며, 특히, 사고 등으로 파손된 경우 비교적 교환이 용이한 보닛 및 루프 등 교체가 원활한 부품의 채용 가능성이 높음
- 2017년~2019년에 걸쳐 성형시간의 단축에 의해 외판, 내판에도 CFRP 채용이 확대될 것으로 예상되며, 이로 인해 원소재인 탄소섬유 수요량도 증가할 것으로 전망됨
- 2020년~2025년경에는 성형시간의 단축, 재료가격의 저감 등에 의해 차체 구조부에 CFRP를 채용한 자동차가 등장할 것으로 예상되며, 자동차 분야에서의 CFRP의

수요량은 증가할 것으로 전망

○ HP-RTM (High-pressure resin transfer molding) 성형 기준 차량용 CFRP시장 규모는 2013년 171억엔에서 2025년 2,845억엔 규모로 확대될 전망 (야노경제연구소, http://www.yano.co.jp/press/pdf/1302.pdf)

- 2013년 차량용 CFRP시장규모는 CFRP 성형품이 113억엔, 1차원료인 탄소섬유가 46억엔, 수지재료가 12억엔으로 총 171억엔임
- 2020년에는 CFRP 성형품이 1,020억엔, 탄소섬유가 418억엔, 수지재료가 120억엔으로 합계 1,558억엔으로 예측
- 2025년에는 CFRP 성형품이 1,949억엔, 탄소섬유가 626억엔, 수지재료가 270억엔으로 산업규모로서는 2,845억엔까지 확대될 것으로 예측

○ 국·내외 CFRP 자동차 부품 적용 사례

- Toray '14년 Toyota Mirai 수소연료전지세단의 stack frame에 CFRTP 적용 '15년 일본, 유럽, 미국 판매개시
- Teijin '13년 Nikon의 DSLR 카메라 D5300의 구조재에 CFRTP LFT(Sereebo) 적용 '20년 연매출 1.5~2.0 B$ 계획
- Toyata Lexus LFA의 hood와 Roof의 제조에 사용
- Subaru Impreza WRX STI ts의 Roof 에도 적용
- BMW i3에 HP-RTM 기술을 적용한 CFRP 대량 적용
- 도레이첨단소재 '14년 기아차 올 뉴 소렌토의 파노라마 선루프 프레임으로 CFRTP 적용.

❑ 전자파차폐 복합소재

○ 지역별 EMC 차폐 시장규모

- 아시아는 2011년 부터 2016년 까지 가장 높은 10.1%의 성장이 예상됨
- 대부분의 전기, 전자 관련 제품 및 부품 생산이 아시아 지역에서 발생함
- 정부의 규제와 지원으로 EMI 차폐 시장의 성장에 크게 기여

($MILLION)

지역	2009년	2011년	2016년	연평균 성장율 (%) (2011년-2016년)
North America	499.56	545.22	689.25	4.8
Europe	614.48	676.63	835.18	4.3
Asia	865.46	1056.45	1709.17	10.1
Others	365.89	412.97	555.26	6.1
Total	2,345.39	2,691.27	3,788.86	7.1

출처 MarketsandMarkets Analysis

그림 19. 지역별 EMC 차폐 시장 규모

○ 재료별 EMC 차폐 시장 규모

- 글로벌 수준에서 PCB 레벨의 차폐재료가 가장 높은 35%를 점유하고 있음
- 가스켓이 26%, 전도성 도장 및 페인트가 23%임
- 전도성 도장과 페인트는 2011년~2016년까지 가장 높은 8.0%의 성장 예상
- EMI filters 부품도 7.9%의 높은 성장세가 예측됨

Material type	2009년	2011년	2016년	연평균 성장율 (%) (2011년-2016년)
Gaskets	609.8	688.97	932.06	6.2
Tapes	93.82	107.65	151.55	7.1
Conductive coatings and paints	539.43	629.76	924.48	8
PCB level shielding	820.88	936.56	1299.58	6.8
EMI filters	281.46	328.33	481.19	7.9
Total	2345.39	2691.27	3788.86	7.1

($MILLION)

출처 MarketsandMarkets Analysis

그림 20. 재료별 EMC 차폐 시장 규모

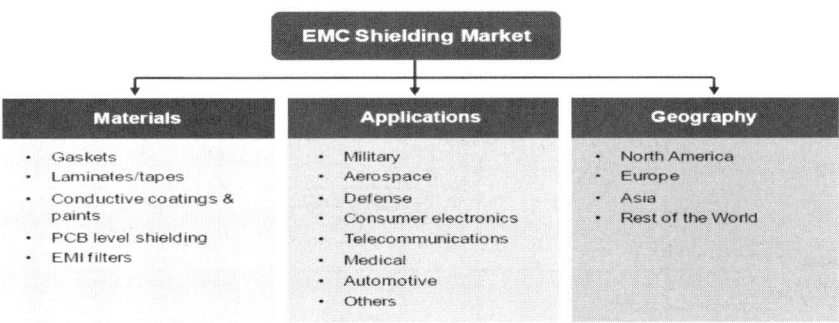

그림 21. 전자파차폐 소재 시장 구성

○ 국내 전자파차폐 시장규모는 약 4,000억원 수준으로서 주로 전자부품 및 IT 기기에 적용하기 위한 소재로 한정되어 있음

○ 4개의 업체가 과점 형식으로 전자파 차폐 테이프와 전도성 파이버를 주로 생산하여 주도하고 있음

기업	생산품목
창성	분말자성코아, 도전성페이스트, 금속분말, 흡수체 등
두성산업	Absorber, Elastomer, SMT Gasket, Tape, Shielding Window
조인셋	SMD Filter, Thermistor, EMI Gasket
아진 일렉트론	Conductive Fabrics/Tapes, Conductive Cushion 등.
메인일렉콤	Shiieding & Grounding Tape, Absorber등
이송이엠씨	도전성 테이프/ 폼가스켓/패드, EM흡수체
솔루에타	Conductive Fabrics/Tapes, Shield form gaskets,
엡실론㈜	도전성분말 (은코팅분말)
에이피텍	전자파 흡수폼
㈜나노맥	Rubber Type (Rubber Electromagnetic Wave Absorber)
㈜선경에스티	EMI Conductive Silicone, Absorber, Thermal Pad
엠피코	전자파 차폐재·흡수체, 방열 sheet 소재, 도전성엘라스토마 등
수퍼나노텍	전자파 차폐재·흡수체, RFID 안테나, 열전도 시트 등

그림 22. 국내 전자파차폐 복합소재 생산 기업

5. 국내외 연구동향 및 기술발전 전망

❏ 탄소섬유 복합재의 요소기술은 탄소섬유, 수지, 중간재, 성형, 리사이클, 리페어 기술이며, 기반기술은 설계/해석 및 공정 시뮬레이션, 시험평가 기반 구축, 대형실증, 표준구축 등임

❏ 자동차용 CFRP value chain에 따라 설계, 원소재, 중간재, 성형/가공, 소재/부품으로 분류 가능함

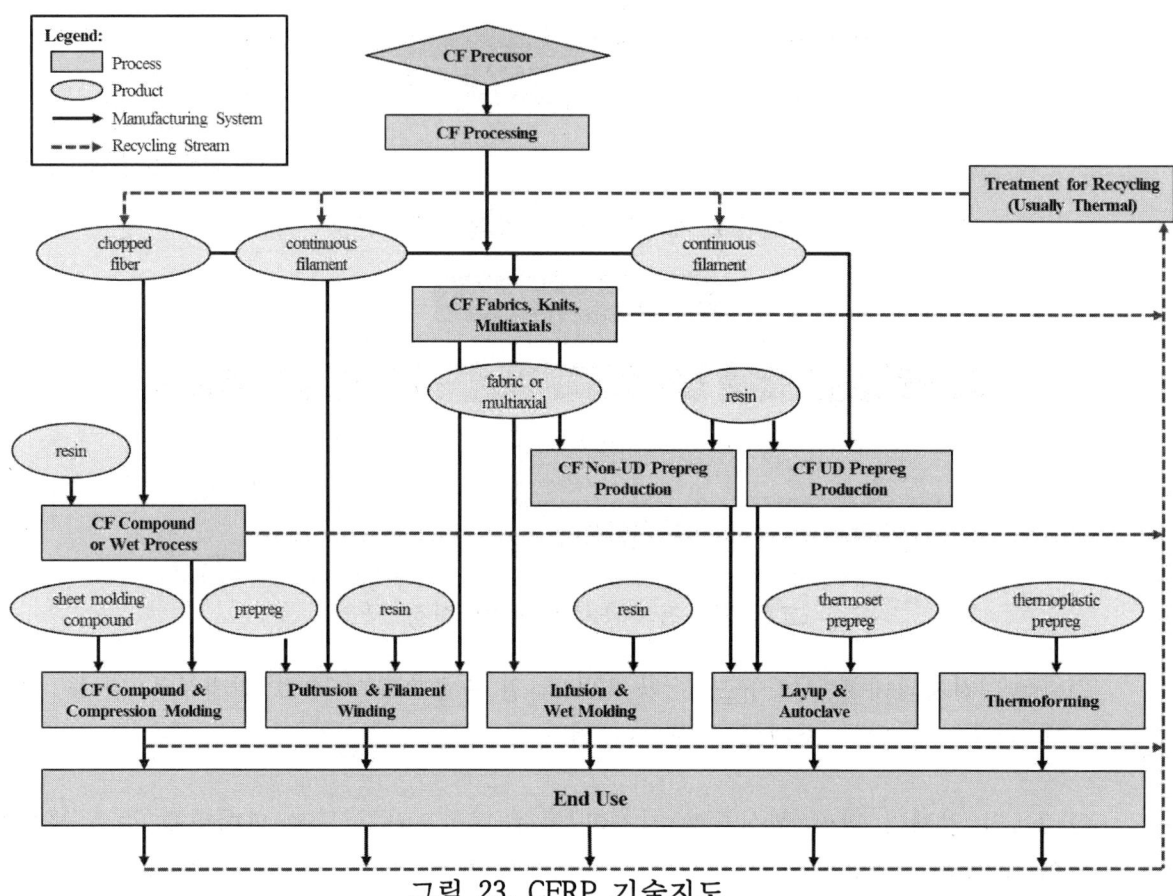

그림 23. CFRP 기술지도

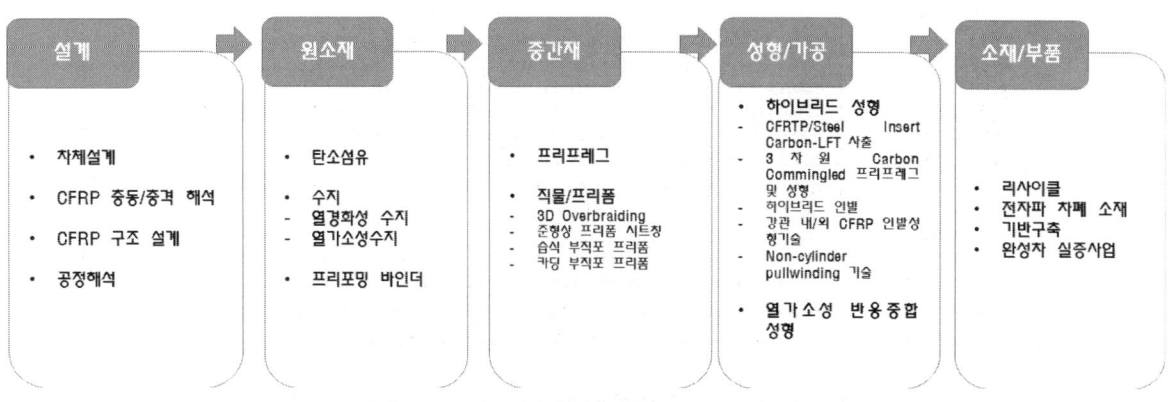

그림 24. 자동차용 CFRP value chain

❏ 설계/해석 및 공정 시뮬레이션

● CFRP 자동차 차체 Architecture 설계

  ○ 자동차 차체 경량화 연구 개발은 크게 Two Track으로, ① 기존 차체에 경량 금속과 CFRP를 적용하여 강도는 강화하고 중량을 줄이는 방향과, ② 자동차 구조를 합리화해 경량화를 추구하는 방향으로 진행

  ○ 과거 경량 금속과 CFRP를 이용한 차체 개발은 유럽이 주도하였는데 슈퍼카에 적용된 Monocoque 차체는 대량 생산에 적합하지 않음

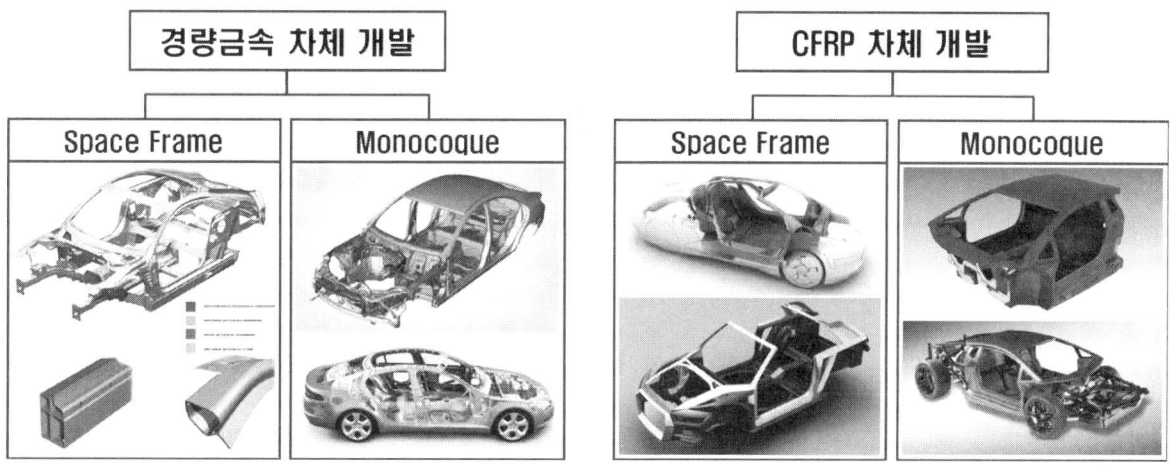

그림 25. 차체 경량화 기술 Two-Track: Past - 1st Stage Technology

  ○ 최근 유럽 연구기관 및 OEM에서는 자동차 경량화 기술의 방향으로 CFRP를 중심으로 한 다종소재 구조로 판단하고 있으며, 현재 독일 TU Dresden ILK에서 InEco® 프로젝트의 결과로 다종소재 구조를 적용한 전기자동차를 기술시연 하였고, Audi와 BMW는 양산모델 (R8 e-tron, i3/i8)을 개발

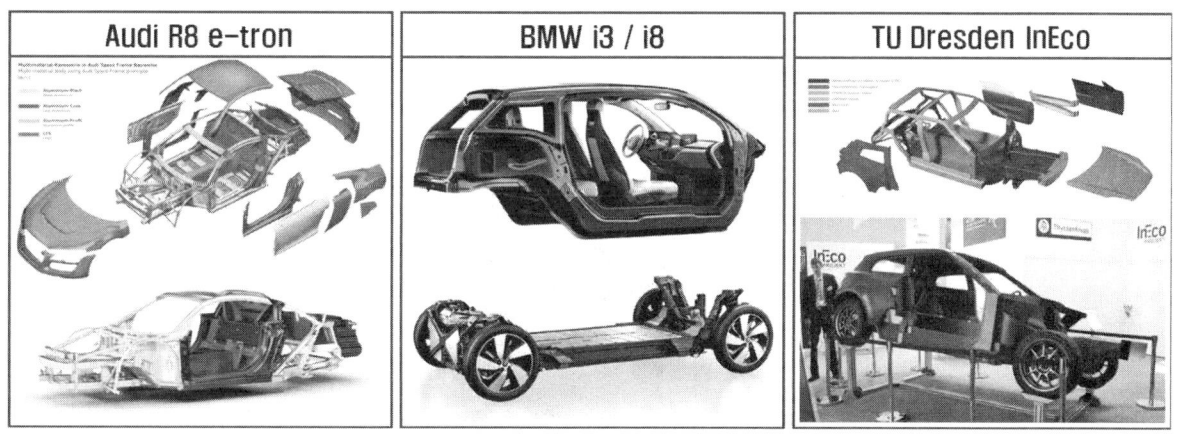

그림 26. 차체 경량화 기술 현주소: Present - 2nd Stage Technology

○ 차체 경량화의 기술적 성과는 CFRP 부품의 대량생산 기술 및 소재 특성을 고려한 새로운 '차체 Architecture 설계'와 '차체/부품 설계' 기술임
  - 미국 Ford는 2014년에 DOE와 함께 Lightweight Concept Vehicle인 MMLV (Multi-Material Lightweight Vehicle)의 설계를 통해서 차체 무게의 45%를 감량함

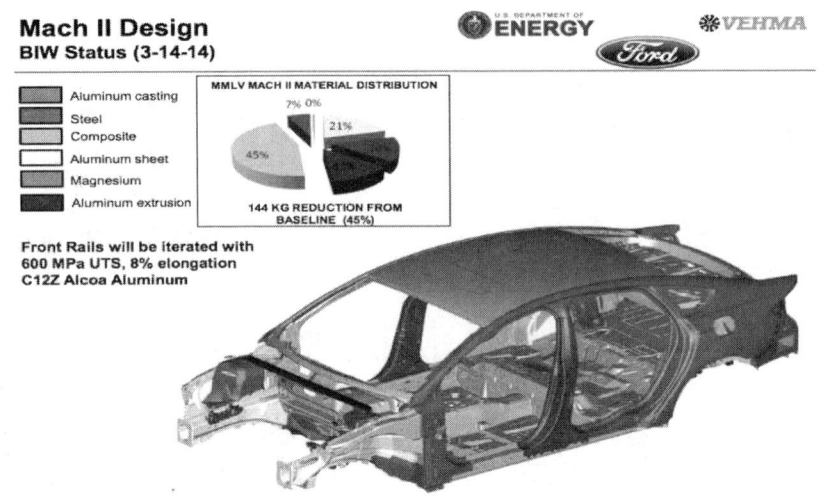

그림 27. 다중소재 차체 설계를 통한 자동차 차체 45% 경량화 (미국 포드사 MMLV)

● CFRP 구조 충돌/충격 해석 기술

○ 항공 분야에서의 CFRP 구조에 대한 외부 충격 관련 기술은 충격 후의 잔류 강도를 예측하고 구조물의 생존성을 판단하는 기준을 확보하기 위한 기술로서 주로 실험적인 검증 방법을 사용함

○ 금속 구조의 충돌 에너지 흡수가 주로 항복점 이후의 영구 변형(plastic deformation)에 의해 발생하는 반면, CFRP 구조의 충돌 에너지 흡수는 주로 파단 이후 소재의 부서짐 (Crush)에 의해 발생함

그림 28. Toyota의 LEXUS LFA에 사용되는 복합재 Crash box의 부서짐

○ 자동차 분야에서의 CFRP 구조를 주요 하중부재인 차체에 적용하면서 기존 금속재 충돌 해석 방법에 CFRP 충돌 해석을 접목 시키려고 하고 있음

○ 기존의 CFRP 복합재의 충돌 해석 기술은 주로 F1 등의 경기용 차체에 대한 충돌 해석 연구가 주를 이룸

○ BMW는 i3, i8을 개발하면서 CFRP 적용 자동차 차체 충돌 해석 기술을 개발함

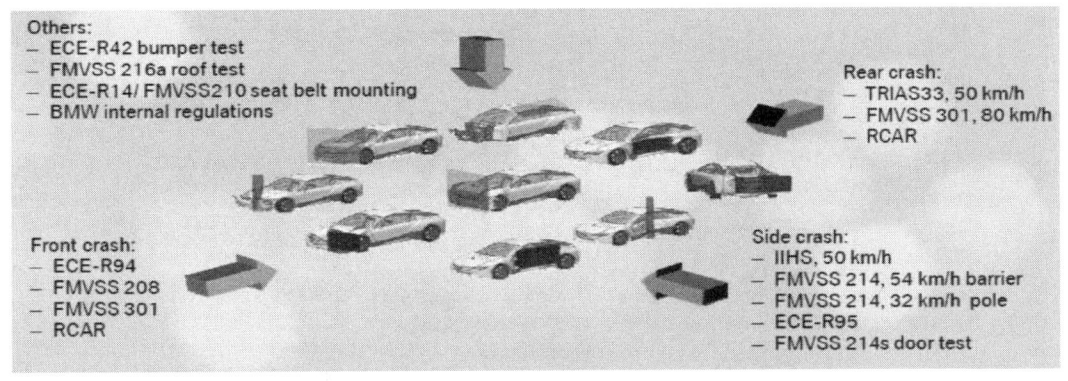

출처 Euro Car Body Conference, Bad Nauheim, 2014

그림 29. BMW i8의 자동차 충돌 시험 및 해석 기준

○ Volkswagen은 Altair와 함께 복합재(GFRP)-금속재 B-pillar에 대한 충돌해석 기법을 개발하고 이를 활용하여 다중소재 내 충돌 부품을 개발함

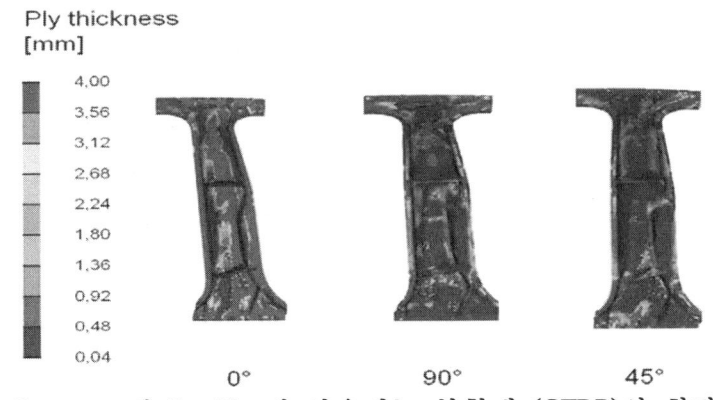

그림 30. Volkswagen의 B-pillar에 사용되는 복합재 (GFRP)의 최적 적층설계

● 가상 물성 평가 기술을 이용한 CFRP 구조 설계

○ CFRP 물성을 소수의 제한된 실험으로 세밀하게 조정된 해석적 모델을 활용하여 예측함으로써 CFRP 물성 정량화 및 표준화에 필요한 비용을 최소화하고자 하는 기술

○ CFRP의 가상 물성 평가 기술은 CFRP 구조 해석에 필요한 소재 물성을 지원하는 소프트웨어의 형태로 개발되는데, 대표적으로 MSC의 Digimat과 ASCGenoa의 Genoa가 있음

○ BMW는 i3, i8의 CFRP 차체 설계/해석을 위해서 Digimat를 활용함

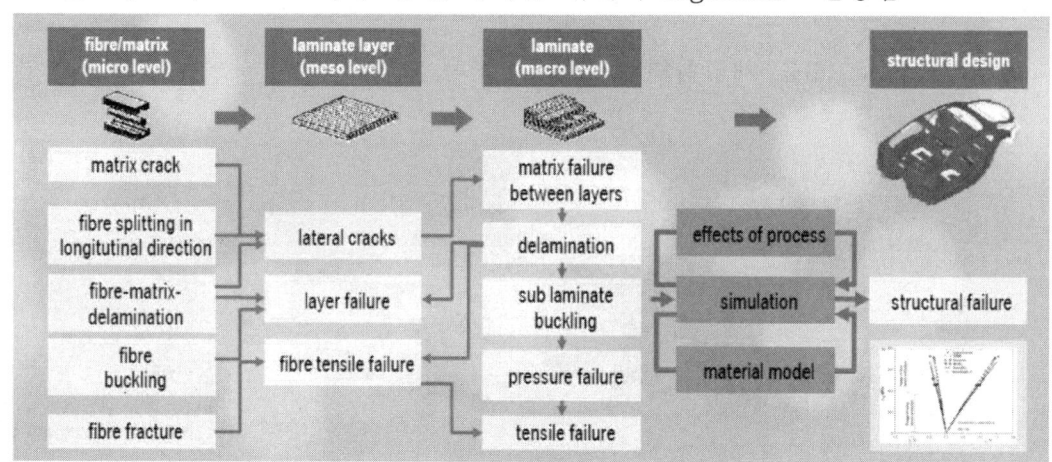

출처 Euro Car Body Conference, Bad Nauheim, 2014

그림 31. BMW i3, i8의 복합재 차체 개발에 사용된 가상 물성 평가기술

○ BASF는 열가소성 사출소재의 탄소섬유 단섬유가 혼합된 복합재의 자동차분야의 응용을 위해서 가상 물성 평가 기능의 Ultrasim와 같은 설계 Software를 활용한 독자적인 엔지니어링 서비스를 수행 중임

○ 최근에는 연속섬유 복합재료에도 관심을 가지기 시작하였는데, 이 분야 에서도 기존의 사출시장에서 사용한 것과 같이 가상 물성 평가를 위한 Ultracomp를 개발하고 있음

그림 32. BASF가 개발한 사출용 복합재 공정 및 구조해석 Software

● 공정 시뮬레이션 기술

○ 풍력 블레이드 및 자동차 차체 등의 대형 구조물에 CFRP가 본격적으로 적용되면서 RTM 공정 설계를 위한 수지유동해석 등의 공정 시뮬레이션 기술의 중요도가 높아짐

○ 대표적인 CFRP의 공정 시뮬레이션 기술은 섬유 배향 기술, 수지 유동 해석 기술, 열변형 예측 기술 등이 있음

○ 섬유 배향 기술은 편상의 직물 및 프리프레그 등을 적층하는 단계에서의 섬유의 배향을 예측 기술로서 이를 위한 해석 도구로서 Siemens의 Fibersim이나 ESI의 PAM-FORM 등의 소프트웨어가 있음

○ RTM을 위한 수지 유동 해석 기술은 RTM용 금형을 설계하기 위한 중요 기술로서 이를 위한 해석 도구로는 ESI의 PAM-RTM 등의 소프트웨어가 있음

○ 공정 시뮬레이션 기술의 구현을 위해서는 해석 도구의 구축뿐만 아니라 실질적인 엔지니어링을 위한 공정 물성의 정량화 및 실물 적용 기술 자체의 확보가 핵심임

❏ 원소재

● 탄소섬유

○ 표면 결점이나 섬유 내부 보이드 등 핵심인자의 공정 중 제어는 탄소섬유 메이커별로 조건이 다르고, 원소재도 다르기 때문에 통합적 기술 개발이라기보다는 자체적 설비나 조건에 맞도록 각 탄소섬유 메이커 자구적으로 최적해 나아갈 문제임

○ 자동차 메이커의 요구에 따른 탄소섬유 저가화를 위해 PAN원사 제조를 포함하여 품질을 저해하지 않는 범위에서의 생산 속도 향상과 탄화 온도 최적화를 통한 공정비 절감 연구 등이 요구되고 있음

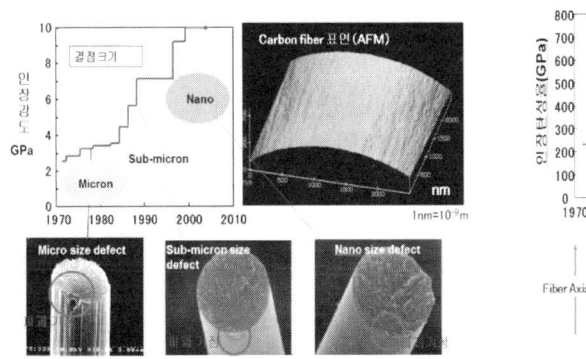
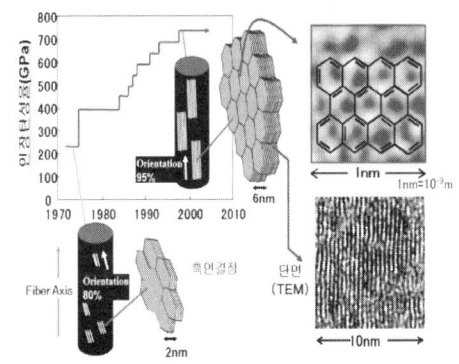

〈결점크기와 인장강도 관계〉　　〈결정크기, 배향도와 탄성율 관계〉

그림 33. 결정 크기, 배향도에 따른 탄소섬유 인장강도

○ 탄소섬유는 신도가 낮아 마찰에 약한 섬유이기 때문에 취급 중에 단사(모우)가 발

생하기 쉬워 핸들링성을 개선하고, 가공성을 향상시키기 위해 사이징제가 부여됨
- 사용되는 수지와의 접착을 개선하는 커플링제로의 역할도 하기 때문에 사용되는 수지별로 사이징제의 최적화가 요구됨
- 현재까지는 대부분 에폭시 수지에 맞추어 개발되어 있으나, 자동차등 산업용도로의 적용을 위해서는 PP 등 열가소성 수지와의 복합재가 필수적이기 때문에 관련한 다양한 사이징제의 개발이 필요

● 수지

가) 열경화성 수지

○ 에폭시수지가 가장 많이 사용되고 있으며 지속적인 연구개발을 통해 다양한 용도의 차별화 제품들이 개발되고 있음
- 주요기업으로는 모멘티브, 다우케미칼, 난야, 헌츠만 등이 있으며 국내기업으로는 국도화학, 금호석유화학, 하진켐텍, 코오롱 인더스트리가 있음

○ 물성측면에서 저점도, 내열성, 난연성, 방열성, 재활용성 등의 특성을 갖는 에폭시 수지 시스템 개발 연구가 진행 중임
- 유럽, 미국, 일본과 같은 선진국에서는 수십 년 전부터 자동차 분야 및 산업 전반에 사용 가능한 수지 시스템 개발을 꾸준히 추진 중

○ 경화 시간을 단축하여 생산성을 대폭 향상시킨 속경화형 에폭시수지가 유럽을 중심으로 개발되어 양산에 적용됨 (BMW i3/i8)
- 북미와 일본은 기술도입 또는 독자개발을 추진하여 성능 평가를 하고 있으며 국내에서도 관련 연구가 활발히 진행되고 있음
- 속경화성 에폭시수지 기반의 열경화성 CFRP 자동차 부품 성형기술의 국내 수준은 BMW 컨소시엄에 비해 7년 정도 뒤처짐

○ 자동차 외장재 용도로 OEM의 생산성과 품질 요구에 근접한 Class-A급 속경화 PU 수지 시스템이 개발 중에 있음

나) 열가소성 수지

○ 열가소성 수지는 열경화성 수지에 비해 공정시간 단축이 가능하여 생산성 향상이 기대되고 연성과 충격강도가 우수하며, 특히 재활용과 소재간의 접합이 용이하여 다양한 복합소재에 사용될 수 있음

○ 저점도 열가소성 수지 기반의 성형기술은 세계 최고수준의 Audi 컨소시엄에 비해 국내기술이 3년 정도 밖에 뒤처지지 않음

○ PP, PA, PC, PET, PBT 등 범용 엔지니어링 플라스틱(EP) 및 이를 이용한 자동차 부품 생산에 대해서는 국내 기업들도 상당한 기술력을 보유하고 있음

- 국내의 경우 열가소성 복합재 중간재는 유리섬유 기반 복합재 제조사가 대부분이며 PP, PA6 수지를 기반으로 한 GS-Caltex, 롯데케미컬, LG-하우시스, 한화첨단소재, 코오롱 플라스틱과 여러 중소/중견 기업들이 있으며 반응중합을 기반으로 한 제조사는 엑시아머티리얼스가 있음

- 열가소성 복합재 적용 자동차 부품은 주로 대기업 위주의 중간재를 생산하는 업체들이 성형까지 하는 수직 계열화가 되어 있는데 Compression 공정은 한화첨단소재와 LG-하우시스 그리고 사출 성형은 롯데케미컬, 에코플라스틱, 베바스토동희 등 다수가 있음

○ 대부분의 열가소성 수지들은 용융 점도가 매우 높아 소재의 복합화에 어려움이 있으나, 최근에는 이러한 단점을 보완하여 섬유와의 함침성을 개선하기 위한 저점도 Prepolymer 또는 환형 전구체 (Cyclic Precusor) 형태의 중간체를 원료로 반응중합하는 기술이 개발되고 있음

○ 이미 독일 Volkswagen과 BASF, KraussMaffei는 공동으로 열가소성 수지 반응중합을 이용한 T-RTM 기술(PA6 기반)을 개발하여 자동차용 B-pillar 시제품을 제작

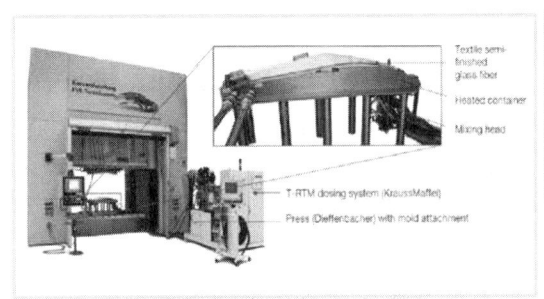
<T-RTM Testing Setup in VW>

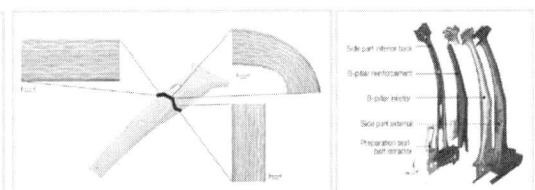
<Prototype Thermoplastic GFRP B-pillar>

High-strength steel 대비 36% 경량화

그림 34. 반응중합 열가소성 수지를 활용한 T-RTM 성형 사례

● 프리포밍(Preforming) 바인더

○ CFRP 대량 생산을 위한 프리포밍용 바인더 레진 시스템은 양산화 공정의 필수적인 요소기술로 성형공법과 맞물려 동시 개발 진행이 필요함

○ CFRP가 자동차 산업에서는 부품의 생산 속도를 맞추지 못하였기 때문에 슈퍼카를 제외하고 양산차에 채용하기는 매우 어려운 실정이었음

○ 최근 속경화 성형기술들이 개발되면서 BMW i3에 CFRP가 양산적용 될 수 있었으며, 이는 프리포밍의 기술개발과 병행하여 진행되었음

○ 프리포밍용 바인더에서 가장 우선시 되어야 할 고려사항은 재작업 성능과 성형레진과의 상용성
  - 프리포밍 시스템과 바인더의 국산화 기술개발이 필요

○ 현재 가장 많이 사용되고 있는 열경화성레진(에폭시)과 상용성이 좋으면서 재작업이 가능한 프리포밍 레진의 개발은 해외 선진기업들도 개발을 진행하고 있는 단계임

❑ 중간재

● 프리프레그

○ 프리프레그(prepreg)는 탄소섬유 원사 또는 직물에 수지를 함침 시킨 시트 (sheet) 형태의 중간재로 항공우주, 자동차, 스포츠용품 등 다양한 CFRP의 성형을 위한 핵심소재이며 전체 탄소섬유의 약 75%가 프리프레그의 형태를 거쳐 소비됨 (출처 Recent developments in carbon fiber prepregs across major end uses, JEC Europe 2014 Carbon Fiber Forum, Connectra, 2014)

○ 선진 프리프레그 제조사로 분류되는 Toray, Hexcel, Cytec, MRC, SGL 등은 자체 탄소섬유 제조 Line을 보유하고 있으며, 수지 시스템 개발 능력이 있는 Gurit, ACG, SK케미컬 등은 고성능/기능성 수지를 적용한 프리프레그를 생산하여 Market Share를 유지

○ 국내는 SK케미컬, 한국카본, TB카본 등의 업체에서 에폭시수지를 기지재로 한 탄소섬유 프리프레그를 생산하며, 최근에는 SK케미컬, LG하우시스, 한화 첨단소재 등에서는 대량생산에 적합한 열가소성수지 프리프레그를 개발 중에 있음

표 5. 주요 프리프레그 제조 기업

지역	Prepregger	Prepreg 용도				수직계열화		비 고 (Composite 용도)
		항공	스포츠	산업	풍력	CF 생산	Comp.	
미국	Hexcel	√		√	√	O	O	항공, 산업기계 부품
	Cytec	√		√		O	O	항공 부품
	Zoltek				√	O	O	압력 용기
	Aldila		√				O	Golf Shaft
유럽	SGL			√	√	O	O	풍력 Blade
	Gurit			√	√			
	ACG	√		√			O	항공 부품
일본	Toray	√	√	√		O	O	항공, 자동차, 산업 기계 부품
	MRC		√	√		O	O	Golf Shaft
	Toho	√	√	√		O	O	항공, 자동차, 산업 기계 부품
한국	SK		√	√				
	Hankuk		√	√			O	방산 부품
	TB		√	√				
중국	Gwangwei		√	√	√		O	낚시대
	Zhongbao		√	√				

○ 현재, 탄소섬유 프리프레그의 신규 진출 영역으로 예상되는 자동차, 풍력, 스포츠·레저 분야를 위한 속경화형 프리프레그, 저온경화/후물형 프리프레그, 초박형 프리프레그가 개발되고 있음

- 자동차 부품 대량생산에 따른 Cycle Time 5분/EA 미만의 속경화형 Matrix가 적용된 산업용 프리프레그의 개발이 필요함

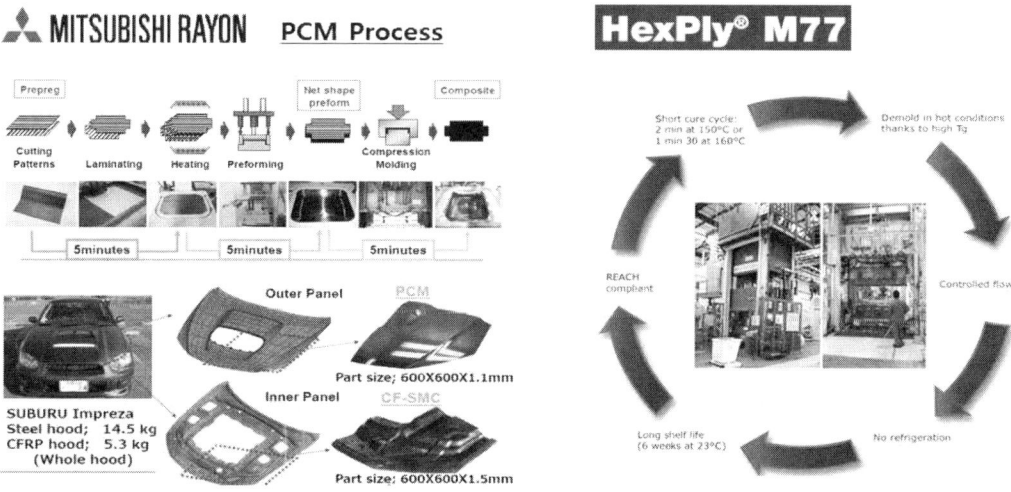

그림 35. 선진업체 속경화형 프리프레그: MRC PCM Pregreg 및 Hexcel Hexply M77

● 직물/프리폼

○ 탄소섬유 강화직물은 탄소섬유 Tow를 사용한 직물과 이를 스프레딩 (spreading)하여 직조하는 직물로 크게 구분할 수 있으며, 이는 다시 직물 중의 섬유사가 크림프 (crimp)의 유무에 따라 일반 편직물과 다축직물 (multi-axial fabric)로 구분되어짐

○ 해외 선진사(SGL, HEXEL, Sigmatex 등)에서는 관련 전용 생산설비를 구축하여 편직물과 다축 직물을 대량생산 판매를 진행 중임

○ 국내는 삼우기업, 동일산자 두 곳에서 유리섬유를 기반으로 한 다축직물 제조 판매 중이나, 탄소섬유 다축직물의 경우 전량 수입에 의존하고 있는 실정임

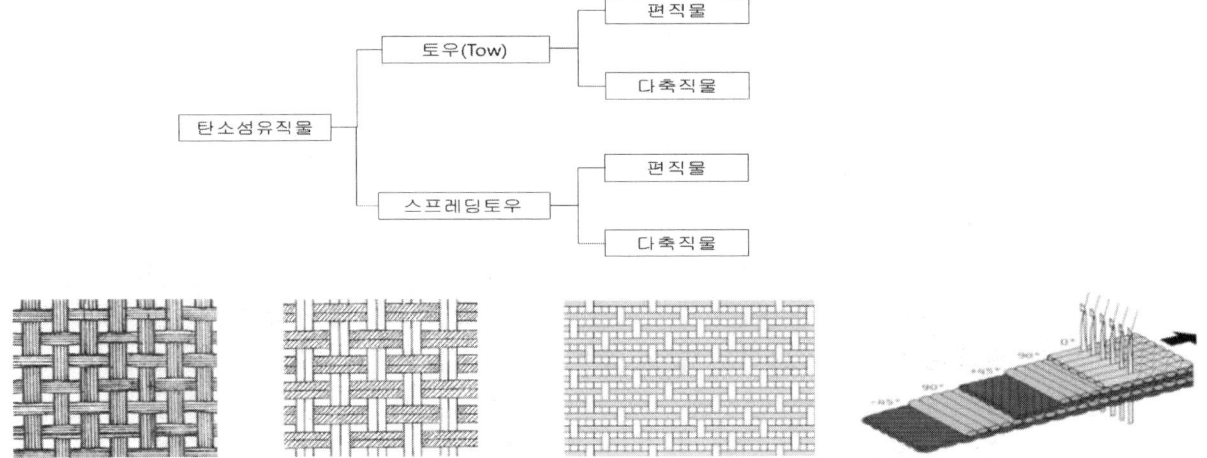

그림 36. 탄소섬유직물 분류 및 직조 형태 구분:평직(plain)/능직(twill)/견직(satin)/다축직물

○ 탄소섬유 강화직물 직조기술은 라지토우(large tow)를 이용한 다축 직물 제직기술, 스프레딩 토우를 활용한 다축직물 제직기술, 박막테이프를 활용한 경량 직물 제직기술이 핵심 소재기술임
- 라지토우를 이용할 경우 50K급 탄소섬유를 사용하여 300~800g/㎡급 직물을 제직 사용함으로써 고속직조 가능하며, 직조 시 원사 Loss 최소화(3%이하)가 가능함
- 12~50K의 스프레딩 토우를 이용할 경우 On-Line, Off-Line 스프레딩 공정 적용이 가능하며, 직물표면의 균일성과 원사 Loss율 최소화 가능함 (100~300g/㎡ 주로 제직)
- 탄소섬유를 스프레딩하여 테이프를 제작한 후 이를 위사와 경사로 활용하여 제직하는 기술로서 90g/㎡이하 직물 제직 가능하며, HEXCEL, SAKAI OVEX(일본), OXEN(스웨덴), Lindauer DORNIER(독일)가 관련 기술 및 특허를 보유함. 국내에도 유리섬유 테이프로 직조하는 기술은 롯데케미칼((구)삼박)이 보유하고 있음

○ 현재는 라지토우 탄소섬유 직조 시 섬유가 겹쳐지는 부분은 응력 집중으로 인해

기계적 물성이 하락하므로, 스프레딩 기술을 통한 탄소 테이프 제조 기술이 많이 연구되고 있음

○ 스프레딩 직조 프리폼은 우수한 처짐 특성을 가지므로 복잡한 형상의 복합 재료를 용이하게 제조할 수 있을 뿐만 아니라, 종래에 1-6K 탄소섬유로 제조되던 초경량 직물 프리폼을 12K 이상의 라지토우로 대체 가능함
 - 스웨덴의 TeXtreme는 탄소섬유 UD 스프레딩 토우를 직조하여 포뮬러1 자동차, 자전거, 아이스하키 채, 탁구채 등 많은 분야에 적용 중임

○ 스프레딩(spreading) 기술의 종류는 크게 "다축롤 구성 함침 다이공법"과 "공기를 이용한 펼침 방법(air flow spreading)"의 두 가지로 나누어짐
 - 다축롤 구성 함침 다이공법은 수지 함침 전 단계에서 다수의 기하학적 롤을 이용하여 기계적으로 섬유를 펼쳐 섬유의 폭을 증가시키는 방법
 - 공기를 이용한 펼침 방법은 섬유 필라멘트 사이로 공기가 지나가면서 유로 확보를 위해 필라멘트 사이의 간극이 넓어지며 스프레딩이 됨

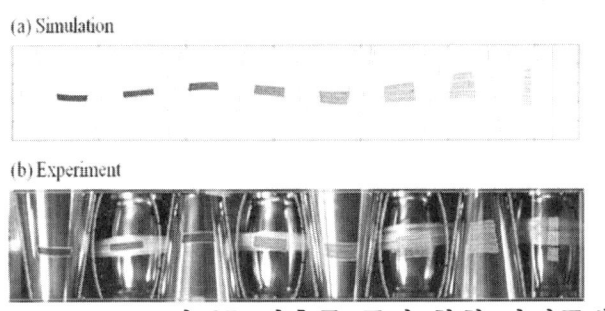

그림 37. 다축롤 구성 함침 다이공법 및 공기를 이용한 펼침 방법

가) 3D Overbraiding 제조기술

○ 3D Overbraiding 메커니즘은 개별 구동하는 Horn과 Crossing의 프로그램에 의해 Track을 따라 움직이면서 요구하는 프리폼의 형상(inner geometry)을 갖는 코어를 삽입하여 브레이딩(편조)을 하는 메커니즘
 - 3D Braiding 기술은 Deforming Process를 이용하여 다양한 구조로 변경이 가능하며, 2개 이상의 Braid를 복합화하거나 내부에 코어 파트를 삽입하는 등 다양한 디자인 변화가 가능

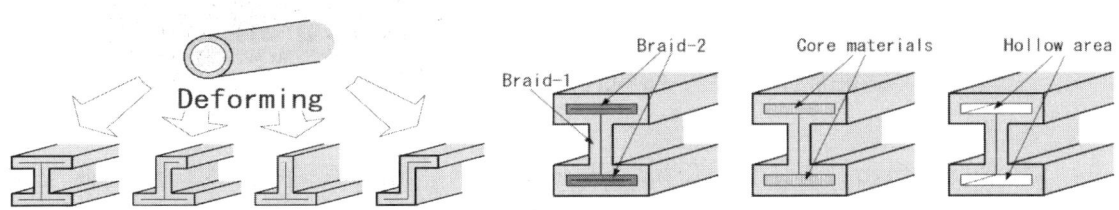

그림 38. 다양한 구조의 3D Braid

- 코어 파트의 경우 후속공정 후 구조체의 일부로 남아 있거나 제거되기 때문에 폼의 형태나 Solid 형상의 구조물이 사용됨
○ Triaxial braid는 0, +θ°와 -θ° 세 방향의 편조된 섬유로 이루어지게 되며, 다양한 코어 소재를 사용하여 net shape structural preforms를 제조하는 기술로 경제성이 뛰어남
- 이렇게 제조된 프리폼의 경우 Pultrusion, RTM 등의 공정을 거쳐 복합재료로 성형되는데 대표적인 적용 사례로 항공기의 경우 T-profile 구조의 Hull Section, Fan Cover와 날개 부분의 Stabilizer, 자동차 분야의 경우 Mercedes SLR McLaren 차종의 Crash Box와 BMW M6 전후 Bumper Holder가 알려져 있음

그림 39. Triaxial Overbraiding 공정

나) 준형상(net-shape) 프리폼 스티칭기술

○ 스티칭 기술은 구조적으로 안정하고 유연한 보강재를 만들기 위하여 보강 섬유를 고착화 시키는 공정으로 준형상 프리폼 제조의 핵심기술임
- Multiaxial/Multiply Noncrimp Fabric 제조기술은 탄소섬유 보강재를 다층과 다축(0°/90°/+45°/-45°)으로 배열한 다음 트리코트 스티칭 기술로 고정화하는 기술로 연속상의 보강재를 제조하는데 사용하는 기술임

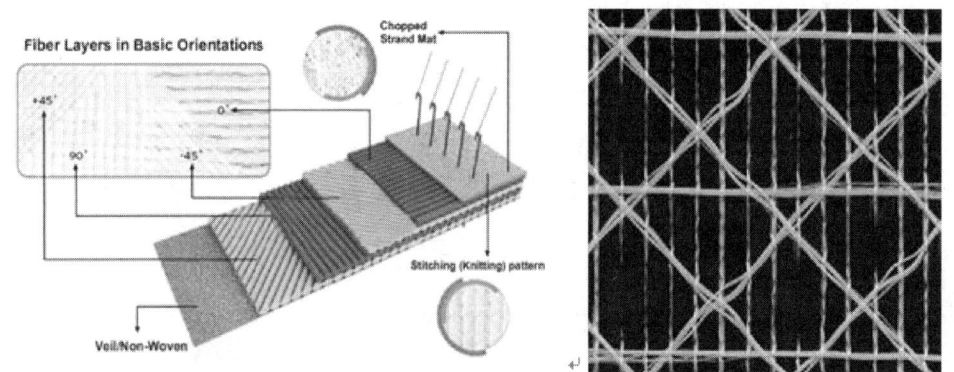

그림 40. Multiaxial/Multiply Noncrimp Fabric 제조시 적용된 스티칭 기술

- Tailored fiber placement(TFP) 제조기술은 복합재료 부품 제조를 위해 연속상의 섬유를 기재 위에 디자인대로 배열하면서 stitching thread를 이용해 고착화

하는 공정기술로 curvilinear patterns을 가지는 준형상의 프리폼을 제조하는데 사용하는 기술임

그림 41. Tailored Fiber Placement 공정 시 적용된 스티칭 기술

○ 스티칭에 사용하는 원사의 종류는 제한은 없지만 부품으로 성형시 매트릭스 수지와의 장비 접합특성이 매우 중요한 인자임
- EMS Griltech에서는 페놀수지 경화공정 중에 수지에 용해되어 사라지는 Phenoxy Yarn을 개발하여 우주항공 분야에 공급하고 있음
- MIT와 CSIRO 연구진은 열가소성 Poly[ethylene-co-(methacrylic acid)] (EMMA) 섬유를 개발하여 복합재료에 크랙이 발생시 self-healing 및 delamination toughening에 의해 자가 복원이 가능한 소재를 개발하였음

○ 스티칭한 준형상(net-shape) 프리폼은 우주항공 부품 제조에 주로 사용되었으며, 자동차 분야에서 각종 부품, 헬리콥터 부품, 자전거 프레임과 같은 적용분야가 확대되고 있음

● 부직포/프리폼

가) 3D 배향 및 밀도제어 CF 부직포 기술

○ 독일의 경우 부직포 및 삼차원 구조물을 이용한 적용 사례가 확대되고 있는데, TWE Vliesstoffwerke, Techtex는 3-D stitch-bonded nonwoven 기술을 바탕으로 Multiknit/Caliweb®, J.H.Ziegler는 3-D thermal bonded nonwoven 기술을 바탕으로 하는 Haco® 제품을 Audi 등 고급 차량에 적용하고 있으며, Müller Textil는 Warp-knitted spacer fabric인 3mesh®을 시트에 적용하고 있음

○ 부직포와 같이 단섬유 형태의 프리폼은 섬유 불연속성과 무배향 섬유 배열 이유로 구조 재료로는 적합하지 않았으나, 부직포기술의 발전으로 섬유 길이 (50 ~ 70 mm)가 긴 고강도섬유의 부직포 제조가 가능해짐에 따라 선진국 중심으로 개발되고 있음
- 일본 Toho Tenax의 탄소섬유 매트와 미국 Hexcel사의 HexMC
- BMW-SGL의 스크랩 탄소섬유를 재활용한 부직포 프리폼 자동차 부품

○ Off-axis 성능이 우수하고 복잡한 3차원 구조 성형이 가능한, 건식 (에어레이드, 카딩) 및 습식 부직포 preform 제조기술과 이를 이용한 열가소성 및 열경화성 복합재료 제조기술 개발

나) 에어레이드 (Airlaid) 부직포 프리폼 제조기술

○ 에어레이드 공정기술은 개섬(Opening)한 보강 섬유를 기류(氣流)에 의해 이송시켜 Mat를 연속적으로 제조하거나 특정 형상을 갖는 몰드에 투입하여 프리폼을 형성하는 방법으로 최근에는 재생한 탄소섬유를 활용하는 공정 기술로 각광을 보이고 있음
- 한국생산기술연구원에서는 24K 이상의 탄소섬유 Tow를 일정한 크기로 연속적으로 잘라서 시트상의 프리폼을 제조하는 Cut & Laid 공정기술을 개발하였음
- 독일의 Fiber Engineering에서는 기류(氣流)를 사용하여 Chopped Carbon Fiber를 몰드에 직접 투입하여 프리폼을 제조하는 Fiber Injection Molding 기술을 개발하였음
- 덴마크의 Formfiber는 전통적인 에어레이드 공정을 효율적으로 개량한 SPIKE 기술을 적용해 시트상의 프리폼을 제조하는 기술을 개발하였음

그림 42. 시트상 에어레이드 탄소섬유 프리폼

○ 또한 에어레이드 부직포 기술은 molding, embossing, calendering 공정 또는 thermo-forming 공정을 통하여 3차원의 입체구조의 형성이 가능하고, 부직포 제조공정 중 Air-laid 공정에 의하여 3차원의 입체 구조를 갖는 부직포를 형성함으로서 다양한 구조의 프리폼을 제조할 수 있음

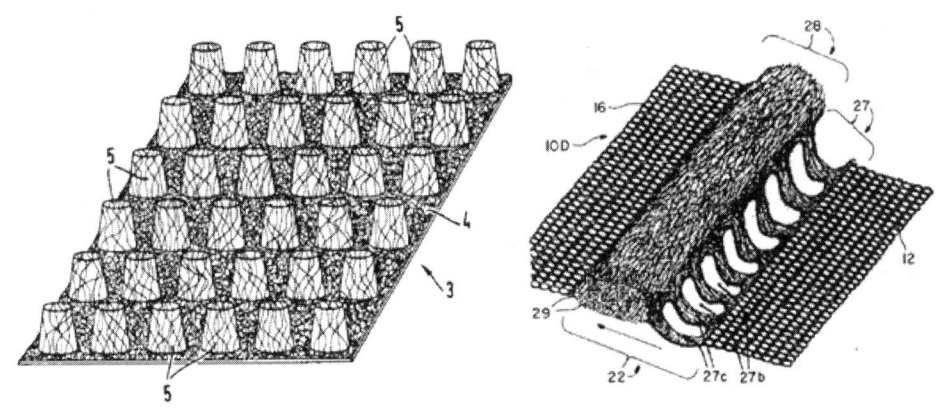

그림 43. 3차원 구조를 갖는 부직포 프리폼 형상

- 에어레이드 부직포 기술은 보강용 탄소섬유와 매트릭스인 열가소성 섬유를 동시에 혼련 하여 프리폼을 형성시킴으로써, 별도의 후속 공정 없이 consolidation할 수 있다는 장점이 있음

다) 습식 (Wetlaid) 부직포 프리폼 제조기술

○ 습식 부직포 공정기술은 개섬 (Opening)한 보강 섬유를 수류(水流)에 의해 이송시켜 Mat를 연속적으로 제조하거나 특정 형상을 갖는 몰드에 투입하여 프리폼을 만드는 방법으로 최근에는 에어레이드 공정기술과 마찬가지로 재생 탄소섬유를 활용하는 기술로 주목받고 있음

- 대표적인 습식부직포 공정기술은 Inclined Wire Fourdrinier 시스템이 잘 알려져 있음

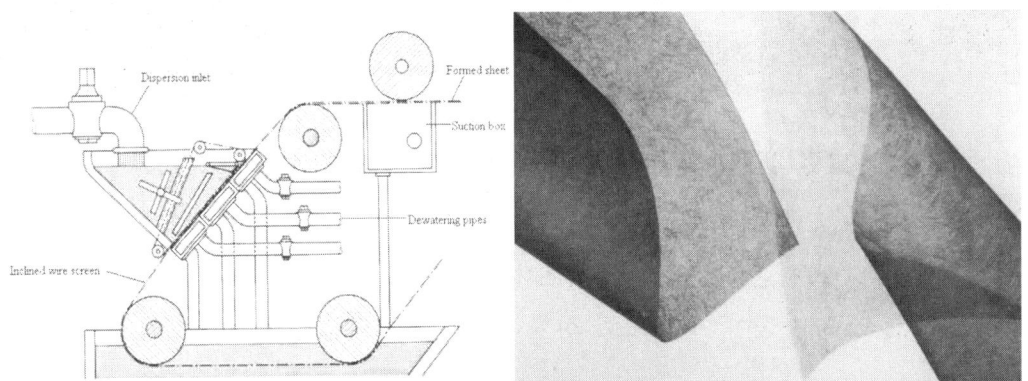

그림 44. Inclined Wire Fourdrinier 시스템 및 제조된 탄소섬유 Veil

○ 미국의 Materials Innovation Technologies는 Three Dimensional Engineered Preform (3-DEP™) net-shape, wet-laid nonwoven forming process를 개발하였음

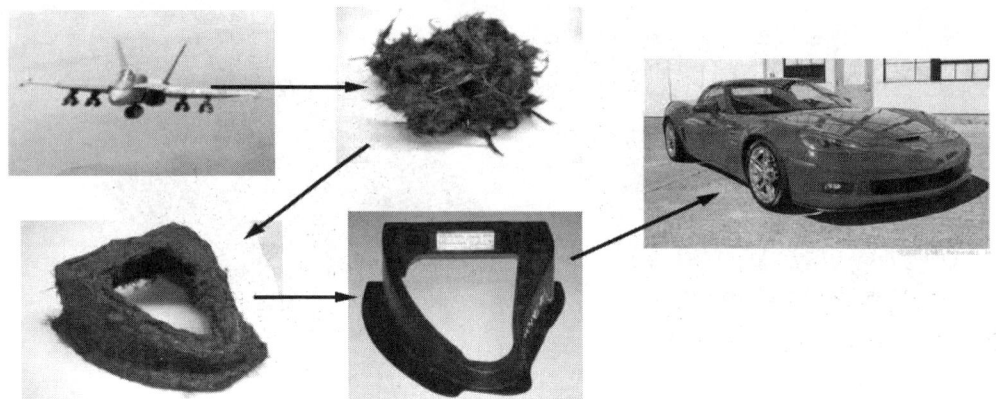

그림 45. 보잉 항공기 재생탄소섬유 3-DEPTM 프리폼 적용 사례

라) 카딩 (Carded) 부직포 프리폼 제조기술

○ 카딩 공정기술은 개섬 (Opening)한 보강 섬유를 카드기에 의해 웹을 연속적으로 제조하게 되는데, 후속공정으로 니들펀칭을 하거나 스티칭을 통해 프리폼을 형성하는 방법으로 최근에는 재생한 탄소섬유를 활용하는 공정기술로 각광을 받고 있음

그림 46. 카딩 부직포 프리폼 제조기술 공정

○ SGL Automotive에서는 BMW i시리즈에 재생탄소섬유를 활용하여 제조된 카딩 부직포 프리폼으로 자동차 부품으로 성형하여 실용화하였음

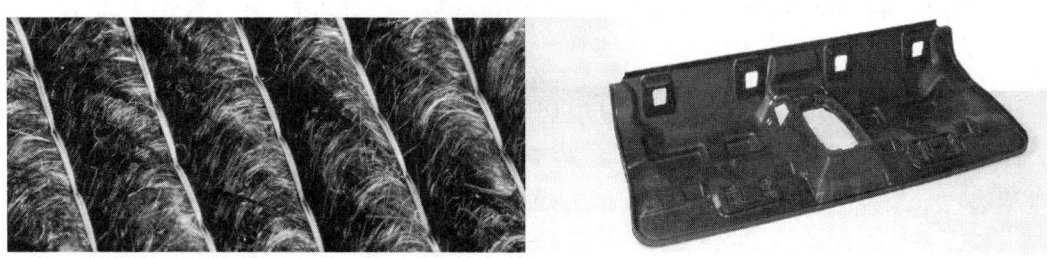

그림 47. BMW i시리즈 차종에 사용된 카딩 부직포 프리폼과 성형부품

□ 성형

● 하이브리드 성형

○ 고속생산이 가능한 열가소성 CFRP 성형기술, 열경화성 CFRP 성형기술, 열경화성-열가소성 하이브리드 성형기술, 사출공법, 압출공법 등이 개발되면, CFRP 시장을 대폭 확대할 수 있을 것으로 기대됨

○ 복합재료의 성형시간을 단축할 수 있는 근본적인 방법 중 하나는 열가소성수지를 기지재로 사용하는 것이며, 기존의 열가소성수지는 열경화성수지 대비 기계적 물성이 낮아서 널리 사용되지 않았으나 최근 복합재 생산성 및 리사이클의 중요성이 부각되면서 많은 연구개발이 진행되고 있음

○ 열가소성수지 복합재 성형의 가장 큰 걸림돌은 열경화성 수지에 비해 점도가 높다는 것인데 이를 극복할 수 있는 성형기술 개발이 관건임

○ 연속섬유 열가소성 복합재료를 성형할 수 있는 가장 보편적인 방법 중 하나는 UD 또는 직조된 섬유에 열가소성 수지를 함침 시킨 형태의 CFRTP를 사용하는 것임
  - CFRTP를 적외선 히터 등을 이용해서 가열한 후 금형에 투입하여 프레스 성형하는 방법이 주로 사용되고 있으며, CFRTP는 주로 항공기용 내장재에 적용되어 왔는데 점차 자동차산업으로 확대되고 있는 추세

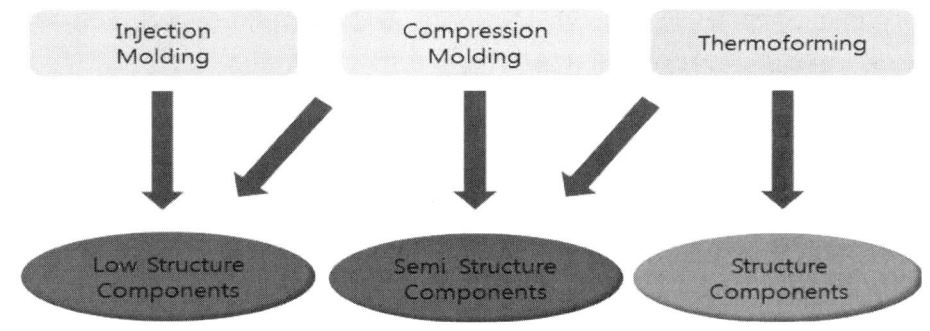

그림 48. 열가소성 복합재 성형공정별 부품 적용 예

가) CFRTP/Steel Insert Carbon-LFT 사출 기술

○ Hybrid 성형은 탄소섬유 UD Tape 또는 직편물 등과 단·장섬유를 복합화하는 공법
○ 이종 소재 또는 이종 공정 간의 이러한 Hybrid화 기술이 검토 되고 있으며, 부위별로 다양한 형태의 섬유로 선택적인 보강이 가능하여 복잡한 형상을 갖는 제품을 비교적 빠르게 성형하는 데에 적합한 공법임

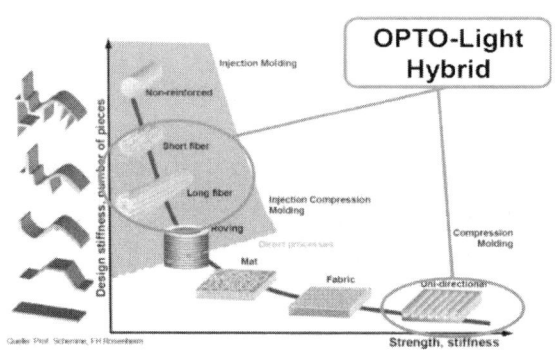

그림 49. 중간재간의 Hybrid 성형 기술 개념도

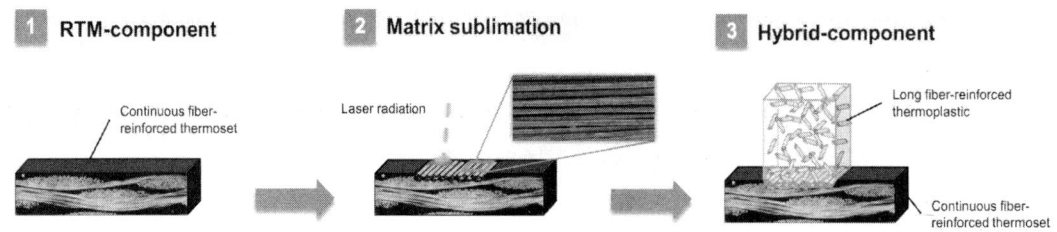

그림 50. Hybrid 성형 시 탄소 섬유 배향성

○ 이종 소재인 경우 중간재를 섬유 형태상 연속 섬유와 불연속 섬유간의 하이브리드화를 통하여 성형 부품의 디자인 자유도와 물성을 확보 가능함

○ 유럽을 중심으로 Lanxess, Engel - KraussMaffei에서 연속 섬유 형태의 UD-Tape인 Organic Sheet를 금형에 인서트 시킨 후에 장섬유 형태인 LFT를 사출하는 Hybrid화 성형공정 기술이 대표적인 예임

○ 국내의 경우 사출성형과 사출기 제조 기술이 지속적으로 발전해왔기 때문에 Hybrid 기반 기술을 보유하고 있다고 볼 수 있으며, 예열 시스템과 장입 고정 시스템 그리고 장섬유 LFT 전용 사출 Screw 기술이 확보되면, 기존 대기업 중심의 자동차 부품 산업계와 다양한 산업 분야의 중소기업에서의 활용도가 높을 것으로 예상함

○ 중량 절감을 위하여 금속 소재를 최소화 시키면서 부족한 물성을 만족시키기 위하여 국부 또는 대면적 금속과 복합재간의 하이브리드화 성형공정 기술이 사용되고 있음

그림 51. Hybrid 성형공정 및 제품

그림 52. Lamborghini 하이브리드 소재 적용 body-in-white

○ Lamborghini와 Audi는 Aluminum, Steel과 CFRP으로 조합된 새로운 Hybrid Metal이라는 소재와 공정기술을 도입하여 Multimaterial Space Frame을 개발함

그림 53. Audi의 New Hybrid 소재

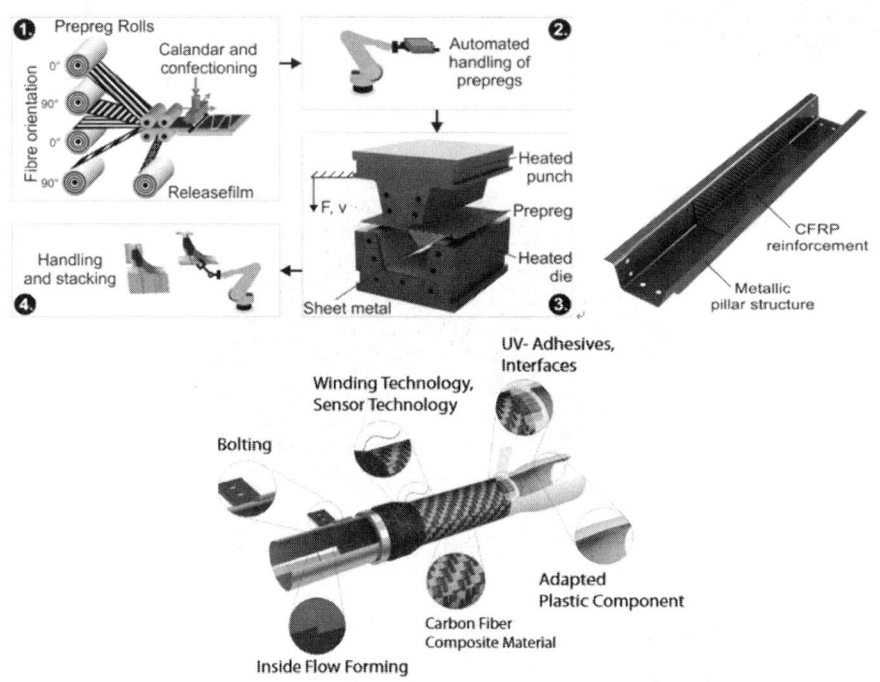

그림 54. 금속/복합재간의 하이브리드 성형 기술 개념도 및 성형 제품

나) 3차원 Carbon Commingled Prepreg 및 성형공정 기술

○ 열가소성 CFRP의 Prepreg는 UD Tape의 형태로써 적층 Sheet 또는 직조물로 구현되는 한계가 있기 때문에 최종 제품의 디자인 자유도가 떨어짐

○ 따라서 Hybrid화 기술은 동일 소재의 중간재에서 새로운 시도가 진행되고 있으며, 이는 열경화성 복합재 섬유의 3차원 프리폼 방향성 제어 기술을 응용하여 다양한 방향으로의 물성 향상을 하려는 기술임

그림 55. 연속 섬유 보강 열가소성 UD-프리프레그

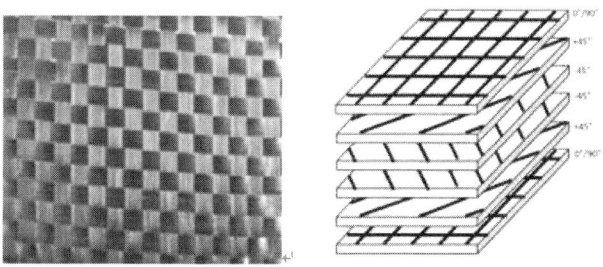

그림 56. 직조 또는 적층 형태의 연속 섬유 보강 열가소성 프리프레그

○ 연속섬유 형태의 중간재는 열가소성 섬유와 탄소섬유를 복합한 Hybrid Commingled Yarn을 사용하여 만듦

- 설계/해석을 통해 최적화된 섬유 배향/배열로 Hybrid Commingled Yarn을 금형에 장착시켜 성형함으로서 기존 2D 형상에서의 물성 구현이 어려웠던 다방향성 물성 확보가 가능

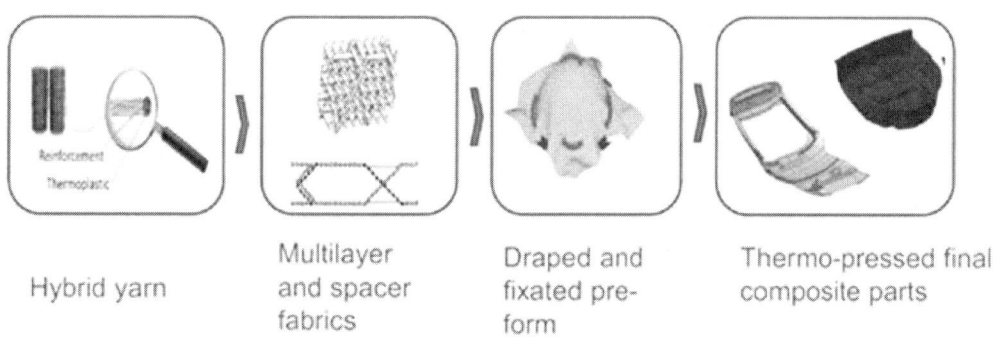

그림 57. 열가소성 3D Commingled Yarn 제품 개발 개념도

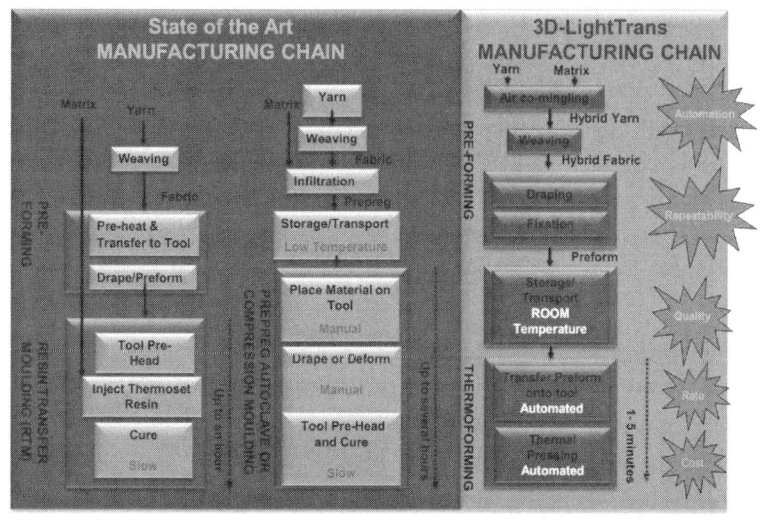

그림 58. 2D/3D 복합재 공정 비교

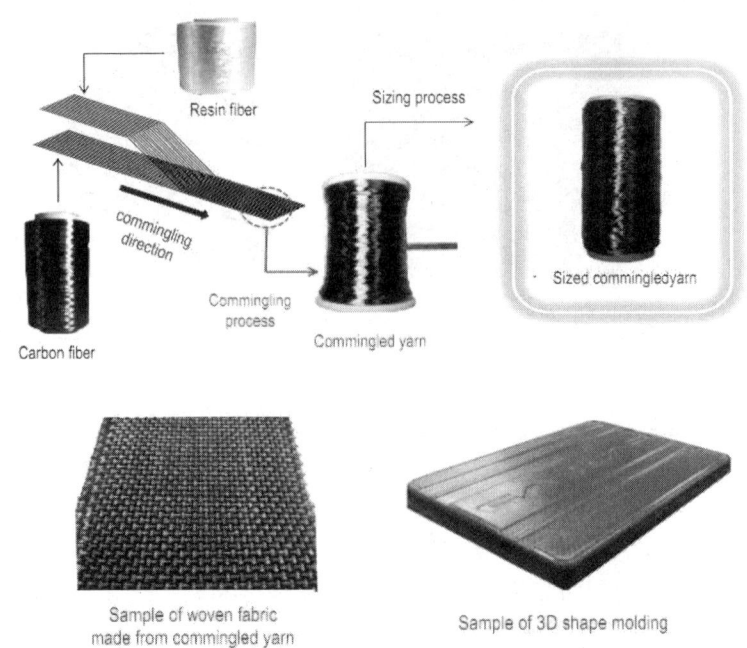

그림 59. 열가소성 3D Hybrid Yarn 제품 공정도

다) 하이브리드 인발기술 (하이브리드 인발성형기술)

○ 국내는 2014년부터 현대자동차에서 탄소섬유 복합재를 차량에 적용하여 양산차량을 출시하였고, 생산기술이 고도화 되면서 점차 확대되고 있는 추세
○ 자동차 부품 중 프로펠러 샤프트, 드라이브 샤프트는 필라멘트 와인딩, 브레이딩 등의 방법으로 시도되어 왔지만 강성의 한계, 신뢰성 미흡 및 후 공정이 추가되어야 하기 때문에 인발방식을 채택하면 제품의 신뢰성이 확보되어 양산이 가능

출처 현대차, JEC Europe 2014

그림 60. 반응중합 열가소성 인발공법의 CFRP로 만든 자동차 전방범퍼 Crash Beam

○ 자동차 부품으로써 CFRP는 고속 생산기술이 미흡해 실용화되지 못하는 경우가 많지만 인발의 경우 단순한 공정에도 불구하고 제품 완성도가 높고 후공정이 불필요하여 개발이 용이

○ 현재 상업화 되어있는 인발제품보다 성능이 우수하고 외관적 디자인으로도 차별화되기 때문에 시장진출 가능성이 매우 큼
  - 기존 인발시장은 대부분 유리섬유가 차지하고 있으며, 탄소섬유는 스포츠, 레저분야가 주를 이루고 있음

○ 기존 인발시장 뿐만 아니라, 필라멘트 와인딩, 브레이딩이 혼합된 기술이라고 볼 수 있기 때문에 세 분야를 동시에 진출이 가능하며 오히려 새로운 형태의 분야를 창출할 가능성이 있음

○ 섬유 방향의 제한으로 강성 구현에 한계가 있었던 제품군에 대하여 다양한 섬유각도 구현으로 강성이 보완

○ 성형 공법적 측면에서 볼 때 필라멘트 와인딩은 0° 방향으로 별도의 UD섬유를 투입해야 했고, 일반 인발은 90° 방향을 보완하기 위하여 직물을 투입 하는 등 본래의 성형공정에 맞지 않는 방법을 택해야 했지만, 하이브리드 인발은 이 두 가지를 동시에 충족시킬 수 있음
  - 따라서 공정비용, 재료비용 절감 및 고강도를 모두 만족시킬 수 있음

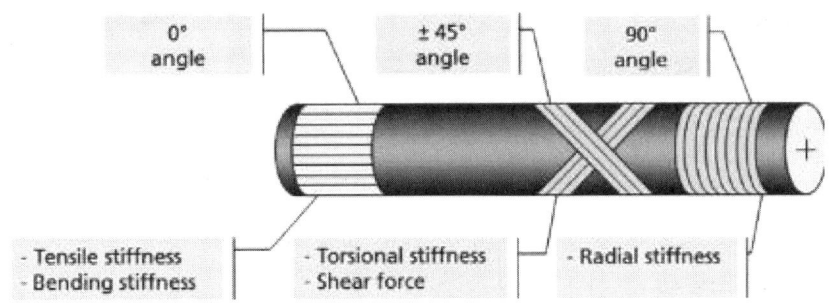

그림 61. 인발 winding 사례

○ FRP 인발 업체: ㈜경신화이바, ㈜신성소재, 영풍정밀(수), 아주화이바 등
○ 특장차 업체: 창림정공㈜, AM특장, 이오텍, ㈜지엘특장차, 한국크레인, ㈜화인특장, ㈜한국쓰리축, ㈜한국차체, ㈜노바스코리아, ㈜이엔쓰리,㈜호룡, 한신특장, ㈜진보, ㈜평강특장자동차, 국제자동차, ㈜천하, 금강차체, 대륙, 케이씨엠, ㈜고호산업, 동양기전(주) 등
○ 스포츠, 레저, 산업용 부품 관련 업체: 송월타월, 원앤원 등 다수
○ 해외 하이브리드 인발 업체: CCS, Pultrex, Exel composites, Reglass 등

라) 강관 내/외 CFRP 인발성형기술 개발

- 강관은 부식, 진동, 무게 등의 영향으로 CFRP를 내측 또는 외측에 보강할 경우 내구성, 강도, 경량화, 진동/소음 등이 개선효과가 있음

그림 62. CFRP 보강강관 제품

마) Non-cylinder pullwinding 기술개발

- 원형단면이 아닌 사각/육각/팔각 형태의 프로파일에 와인딩 기술 적용

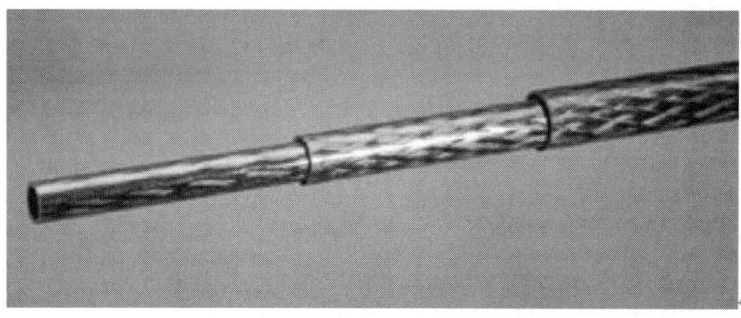

그림 63. 인발 winding 응용 제품

● 열가소성 반응중합 성형

가) Stamping 공법의 탄소섬유 반응중합형 중간재 및 성형공정 기술 개발

- 일반적으로 열가소성 복합재는 유리섬유와 PP 레진을 바탕으로 자동차 내 외장재 부품에 적용되어져 왔음

- PP 레진의 경우에는 대량생산 체제에 적합한 가격 경쟁력을 갖추고 있지만 물성 성능의 한계로 인하여 적용 범위는 제한적이며 탄소섬유 복합재의 자동차 부품으로의 채택이 증가하면서 요구 물성이 높아지고 있기 때문에 Olefin계 수지의 물성으로는 한계가 있음

❍ 이러한 물성의 한계를 극복하기 위하여 탄소섬유 복합재의 레진을 EP 수지로 변경하여 요구 물성을 만족하려는 시도가 증가하고 있으며 흐름성이 높은 Prepolymer 수준의 저점도 및 High Speed Polymerization EP 수지 기술을 활용하여 고유동화가 어려운 열가소성 EP수지의 탄소섬유에 대한 함침성을 향상시키는 연구가 활발함(EP: Engineering Plastic)

❍ 음이온 중합법으로 Polyamide 6를 만드는 공법은 단량체의 낮은 점도로 인해 직조물 내부로 침투하기 쉬운 장점이 있어 함침성 확보에 유리

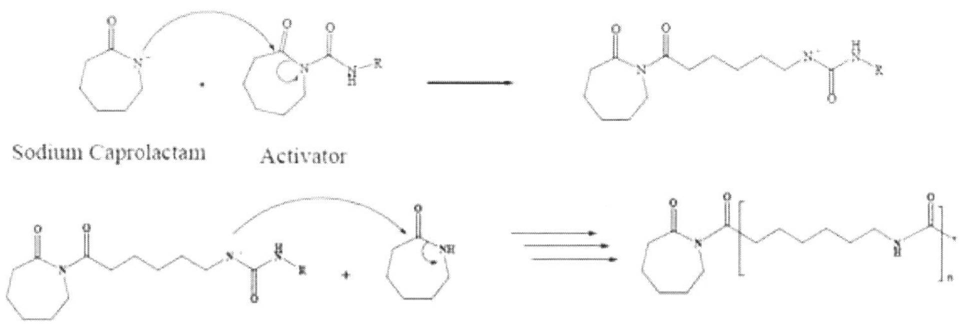

그림 64. PA6 반응중합 메커니즘

- 이러한 반응중합을 이용해 EP 수지를 적용한 대량 생산형 고성능 열가소성 CFRP의 중간재 기술 확보는 다양한 산업계로의 용도 확대가 예상됨

❍ 탄소섬유 복합재의 원재료 수지 기술, 중간재 제조 공정 기술 그리고 성형 공정 기술 등의 전반적인 기술개발이 요구됨

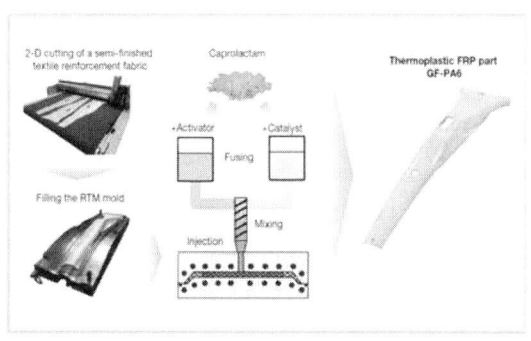

그림 65. 반응중합을 이용한 T-RTM 개념도

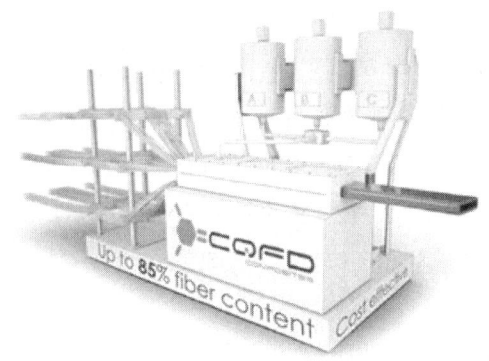

그림 66. 반응중합에 의한 중간재 제조

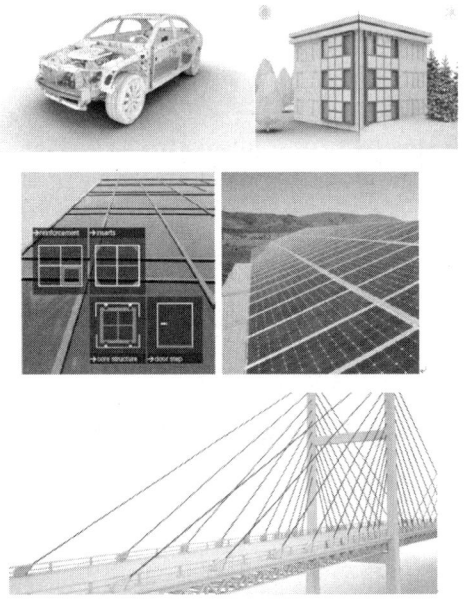

그림 67. 반응중합 중간재의 다양한 적용 방안

❏ 리사이클

- 열경화성 수지의 CFRP의 부품의 대형화 및 대량생산에 대비하여 재활용 기술개발 수요가 높음

- 현재 열경화성 CFRP의 재활용 방법은 물리적 분쇄법을 주로 사용하고 있으나 재활용의 범위가 좁음

- 열분해 및 화학적 분해에 대한 연구가 활발히 이루어지고 있으나, 에너지가 많이 소비되며 공해가 발생되고 탄소섬유의 손상이 많이 발생

- 이러한 점을 개선하기 위한 낮은 에너지에서 비교적 무해한 화학 물질을 이용한 Long C/F 손상을 최소화한 방법들이 개발되고 있음

| 기계적 분해 | 열분해 | 산화처리 | 화학적 분해 |

슈레딩, 파쇄, 분쇄 통해 섬유질 물질 분류, 건축용에 보강재 등 활용

무산소 상태에서 450~700℃ 가열, 잔류 탄소섬유 회수
※ Milled Carbon(영), CFK(독)

풍부한 산소 환경에서 폴리머 고온 연소 통해 섬유 분리, 수지는 연소해 에너지 활용

초임계유체 등 물질 활용해 에폭시용해, 섬유 분리
※ Nakagawa(일)

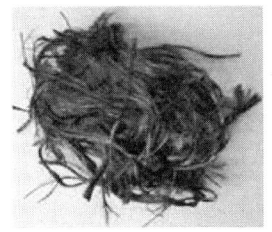

그림 68. 탄소섬유 리사이클 프로세스 및 리사이클 탄소섬유

❏ 전자파 차폐 소재 연구 동향

○ 전자파 차폐 소재 대부분 전장부품이나 가전, IT 기기와 같은 생활에 밀접한 관련이 있는 제품에 기반을 두고 개발됨

○ 전기 자동차의 보급으로 인하여 전자파 차폐의 중요성이 인식됨에 따라 차량 적용과 시장 확대를 위한 다양한 연구가 진행 중임

　- 구조적 차폐 재료로서 100~125 미크론 수준의 알루미늄 시트 (sheet)
　- 전도성이 높은 구리를 기반으로 니켈외층으로 니켈/구리 PE 적용하여 복잡한 윤곽과 형상에 적합하도록 제조
　- 1~8GHz 대역의 전자파에 대한 구조적 차폐를 위한 발포 금속에 관한 연구 진행 중
　- 관형 편조 EMI 차폐용 금속 피복 섬유로서 외부 금속 피복의 전도율과 케블라 섬유의 강도, 경량화 및 유연성이 결합되어 고진동, 고강성으로 응용성이 뛰어나고 기존 대비 80% 경량화 가능
　- 광범위한 요구사항을 충족하는 다양한 전도성 접착제, 밀봉재 및 피복재 생산 제품들에는 흑연, 니켈, 은 도금된 전도성 접착제를 사용

차폐 방안	장 점	단 점
금속 캐비닛	도포가 쉬움	복잡한 구조에는 적합하지 않음
열 분무	차폐 효과	박리 강도가 약함. 환경문제, 장비비용
전도성 피복재	경제적, 도포가 쉬움	차폐효과가 적당함, 마스킹이 필요함 오목한 영역에서 균일하지 않음.
진공 금속피막	차폐 효과	마스킹이 어려워 생산성이 낮음, 부품 형상/크기의 제한
무전해 도금	차폐 효과	마스킹이 어려움, 부품 형상/크기 제한
적층판과 테이프	차폐 효과, 도포가 쉬움	노동집약적
전도성 플라스틱	2차 차폐 필요 없음	표면전도율이 낮음

그림 69. 주요 EMI 차폐 소재의 장점 및 단점

❏ 기반구축 (복합재 솔루션 센터)

○ 독일 Fraunhofer ICT 내 Polymer Engineering Department와 두 개의 특화 센터 Project Group for Functional Lightweight Design과 Project Center for Composites Research를 운영
 - 복합재를 이용한 High-performance Lightweight 솔루션을 연구/개발, 복합재 관련 소재/공정 개발에서 시제품 생산까지의 컨설팅 및 엔지니어 솔루션을 유럽국가 및 관련 기업, 파트너 기관에 제공

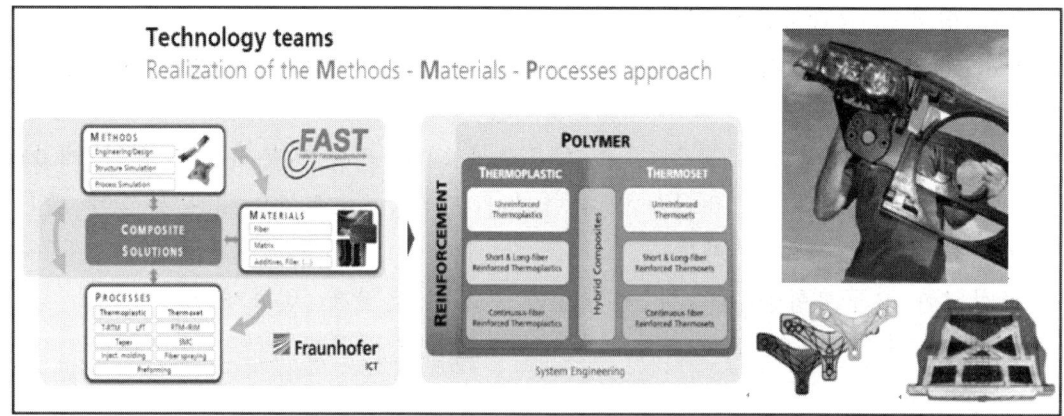

그림 70. Fraunhofer ICT의 복합재 연구조직

○ 독일 TU Dresden내 독립된 Institute of Lightweight Engineering and Polymer Technology(ILK)를 운영(Lightweight Innovation Center, Polymer Application Center, Process Development Center로 구성)
 - 수송기기용 경량 복합재 구조 개발을 위한 소재 정량화, 설계/해석, 시뮬레이션, 공정 개발/해석, 시제품 생산, 시험/평가의 전주기적 기술에 대한 엔지니어링 솔

루션 제공

○ 미국 Oak Ridge NL내 탄소섬유 원소재 개발 및 생산 관련 Carbon Fiber Technology Facility (CFTF)와 제조산업 관련 기업 지원을 위한 Manufacturing Demonstration Facility(MDF) 센터 운영
  - 탄소섬유의 자동차 산업 확산 및 수요창출을 위한 Cost Down관련 원소재 개발 및 공정 최적화, 다양한 완성차 및 항공기 제조기업의 기술 지원을 위한 소재/공정/자동화 기술 등 컨설팅 및 엔지니어링 솔루션 제공

❑ 완성차 실증사업

○ 독일 TU Dresden은 InEco® 프로젝트를 통해 ThyssenKrupp AG 및 여러 복합재/자동차 전문기업/기관과 컨소시엄을 구성, Multi-Materials & Hybrid 구조를 갖는 전기차를 개발 기술시연 및 주행시험 완료 (2013년)
  - 4인승 전기차, 차량 총중량이 900kg (Chassis: 150kg), 최대속도 160km/h

○ 독일 TU München은 Visio.M 프로젝트를 통해 BMW 및 여러 복합재/자동차 전문기업/기관과 컨소시엄을 구성, 탄소섬유 복합재와 알루미늄이 차체구조에 적용된 전기차를 개발 기술시연 및 주행시험 완료 (2014년)

○ 2인승 전기차, 차량 총중량이 450kg, 최대속도 120km/h

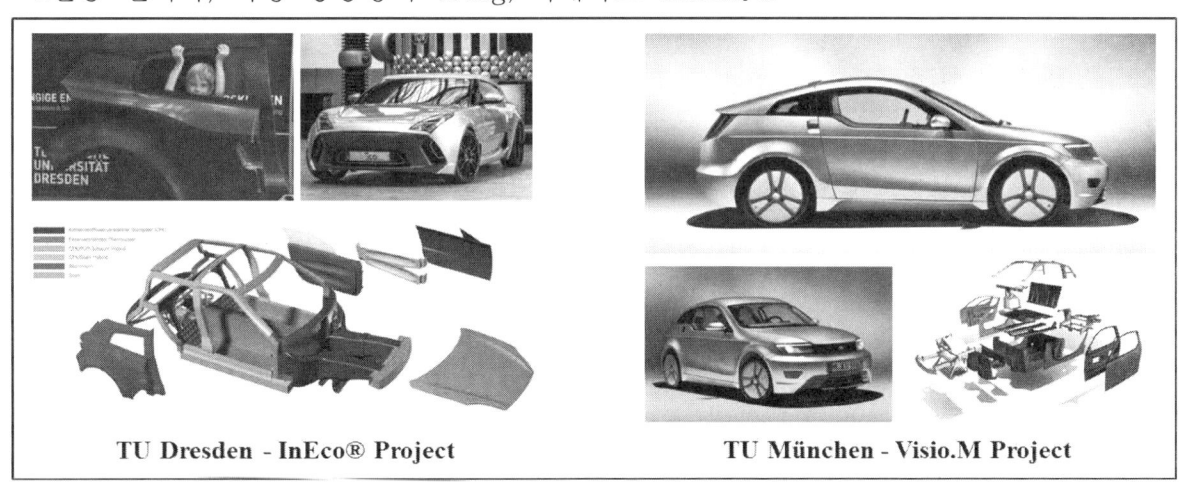

그림 71. 독일의 복합재 적용 전기차 실증사업

6. SWOT분석

❑ 한국의 경쟁력 분석

● 산업생태계 경쟁력

○: 낮음 → ●: 높음

구분	탄소섬유	중간재	성형	리사이클/리페어	설계해석/공정시뮬레이션	기반/실증	시험/표준
유럽	◐	●	●	◑	●	●	◑
미국	◐	●	●	◑	●	●	◑
일본	●	◐	◐	◑	◑	◑	◑
중국	◑	◔	◔	○	○	◑	○
한국	◑	◑	◑	○	◔	○	○

● 기술경쟁력

○ 설계해석/공정 시뮬레이션
 - 국내의 CFRP 구조물의 구조 설계 해석 기술은 일부 대학 및 출연연이 보유
 - 대부분의 국내의 CFRP 관련 기업체는 소재/생산 기술에 중점을 두고 있으며 설계 해석 기술을 차체 보유하기 보다는 필요시 외부 용역을 통하여 해결하고 있음
 - 국내의 CFRP 관련 기업 및 산업기반이 소재/생산 기술에 기반을 두고 있음에도 불구하고 국내 CFRP 산업의 영세성으로 인하여 생산 기술의 핵심인 공정 시뮬레이션 기술 기반은 매우 취약한 상황임
 - 주로 외국의 성공 사례를 도입하고 모방을 바탕으로 성장해 온 국내 산업 계의 특성으로 인해 자동차 차체와 같은 고부가가치의 대형 신규 CFRP 구조 시스템에 대한 독자 설계 해석 기술 역량은 전무한 상황임

○ 탄소섬유
 - 효성, 태광 및 GS 칼텍스 등에서 탄소섬유를 자체 개발 및 양산 시설을 갖추고 있으나, 선진국에 비해 기술 수준이 떨어짐
 - T700급 탄소섬유에서 가격 경쟁력을 확보하는 것과, T1000급 탄소섬유 개발이 중요한 시점임

○ 중간재
 - 스포츠/레저용 열경화성 프리프레그 시장에서 가격 내비 우수한 품질 경쟁력을 바탕으로 동북아 시장에서 높은 Market Share를 유지하고 있음
 - 국내 열가소성 탄소 섬유 복합재용 중간재는 열가소성 유리섬유 복합재 기술을 기반의 복합재와 성형 공정 기술의 발전이 진행 되어 왔으며, 부품의 경량화/고성능화 추세에 따라 빠르게 탄소섬유 기반 중간재로 대체되고 있음
 - 국내는 SK케미칼, 한국카본, TB카본 등의 업체에서 에폭시 수지를 기지재로 한 탄소섬유 프리프레그를 상업 생산하고 있으며, 최근에는 LG하우시스, 한화 첨단소재, 롯데케미칼 등에서는 대량생산에 적합한 LFT, GMT, 열가소성 프리프레그 등의 중간재를 상업화 또는 개발하고 있음

- 국내 CFRP 중간재 제조사의 대부분은 자체 수지 개발 기술을 보유하고 있으며, 특히 세계인 경쟁력을 확보한 가전/전자, 자동차 등 국내 후방 산업에서 다양한 소재 개발 기회가 제공되고 있음

○ 성형
- 유리섬유 복합재를 기반으로 한 열경화성 성형 기술은 국내의 중소/중견기업 위주로 어려운 경제 환경에서 그 명맥을 유지하고 있음
- 자동차 부품에서의 복합재 생산 기술은 원가 경쟁력 확보를 위하여 저가의 Olefin계통을 수지를 기반으로 대량 성형 공정 기술을 확보하였음
- 공정 기술의 융합에서 요구되는 자동화 기술, 설비 제작 기술과 섬유 제어 기술 등 타 산업계의 기술도 어려운 세계 경제 환경에서 아직까지 국내에 뿌리를 두고 발전해 왔음
- 체계적인 국가의 정책과 지원 아래 과거와 타산업간에 수직/수평의 기술 융합을 통하여 독자적인 기술 개발이 가능 할 것이며 기술의 한류 붐을 이끌어 낼 것이라고 판단됨

○ 리사이클/리페어
- 리사이클 관련 기술은 아직 초보적인 개념 이해 단계이나, 향후 자동차, 풍력 등 대규모 물량이 소요되는 산업 분야를 중심으로 리사이클 기술이 주요 이슈가 될 전망이므로 이에 대한 관심 필요
- 리페어 기술은 풍력 등 관련 산업 분야에서 일부 현장 기술로 적용하는 수준으로, 향후 자동차 CFRP 산업 확대에 따른 니즈가 커질 전망이므로 체계적인 연구개발이 필요함

○ 기반/실증
- CFRP 산업 활성화를 위해서는 응용 산업 분야별로 특화된 연구개발, 상용화 지원 기반과 다양한 실증사업이 필요하며, 국내에는 대형 실증사업이 활발히 추진되어 국내 산업 발전에 크게 기여한 바 있음
- 반면, 자동차 분야에는 국내 이러한 지원 기반과 실증사업이 전무한 실정이므로, 특히 큰 시장 성장이 예상되고 우리나라의 성공 가능성이 높은 자동차 분야의 지원 기반 구축과 대형 실증사업 추진이 반드시 필요

○ 시험·평가 및 표준화
- 주로 항공우주 분야를 중심으로 발달되어온 CF 및 CFRP 표준 시장에서 한국의 기술 경쟁력은 거의 전무함
- 단, 국내 민간 및 군사용 항공기의 개발이 정부주도로 꾸준히 진행됨에 따라서 그에 필요한 항공급 복합재 소재 인증을 위한 시험 기술 역량은 선진국 대비 75% 정도 구비하고 있음

❏ SWOT 분석

Strengths	Opportunities
· 선진국 수준의 범용화학 및 섬유 소재기술 · 모듈 및 부품분야의 지원 활발 · 자동차 부품분야 수출 활발 · 경쟁력 높은 국내 수요기업	· 주요국 연비 규제 강화 · 화학소재 환경 규제 (REACH등) 강화 · 관련 분야 정책 지원 등 국가적 차원의 관심 증대 · 중소 소재 업체의 R&D 기술 수요 증대
Weaknesses	Threats
· 획일적인 기술개발 지원 전략 추진 · 완제품 중심의 R&D 지원 · 소재 분야 집중 미흡 · 양적 질적 인력 수급의 어려움 · 소재 기업의 R&D 역량 부족	· 선진국 정책 및 투자 확대 · 글로벌 화학기업과 수송기기 업체간 협력 강화 · 범용분야의 중국의 성장

○ SO 전략 (강점활용 ⇒ 기회확대)

- 현재 범용 화학소재 기반으로 한 자동차 내외장재 위주로 높은 수준의 부품 생산이 가능하며 수요기업과 연계하여 제품개발 전략 추진
- 해당 부품의 차체 적용으로 기존 금속을 대체하여 자동차 신뢰성 확보에 주력하여 주요국 연비 규제 강화 및 환경 규제 강화에 적극적으로 대처 가능
- GFRP 기업들의 산업 경험을 살려 CFRP 사업에 적극 참여

○ ST 전략 (강점 활용 ⇒ 위협 극복)

- 범용 소재 분야의 고급 브랜드 이미지를 강화하여 중국과 격차 유지 및 수송 기기 부품 강국으로서 위상 강화
- 차후 엔지니어링 플라스틱 적용 복합소재 개발 시 선진국 시장 진입에 용이하도록 투자 전략 확대 필요
- 섬유, 수지, 금형, GFRP 산업의 신규 CFRP 제품개발 촉진전략 추진 (컨소시움, Biz. Alliance, J/V 추진 등)

○ WO 전략 (약점보완 ⇒ 기회포착)

- 전기차, 하이브리드카 등 용도제품 실증사업 추진
- 관련 인력 양성
- 산업 생태계 육성 (산학연, 글로벌 네트워크, 협력환경 조성 등)
- 현재 완제품 중심으로 고착되어 있는 부품 및 소재 산업에서 소재 산업 분야의 위협을 인식하고 엔지니어링 플라스틱 소재 개발에 연구 역량을 집중해야 함
- 엔지니어링 플라스틱 기반 복합소재 기술 개발은 차체 구조 하중을 지지하는 부

품에 확대 적용 가능하여 선진국 글로벌 시장에 연비 규제 강화에 대처 가능함

○ WT 전략 (약점보완 ⇒ 위협축소)
  - 원천/응용 기술개발 투자의 효율화를 위하여 시장수요 기반, 성과지향의 투자를 유도해야 함
  - CFRP 설계해석, 소재부품 실용화 및 개발지원을 위한 기반구축을 마련해야 함

7. 핵심전략 제품·서비스

❑ NCF (Non-Crimped Fiber) 기반 열가소성 프리프레그 및 고속 압축 성형 기술

○ NCF(Non Crimped Fiber)를 적용할 경우 기존 직조 형태의 복합재료 대비 소재 강성이 20~30% 증가되어 자동차 부품의 경량성이 향상될 것으로 판단되며 열가소성 소재 적용 프리프레그를 적용할 경우 소재의 보관 및 경화시간의 불필요로 인하여 부품 생산성 향상이 예상됨

○ 기존 열경화성 프리프레그 적용 성형 사이클 대비 열가소성 수지 프리프레그의 고속 압축성형(Prepreg compression molding)를 통한 생산성 향상이 필요함

주요연구 분야	성과지표	2015년	2016년	2017년	2018년	2019년
NCF 기반 열가소성 프리프레그 적용 차체 부품 개발	NCF 적층 수	2	2	4	5	5
	NCF 축 수	2	2	4	5	5
	프리프레그 수지 함량 편차	8%	6%	4%	2%	2%
	프리프레그 폭	500mm	500mm	1,000mm	1,000mm	1,000mm
	소재 강도	-	-	-	250MPa	300MPa
	부품 경량화	-	-	-	20%	30%
	국내/유럽 법규	-	-	-	-	만족

❑ LFT-D 적용을 위한 복합소재 생산 설비 및 공정 기술

○ LFT-D 설비 적용으로 중간적인 반제품의 제조비를 줄이고, 반제품을 핸들링하는 공정 비용의 저감으로 복합소재 적용 차체 부품의 원가절감 및 생산성향상이 예상됨

○ 마찬가지로 기존 열경화성 프리프레그 적용 성형 사이클 대비 열가소성수지 프리프레그의 고속 압축성형(Prepreg compression molding)을 통한 생산성 향상 필요

❏ CFRP 응용분야 확대를 위한 가장 큰 기술 이슈는 단위 부품 제조시간을 획기적으로 줄일 수 있는 '대량생산'과 금속부품을 대체할 수 있는 'Cost down' 기술임

- ○ 속경화형 에폭시수지 기술과 HP-RTM 기술을 조합하여 부품 성형시간을 3분 이내로 줄임으로써 CFRP의 대량생산을 실현하였고 2013년 CFRP 차체가 적용된 BMW i3가 양산됨

- ○ 주요 프리프레그 제조사들도 속경화형 프리프레그 개발에 주력하고 있으며 이미 Hexel은 Snap-cure 프리프레그를 시장에 출시

❏ 최근에는 추가적인 Cost down과 재활용 등의 목적으로 '열가소성수지 CFRP 기술'이 주요 이슈로 부각되고 있음

- ○ 특히 자동차 분야를 중심으로 저가의 반응중합형 수지기술과 RTM 기술의 조합으로 차체 주구조물을 제조하는 T-RTM 기술이 가능성이 매우 높은 기술로 주목받고 있음

- ○ T-RTM 기술의 상용화를 위한 해결과제로 수지 formulation 및 공정 최적화와 함께 반응중합형 열가소성수지 및 공정에 적합한 탄소섬유 표면처리제, 프리폼 바인더 등의 개발 필요성이 대두되고 있음

❏ 기타 기술적 이슈로는 최근 자동차, 풍력 등 일반산업으로 적용이 확대되면서 다음과 같은 기술수요가 부각되고 있음

- ○ 체계화되고 통합된 복합재 부품 설계/해석 기술, 소재 물성 정량화 기술, 공정 시뮬레이션 기술에 대한 수요

- ○ CFRP와 경량금속으로 구성되는 이상적인 multi-material 구조 개념과 이를 위한 이종, 동종 소재 간 대량생산 가능한 접합기술에 대한 수요

- ○ 리페어, 재활용 문제를 해결할 수 있는 새로운 CFRP 기술에 대한 수요

❏ 고양산성 경량 자동차용 전자파차폐 소재

- ○ 직경 $20\mu m$ 이하 Metal-coated 전자파차폐 섬유 제조 및 차폐성능 50dB 이상 복합소재기술

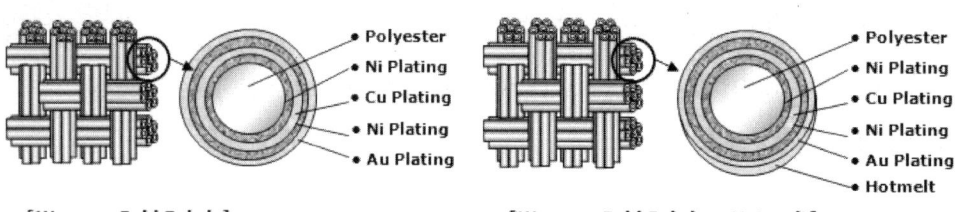
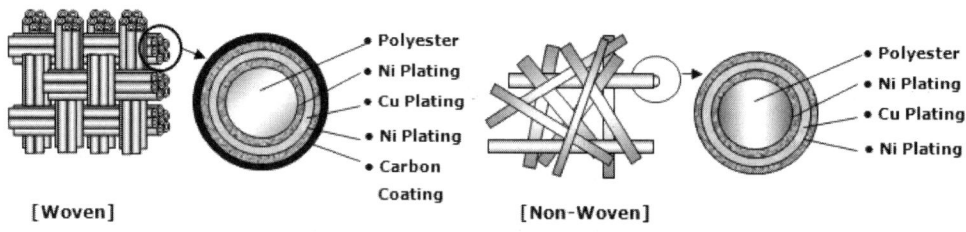

그림 72. 전도성 원단 구조

8. 기술지도

❏ 자동차용 탄소섬유 기술지도 전개

미래전망	- 각 탄소섬유 메이커의 혁신적 원가 절감을 통한 일반 양산형 자동차를 비롯 각종 산업분야의 원소재로써 탄소섬유의 적용 분야 확대 - 탄소섬유 품질 안정화를 통한 설계 및 생산 최적화 - 각 수지에 최적화 된 Sizing제의 개발로 제품의 특성 향상 및 품질 안정화
제품, 기능	- 탄소섬유의 생산, 공정기술력 향상을 통한 원가절감 및 시장 확대

< 탄소 섬유 원가 절감을 통한 시장 창출 및 확대 Road map>

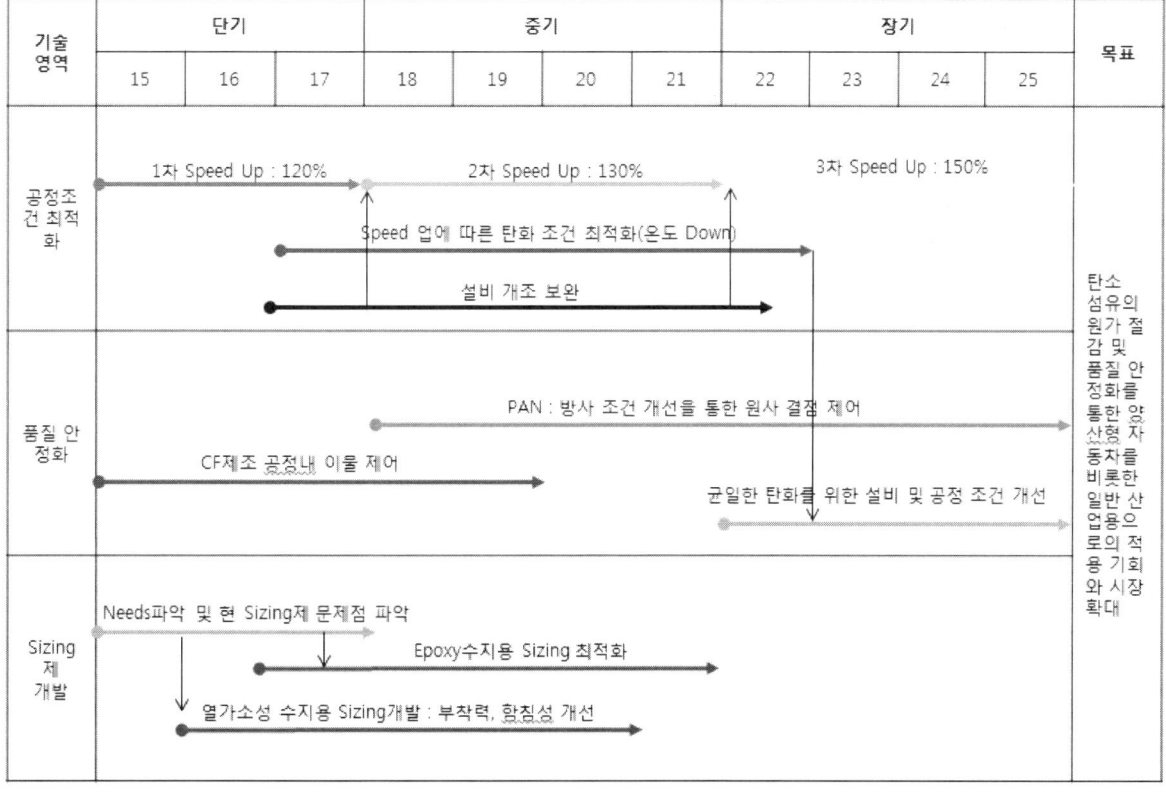

❏ 기술개발 목표 및 중장기 계획

○ 탄소섬유 메이커는 자체 설비와 생산, 공정기술 개선과 개발을 통하여 탄소섬유의 원가 절감을 통한 산업용도로의 적용 기회를 확대하여 신규 시장 창출 및 기존 시장을 확대할 필요가 있음

○ 탄소섬유 원가절감을 위해서는 탄소섬유 메이커 자체적으로 생산 속도를 향상하고, 그에 따른 탄화로 온도제어 등 최적화 공정조건 및 기술 확립이 필요함

○ 공정조건 개선을 위해서는 내염화로, 탄화로 등 주요 설비를 비롯하여 구간별 yarn pass에 관련된 설비들의 최적화가 반드시 수반되어야 함

○ 상기의 공정조건 최적화를 통하여 품질안정화를 도모하면, 탄소섬유의 안정된 품질은 물성 발현율 향상 등 최종 제품의 품질 안정화에도 기여할 것이며, 수율 향상을 통해 가장 중요한 원가절감 달성에 기여할 것임

○ 각 탄소섬유 메이커는 탄소섬유 자체의 품질 안정화 뿐 아니라, 최적화된 Sizing제의 개발을 통하여 다양한 수지와의 계면 접착력 향상으로 물성을 향상시킴으로써, 신규 시장 창출 및 기존 시장을 확대할 필요가 있음

핵심 기술	연도별 성능 개발 목표(선진국 수준 100 대비)				
	성능지표	2015	2017	2020	2025
공정 조건 최적화를 통한 원가절감	생산 속도 향상	90	95	105	130
	탄화 온도 최적화	90	95	100	120
물성 편차 최소화를 통한 품질 안정화	설비 개선(로 구조등)	80	90	100	100
	탄화 조건 최적화	80	95	100	100
수지별 최적 Sizing제 개발	Epoxy(열경화성)용 Sizing제 최적화	60	85	100	100
	열가소성 수지용 Sizing제 개발	20	50	70	100

자동차용 복합소재 중간재 기술지도 전개

○ 탄소섬유복합재료 중간재
  - 탄소섬유 직물(섬유의 중간재 개념)

미래전망	■ RTM기술의 발전과 함께 프리폼제조기술의 요구가 확대 ■ 다양한 프리폼의 필요성이 증대
제품·기능	■ 다양한 프리폼의 구현으로 새로운 제품 및 공법개발

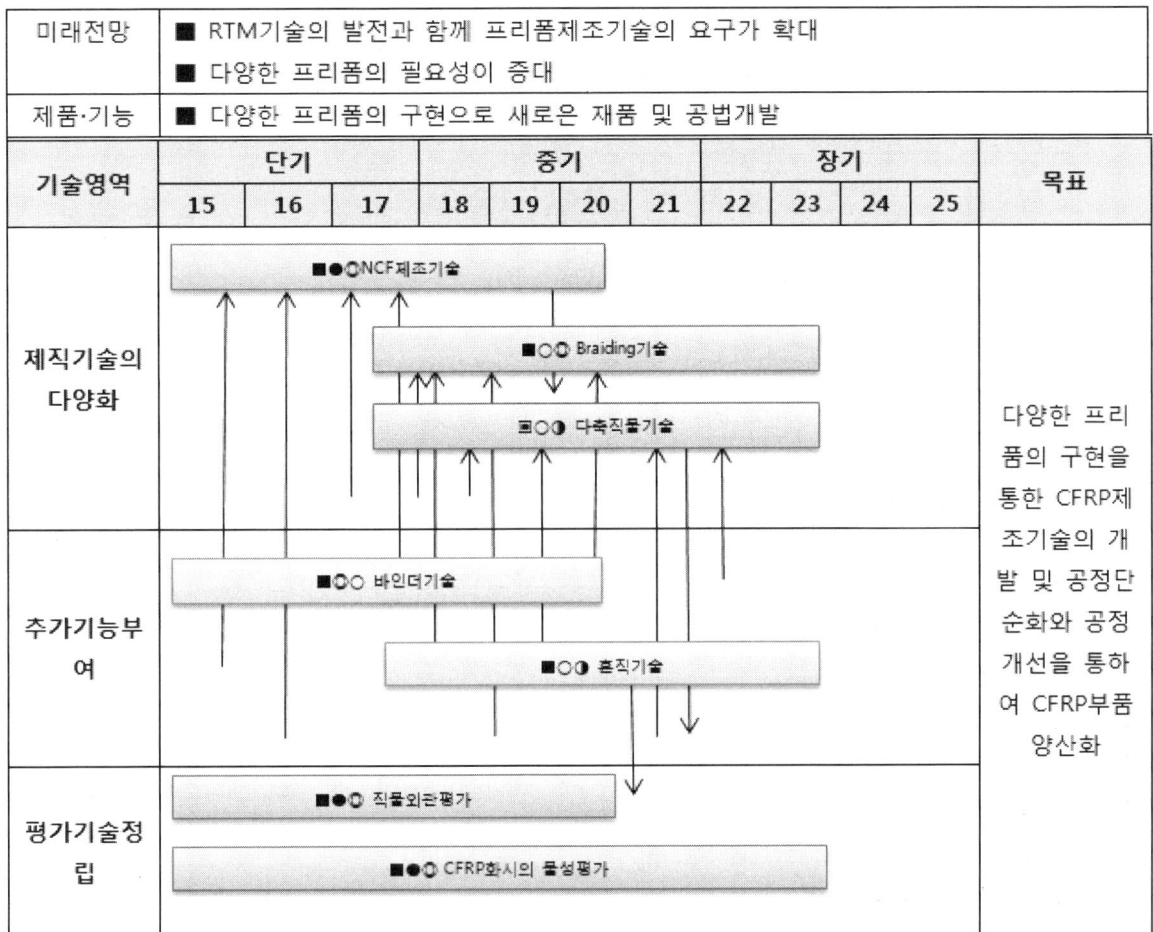

중요도 : 고 ■■□ 저   연구개발전략 : ●기술도입 ◎자체개발 ○공동개발 ◐Outsourcing

  - 탄소섬유직물의 기술개발 목표 및 중장기 계획

핵심요소 기술	성능지표	연도별 성능 개발 목표 (선진국 수준 100대비)											비고
		현재	'16	'17	'18	'19	'20	'21	'22	'23	'24	'25	
제직기술 다양화	Non Crimp Fabric	10	30	45	60	70	80	90				90	
	Braiding	20			20	30	40	50	60	70	80	85	
	다축직물	10			10	20	30	40	50	60	70	80	
추가기능 부여	바인더 기술 개발	0	10	20	30	50	60	70				70	
	혼직 설계 기술 개발	20			20	30	40	50	60	65	70	75	
평가기술 정립	외관평가의 정량화	0	15	30	45	60	75	90				90	
	CFRP물성 평가를 통해 직물물성평가	0	10	20	30	40	50	60	70	80	90	95	

- 열경화성 탄소섬유복합소재 중간재

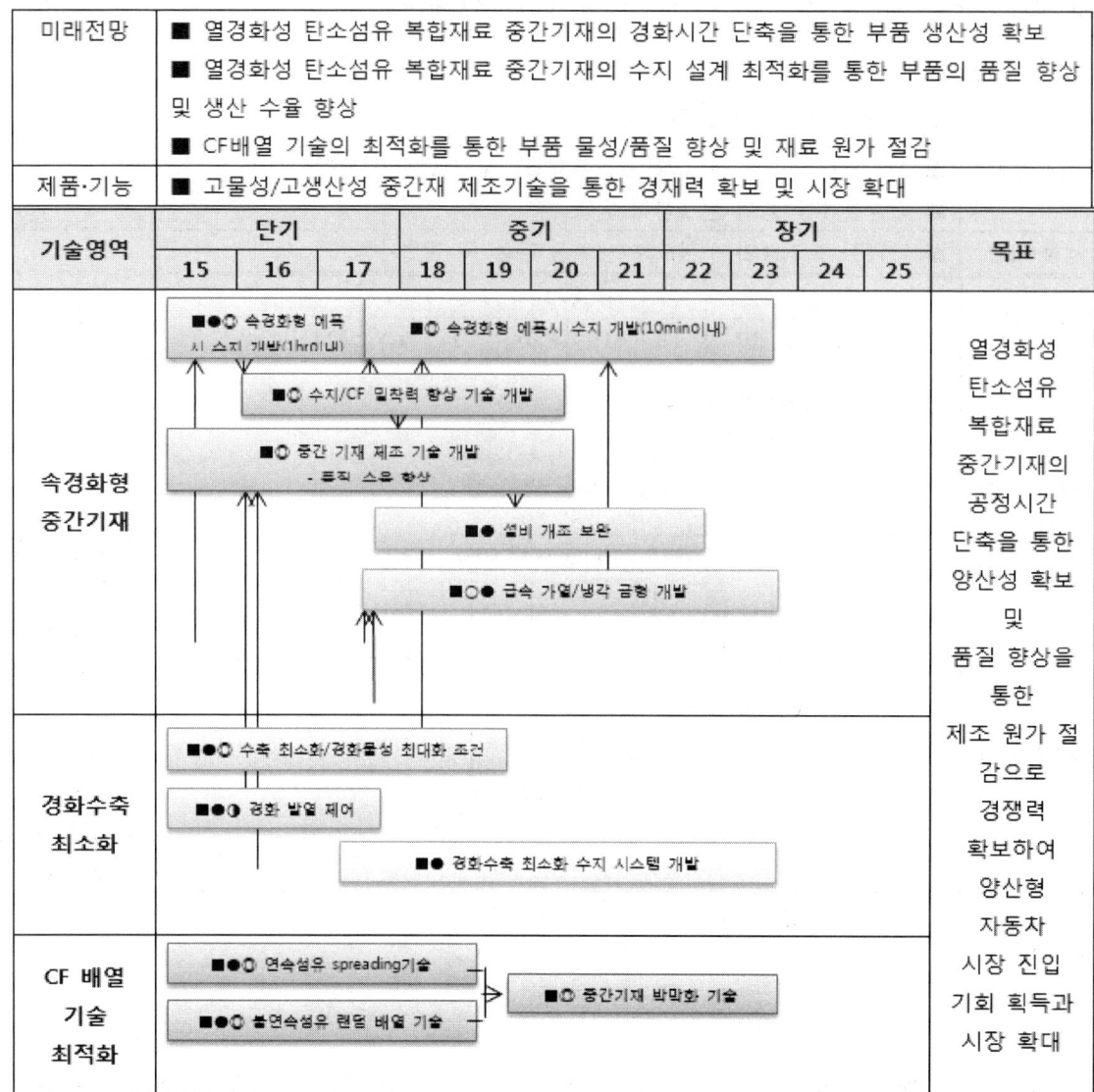

미래전망	■ 열경화성 탄소섬유 복합재료 중간기재의 경화시간 단축을 통한 부품 생산성 확보 ■ 열경화성 탄소섬유 복합재료 중간기재의 수지 설계 최적화를 통한 부품의 품질 향상 및 생산 수율 향상 ■ CF배열 기술의 최적화를 통한 부품 물성/품질 향상 및 재료 원가 절감
제품·기능	■ 고물성/고생산성 중간재 제조기술을 통한 경재력 확보 및 시장 확대

중요도 : 고 ■ ▣ □ 저   연구개발전략 : ●기술도입 ◎자체개발 ○공동개발 ◑Outsourcing

- 열경화성 탄소섬유복합재료 중간기재의 기술개발 목표 및 중장기 계획

핵심요소 기술	성능지표	연도별 성능 개발 목표 (선진국 수준 100대비)										비고
		현재	'16	'17	'18	'19	'20	'21	'22	'23	'24	'25	
속경화형 중간기재	속경화형 예폭시 수지 개발	70	80	85	90	91	92	93	93	94	94	95	
	연속섬유 중간기재 제조 기술	90	93	93	95	97	97	98	98	99	99	100	
	불연속 섬유 중간기재 제조 기술	70	75	75	80	80	85	85	88	88	88	90	
경화수축 최소화	경화조건 최적화 기술	90	93	93	95	97	97	98	98	99	99	100	
	발열 제어 기술	90	93	93	95	97	97	98	98	99	99	100	
CF 배열기술 최적화	연소섬유 spreading 기술	90	93	93	95	97	97	98	98	99	99	100	
	불연속 섬유 랜덤 배열 기술	70	75	75	80	80	85	85	88	88	88	90	

- 열가소성 탄소섬유복합소재 중간재

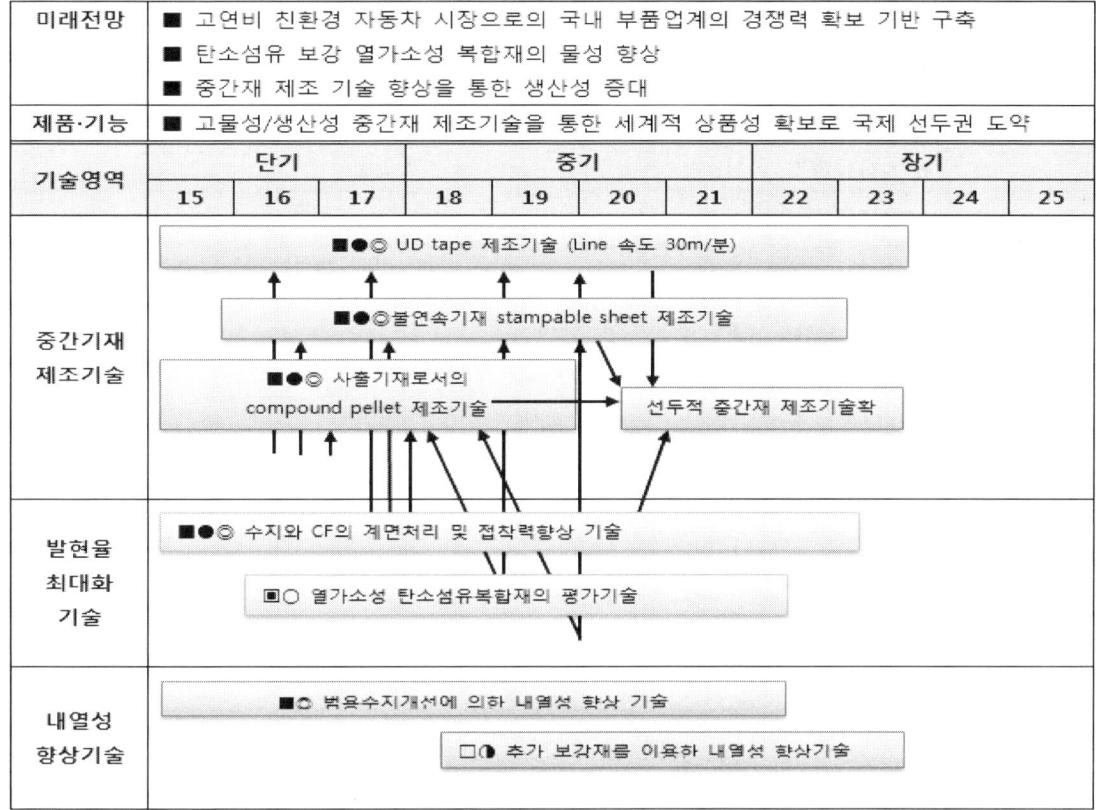

미래전망	■ 고연비 친환경 자동차 시장으로의 국내 부품업계의 경쟁력 확보 기반 구축 ■ 탄소섬유 보강 열가소성 복합재의 물성 향상 ■ 중간재 제조 기술 향상을 통한 생산성 증대
제품·기능	■ 고물성/생산성 중간재 제조기술을 통한 세계적 상품성 확보로 국제 선두권 도약

중요도 : 고 ■▨□ 저   연구개발전략 : ●기술도입 ◎자체개발 ○공동개발 ◐Outsourcing

- 열가소성 탄소섬유복합재료 중간기재의 기술개발 목표 및 중장기 계획

핵심요소기술	성능지표	연도별 성능 개발 목표 (선진국 수준 100대비)										비고
		현재	'16	'17	'18	'19	'20	'21	'22	'23	'24	'25	
중간기재제조기술	UD tape 제조기술	70	75	80	82	85	87	90	92	95	97	100	3개 이상 기술수출 및 개발 2020이후
	불연속기재 stampable sheet제조기술	70	73	75	77	80	82	85	87	90	92	95	
	사출기재로서의 compound pellet 제조기술	75	78	80	85	88	90	90	90	90	90	90	
발현율 최대화 기술	수지와 CF의 계면처리 및 접착력 향상기술	60	65	70	75	80	85	90	92	94	95	95	발현율 80% 이상도출 2019년 이후
	열가소성 탄소섬유복합재의 평가기술	70	70	75	80	85	90	92	95	95	95	95	
내열성 향상기술	범용수지개선에 의한 내열성 향상 기술	40	45	50	55	60	70	80	90	90	90	90	양산적용사례 2건 이상 2020이후
	추가 보강재를 이용한 내열성 향상 기술	40	40	40	40	40	45	50	60	70	80	90	

○ 탄소섬유복합재료 부품
- 탄소섬유 복합소재 중간재 기반 자동차 부품화

미래전망	■ 자동차 경량화 소재로써 사용의 급증 ■ CO_2 절감의 일환으로 각국의 규제강화 ■ CFRP부품의 보편화
제품·기능	■ 최적설계 및 하이브리드화를 통한 CFRP부품의 대중화

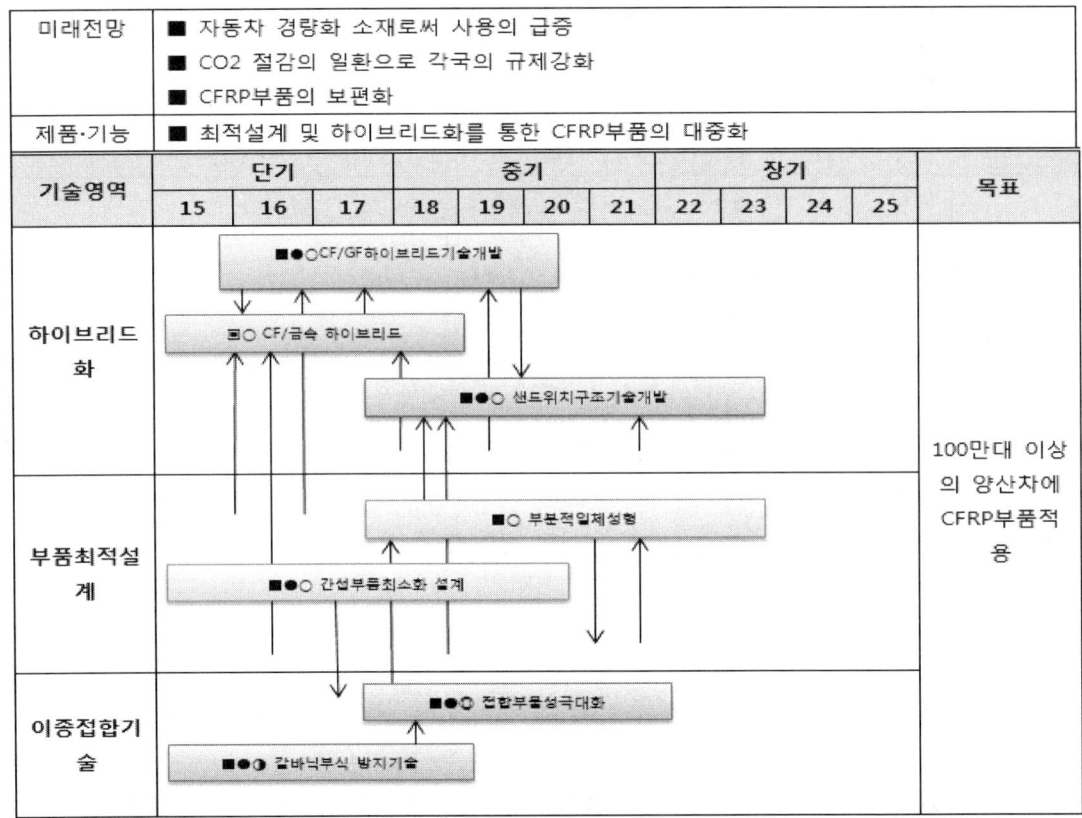

중요도 : 고 ■■□ 저   연구개발전략 : ●기술도입 ◎자체개발 ○공동개발 ◐Outsourcing

- 탄소섬유복합재료 부품의 기술개발 목표 및 중장기 계획

핵심요소 기술	성능지표	연도별 성능 개발 목표 (선진국 수준 100대비)										비고
		현재	'16	'17	'18	'19	'20	'21	'22	'23	'24	'25	
제직기술 다양화	Non Crimp Fabric	10	30	45	60	70	80	90				90	
	Braiding	20			20	30	40	50	60	70	80	85	
	다축직물	10			10	20	30	40	50	60	70	80	
추가기능 부여	바인더 기술 개발	0	10	20	30	50	60	70				70	
	혼직 설계 기술 개발	20			20	30	40	50	60	65	70	75	
평가기술 정립	외관평가의 정량화	0	15	30	45	60	75	90				90	
	CFRP물성 평가를 통해 직물물성평가	0	10	20	30	40	50	60	70	80	90	95	

❏ 자동차용 복합소재 부품 및 성형 기술지도 전개

미래전망	• 차량 경량화를 위한 복합소재 사용량 증가 • 복합소재 부품 양산화를 위한 공정기술 보편화 • 전기자동차 보급으로 인한 차량 내 전자파 저감을 위한 차폐성능 요구 증가
제품/기능	• 복합소재 적용 차체 부품 양산화를 위한 공정 및 소재기술 • 직경 20μm metal coated CF/GF fiber 및 성형 기술

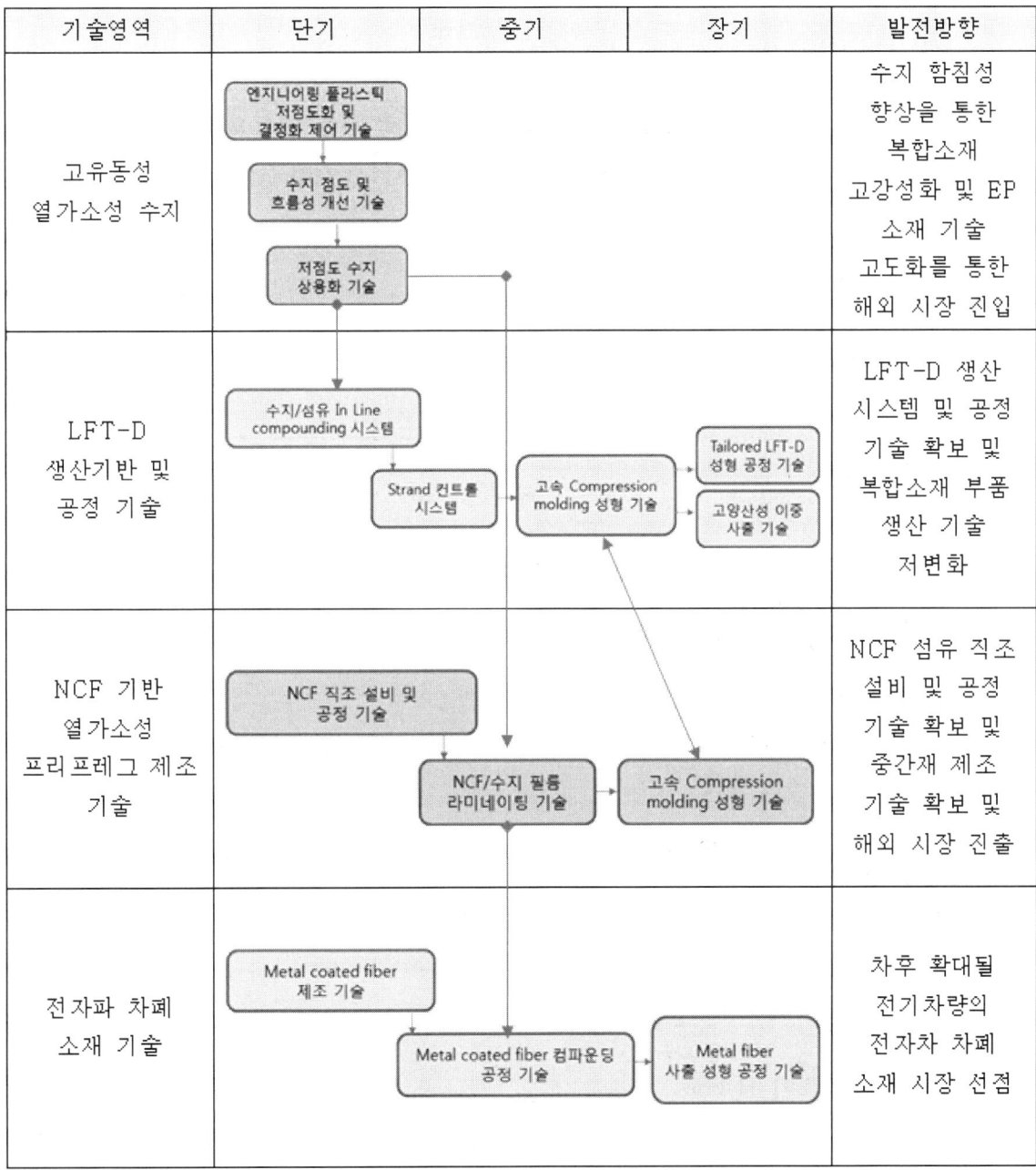

❑ 기술개발 목표 및 중장기 계획

○ 1리터 카 상용화를 위한 복합재료의 차체 적용기술 고도화
- 고양산성을 확보하기 위한 고유동성 소재기술
- 복합소재 고속 성형을 위한 LFT 소재 기술 및 중간재 제조기술
- Compression molding 공정을 이용한 복합소재 고속 성형기술

○ 전기자동차 보급에 대응한 자동차용 전자파차폐 소재기술
- 직경 20μm metal coated CF/GF fiber 제조기술
- Metal coated fiber 적용 복합소재 부품성형 공정기술

핵심 요소 기술	성능지표	연도별 성능 개발 목표(선진국 수준 100 대비)						비고
		현재	2016	2017	2018	2019	2010	
고유동성 열가소성 수지	EP 수지 결정화 및 유동화 제어 기술	80	90	100				
	EP 수지 상용성 제어 기술	80	90	100				
	EP 수지 양산화 공정기술	70	80	90	100			
LFT-D 생산 기반 및 공정 기술	수지-섬유 Line compounding 시스템	50	70	90	100			
	Strand Control 시스템	70	70	80	90	100		
	고속 compression molding 성형 기술	70	70	70	70	90	100	
	Tailored LFT-D 성형 공정 기술	60	60	60	80	90	100	
	LFT-D/LFT Hybrid 이중 사출 기술	80	80	80	80	90	100	

핵심요소기술	성능지표	연도별 성능 개발 목표(선진국 수준 100 대비)						비고
		현재	2016	2017	2018	2019	2010	
NCF 기반 열가소성 프리프레그 제조 기술	NCF 직조 설비 및 공정 기술	60	70	85	100			
	NCF/수지 필름 라미네이팅 기술	70	70	90	100			
	고속 Compression molding 성형 기술	70	70	70	90	100		
전자파 차폐 소재 기술	Metal coated fiber 제조 기술	60	80	100				
	Metal coated fiber 컴파운딩 기술	80	80	90	100			

9. 인력양성전략

❑ 소재·융합대학원 전문교육체계를 활용하여 '화학소재 복합체' 관련 기업 맞춤형 고급인력 양성 추진

○ 신가공 공정, 가공 시뮬레이션, 압출/사출, 정밀가공기술, 성형해석 분야 등에 대한 교육커리큘럼 신설
 - 대학소속 전임교수 이외 전문성을 가진 외부강사를 활용하여 교육 실시

❑ '플라스틱 복합재 개발' 관련 참여 중소 및 중견기업 현장기술인력 재교육 프로그램 신설 추진

○ 경력직 중견/중소기업 현장 기술인력을 대상으로 참여 출연연구소(화학연구원, 자동차부품연구원 등)의 전문가를 활용한 교육 시행

○ 기술자가 경험한 현장애로요인 중심으로 커리큘럼을 편성하여, 최신기술 교육을 위한 단기교육과정, 세미나 및 공동 워크샵 등 실시

❑ 화학소재 분야의 수송기기 적용을 위한 제품의 최적 디자인을 설계할 수 있는 전문 엔지니어 육성

○ 화학소재분야의 구조해석, 성형/가공공정개발 전문인력 육성 교육 추진

10. 기술확보 전략

○ 국내 자동차 업체들은 세계 시장에서 가격경쟁력 우위를 바탕으로 진출, 원가부담이 높은 소재 채택이 어려워 CFRP 부품 기술 개발이 매우 더딤

○ 국내 완성차업체들은 고급 차종과 부품들의 생산이 적어 자동차 부품업체들의 CFRP 경량 부품에 대한 선행 학습 기회가 없는 것이 CFRP 부품 독자 기술개발의 큰 취약점임

○ 자동차 부품 시장이 OEM과는 독립된 시장으로 급속히 확대, 재편됨에 따라 부품 제조업체들의 OEM 지원 없는 독자적인 CFRP 부품 개발능력 정립 및 기술 시연을 위한 완성차 수준 실증 사업 및 이를 통한 기술개발 플랫폼 공급이 절실함

○ 기존 금속재 기반의 자동차 부품산업이 CFRP 부품산업으로 전환되려면

'소재-설계-제조-평가'의 전주기 기술지원체계를 갖춘 특화센터가 필요함

이를 통한 CFRP 구조가 적용된 차체 Architecture 설계, 차체/부품 설계. 평가, 이종 및 동종 재료의 접합 기술, 물성 정량화 기술개발 등 엔지니어링 기술개발지원이 필요함

○ CFRP 적용 확대를 위해서는 경량화 효과가 최대인 주요 하중부재를 중심

으로 한 차체 부품을 위한 개발 과제 도출이 필요함

○ 향후 국내 CFRP 자동차부품 개발은 소재업체 중심이 아닌 자동차부품업체가 중심이 되어야 하며, 소재업체와의 협력을 통해 CFRP 부품 기술개발 진행 전략이 필요함

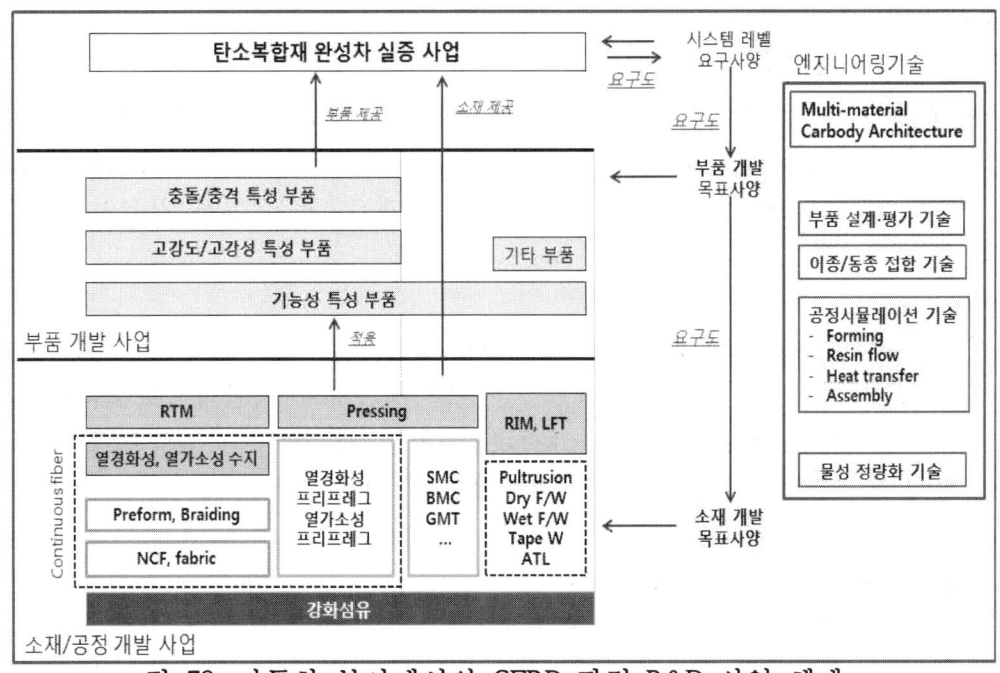

그림 73. 자동차 분야에서의 CFRP 관련 R&D 사업 체계

11. 연구개발 가이드

❑ 자동차용 탄소섬유

○ 다양한 수지에 최적화 된 Sizing제의 개발은 에멀젼 안정성, 내찰과성, 건조특성 고려 및 CF의 신뢰성, 수지와의 접착력 등 고려해야 할 사항이 많고, 다양한 방식으로의 개발 접근이 필요하기 때문에 단기 또는 중기 과제로 과제화하여 개발할 필요가 있음

○ 탄소섬유의 원가절감과 물성 안정화는 설비개조, 개선을 바탕으로 한 생산능력 향상과 공정기술 향상에 대한 제조업체의 독자적인 기술개발에 대한 내용이기 때문에, 꾸준한 양산과 공급 실적을 바탕으로 한 탄소섬유 제조사에서의 자구적 노력으로 개선, 개발할 아이템으로 판단됨

○ 현재 국내 탄소섬유 시장은 수요 대비 공급과잉 상태로, 탄소섬유의 개발보다는 중간재와 다운 스트림의 기술력 강화 및 시장확대가 우선적으로 이루어져야 할 필요성이 있음

❑ 자동차용 복합소재 중간재

○ 탄소섬유 직물
▷ 제직기술다양화
- 자동차 부품의 수만큼이나 자동차 부품을 설계하는데 필요한 제품의 요구 물성도 다르며, 이를 물성과 생산성 측면에서 모두 만족시키기 위해선 섬유를 다양하게 제직할 수 있는 기술이 필하며, 세부기술개발내용으로는 Non Crimp Fabric, Braiding, 다축직물이 해당될 수 있음
▷ 추가 기능 부여기술
- 복합재료 제조공정에서 직물이 중간재로서 보다 기능적으로 활용되어 공정단계감소 및 공정의 효율화를 유도할 수 있어야 세계 시장에서의 직물의 경쟁력을 고취할 수 있으며 세부기술개발내용으로는 바인더 기술 개발, 혼직 설계 기술이 검토될 수 있음
▷ 평가기술정립
- 평가기술정립을 통해 기술개발과 동시에 해외 선진제직기술의 수준을 정량적으로 평가하고 자체적으로도 제직기술향상정도를 평가하여 객관적으로 입증된 경쟁력을 보유할 필요가 있으며, 세부 기술개발내용으로는 외관평가의 정량화, CFRP물성 평가를 통해 직물물성평가 등이 고려될 수 있음

○ 열경화성 탄소섬유복합소재 중간재
▷ 속경화형 중간기재 수지시스템 개발
- 열경화성 탄소섬유 복합재료의 최우선 해결 과제는 공정시간의 단축이기 때문에

빠른 경화가 가능한 수지 시스템의 개발을 통해 양산성을 확보한다면 기존 금속 재료에 비해 경량화의 이점이 크기 때문에 저연비화, 친환경화 과제에 당면한 자동차 시장의 중요한 돌파구가 될 것임
- 또한 가사시간이 긴 1액형 속경화 에폭시수지 시스템을 위하여 이에 특화된 잠재성 경화제가 필요하며 이를 위한 원천기술 및 상용화기술 개발이 필요함

▷ 경화수축 최소화
- 경화과정에서 필수적으로 발생하는 경화수축을 제어하여야 하고, 특히, 국부적으로 발열이 이루어질 경우 그 부분에서의 수축이 가속화되어 치수가 불안정해지거나 비틀어져 제품의 불량으로 이어지기 때문에 경화조건의 최적화와 발열 제어, 수축을 최소화할 수 있는 수지 시스템의 개발을 통해 경화 수축을 최소화하여야 하며 이를 통해 품질 및 수율 향상을 꾀하여야 함

▷ CF 배열기술
- 열경화성 복합재료 중간기재의 사용에 있어 상기 기술적 내용을 해결하는 것이 국제 경쟁력의 제고에 필수적인 요소임

○ 열가소성 탄소섬유복합재료 중간기재
▷ 열가소성 중간기재 제조기술 개발
- 생산성을 필히 고려해야 하는 자동차용 소재는 열가소성 탄소섬유 복합재료의 중간기재 기술개발이 시급하며 절실하다고 판단되며, 세부기술개발내용으로는 UD tape 제조기술, 불연속기재 stampable sheet 제조기술, 사출기재로서의 compound pellet 제조기술이 해당될 수 있음

▷ 발현율 최대화 기술
- 복합재의 발현율을 향상시키는 동시에 함침성 또한 고려하여야 제품의 물성을 향상시킬 수 있기에 높은 상품성을 갖는 중간기재를 개발하기 위해서는 위 기술에 대한 연구가 필요하며, 세부기술개발내용으로는 수지와 CF의 계면처리 및 접착력 향상기술 및 열가소성 탄소섬유 복합재의 평가기술이 해당됨. 특히, 이를 위하여 실란계가 아닌 열가소성수지용 맞춤형 커플링제 기술개발이 필요함

▷ 내열성 향상 기술
- 열가소성 복합소재의 취약점 중의 하나인 내열성은 열가소성 탄소섬유 복합재의 자동차 부품 적용에 장애로 작용할 수 있는 만큼, 이 부분 또한 집중적인 연구가 필요하며, 세부기술개발내용으로는 범용수지개선에 의한 내열성 향상기술과 추가 보강재를 이용한 내열성 향상기술이 해당됨. 그래핀계 소재를 활용한 나노복합체기술도 중요한 기술개발 대상으로 판단됨

❏ 자동차용 복합소재 부품

○ 탄소섬유 복합소재 중간재 기반 자동차 부품화
▷ 하이브리드화를 통한 CFRP의 자동차 부품 적용확대
- 하이브리드화를 통한 CFRP의 자동차 부품 적용확대 모색은 당장의 가격상승 문제

를 가장 완만하게 극복할 수 있는 방법며, 세부기술개발내용으로는 CF/GF 하이브리드 성형, CFRP/금속 접합 및 인서트 성형, Form재를 이용한 샌드위치 구조 활용이 해당될 수 있음

▷ 부품설계최적화
- 제품의 최적설계를 통해 재료의 사용량 최적화 및 무게 경량화 극대화를 도모할 수 있으며, 세부기술개발내용으로는 부분적 일체 성형, 간섭부품의 최소화 설계가 해당될 수 있음

▷ 이종접합기술개발
- 단품형태의 자동차 부품 적용은 기존의 구조체와의 결합이 불가피하며, 이러한 경우 접착 및 갈바닉 부식과 같은 각종 수반되는 문제가 발생할 수 있기에 이에 대한 연구를 통해 차량의 상품적 리스크를 최소화할 수 있음
- 이종 소재간의 접합에 접착제의 적용이 확대되고 있는데 이에 사용되는 구조용 접착제 기술개발이 시급함

12. 정책제언

❑ 국가 주도의 장기 R&D 투자를 통한 기반기술 확보해야

- 복합재료가 자동차에 응용되는데 있어 장애요인으로 알려진 성형 중 발생하는 물리/화학적 변화, 계면 효과, 재활용성, 데이터베이스 및 실험 방법 등 해결해야할 다양한 연구과제가 존재함.

- 운송수단의 경량화 기술은 단순화 경량 소재 개발에서 더 나아가 실제 차체에 적용할 수 있을 정도의 견고성과 경제성, 안전성을 갖추고 있어야 하는 만큼 장기간의 기술 노하우의 축적이 필요함

- 주요 부품/소재의 경의 장기간의 계획과 투자가 요구되므로 국내 투자 여건상으로는 무리한 부분들이 있으나 자동차 산업의 고부가가치화 및 주요 부품/소재의 수요 증가와 해외기술 의존도가 높아지는 현실을 고려할 때 지속적인 투자 및 연구가 필요함

❑ 상용화 및 응용기술에 초점을 맞추어야

- 탄소섬유의 우수한 물성으로 인하여 산/학/연에서 이에 관한 연구가 활발히 이루어지고 있으나, 현재 차체에 적용되어 상품화 된 예는 극히 미미한 실정이며, 대부분 수입에 의존함

- 고부가가치 산업으로서 자동차, 고속전철 및 우주항공에 탄소섬유 복합소재를 응용하기 위해서 원천소재 기술개발이 시급하며 이를 통한 수입대체효과가 클 것으로 판단됨. 그러나, 국내의 기술 기반은 특정 분야에 치우쳐져 있을 뿐만 아니라 관련 시장 또한 매우 취약한 상황임

- 기확보된 전문 인력 및 기초 기술을 이용하여 상용화 및 응용 기술개발에 필요한 적극적인 연구지원 및 산업계와의 협력이 필요함. 이러한 탄소소재를 이용한 다양한 응용 분야는 저탄소, 녹색 성장을 이루는 원동력이 될 것으로 판단됨

❑ 현재까지 지원된 연구내용

1) 수출전략형 미래그린 상용차 부품기술개발, 전북자동차기술원, 601억,
   - 차세대 상용차 부품 개발 인프라, 인력 인프라 및 주행 시험 인프라 구축

2) 1,500 MPa 이상 탄소복합소재 적용 Panel type 경량 고강도 도어 보강재 개발, 탄소밸리구축사업, 일지테크, 10.7억
   - HP-RTM 적용 CFRP 도어 보강재 부품 및 관련 금형, 성형 기술 개발

3) 탄소섬유를 이용한 그린카용 경량 외판부품개발, 일지테크, 26 억
   - RTM 및 프레스 이용 차량 후드 부품 개발, 설계, 해석, 접합기술, D/B 확보

4) EV/HEV 자동차용 400V이하 탄소섬유 전자파 차폐케이블, 유라, 13.4억
   - EV/HEV 자동차용 탄소섬유 케이블 개발

5) 차량용 복합소재 경량 구조부품의 고속 성형기술 구현을 위한 RTM 금형 기술 개발, 해양산업, 2.6억
   - 자동차 Front End Module 부품 대응, RTM 활용 유리섬유 복합소재 RTM 금형 개발, Preforming 금형 개발, 시제품 제작/테스트

6) PU 소재를 적용한 GPa급 고강도의 경량 복합소재 차체 부품의 고생산성 제조를 위한 고속 LCM 성형시스템 및 성형기술 개발, 전북대, 4.7억
   - PU기반 CFRP 및 GFRP LCM 성형기술 개발, 이종 복합 성형 공법 연구 (금속-복합재 접착), RIM 고속성형시스템 개발, LCM 금형 개발

7) 그린카 용 초경량 열가소성 복합재 Power Module Carrier 개발, 신한금형, 22,1억
   - 열가소성 CFRP 전기차 Battery 보호 용 Carrier 개발 (기존 금속 Carrier 대체/경량화)

8) 탄소복합소재 고속성형기반 경량화율 20% 하이브리드 일체형 도어 모듈 개발, 덕양산업, 10.7억
   - CFRP 도어 부품 CAE 해석 (물성 예측, 섬유 배향, 외형 설계)

9) 소형전술차 FRT Hood 제조를 위한 RTM 성형 및 조립기술 개발, 해양산업, 1.47억
   - 소형전술차 부품 대응 RTM 금형, 성형 기술 개발

❏ 유망 요소 기술

○(낮음) → ●(높음)

대분류	소분류	시장성 (규모/Added Value) 현재	시장성 (규모/Added Value) 미래	내부 역량	우선 순위
수지	열경화성	●	●	◐	2
	열가소성	◑	●	◐	2
	부품 조립용 접착제	◐	◕	◐	2
	CF 표면 처리제	◐	◐	◐	2
	프리폼 바인더	◑	◐	◐	2
중간재	프리프레그	◕	●	◕	1
	직물/프리폼	◑	◕	◐	1
	부직포/프리폼	○	◐	◕	2

대분류		소분류	시장성 (규모/Added Value) 현재	시장성 (규모/Added Value) 미래	내부 역량	우선 순위
성형	Open Mold	RIM	◕	◕	◕	3
		Spray-Up Hand Lay-Up	◐	◑	◕	3
	Closed Mold	RTM	◑	◕	◐	2
		SMC, BMC,	◐	◕	◕	3
		Compression Molding (WCM, PMC)	◑	◕	◕	2
		Injection Molding	◑	◐	◐	2
	Continuous Mold	인발, F/W	◐	◐	◐	3
	Hybrid 성형	이종 소재 복합	○	◕	◑	1
		이종 소재 복합 성형	○	◕	◑	1
	TP 반응중합	TP-RIM	○	◐	◕	2
		TP-RTM	◑	◕	◑	1
리사이클		CF 재활용	○	◐	◕	3
		수지 재활용	○	◑	○	3
리페어			○	◕	◑	2
설계/해석 및 공정 시뮬레이션			◐	◕	◑	1
기반구축사업		자동차 복합재 솔루션 센터	기반 기술			2
		완성차 실증 사업				2
		시험·평가 표준화 (소재 DB, Qualification)				1

13. 기대효과

❏ 1리터 카 상용화를 위한 복합재료의 차체 적용 기술 고도화

○ 정책적

- 복합소재 적용 차체 부품 생산 기술 확보 및 열가소성 복합재료 차체 부품 생산/평가 기술 개발을 통한 관련 산업의 육성 및 일자리 창출

○ 기술적

- 차체 경량화를 통한 연비 향상 및 친환경 복합재료 생산을 위한 기술 토대 마련
- 열가소성 소재 적용을 통한 복합재료 부품 생산성 향상

○ 경제적

- 열가소성 복합소재 적용 차체 부품의 대량 생산을 통한 가격적 경쟁력 확보
- 대외 무역 역조의 해결 및 관련 산업의 육성을 통한 국가 경제 기반의 확충

에너지 플랜트분야 복합재료기술 로드맵

2016. 9. 1

분과위원장 : 이상관(KIMS)
위원 : 윤성호(금오공대), 조정미(한국카본), 최철(한국전력),
　　　 하성규(한양대)
감수위원 : 한경섭(포항공대)

< 목 차 >

1. 에너지 플랜트분야 복합재료 기술 로드맵 개요 ▸ 141

    1.1 작성배경 ▸ 141

    1.2 정의 및 범위 ▸ 142

    1.3 필요성 ▸ 145

    1.4 산업동향 ▸ 148

    1.5 해양 플랜트용 복합재료 파이프, 탱크 및 압력용기 ▸ 153

    1.6 해양 플랜트용 복합재료 Fire Protection System ▸ 163

    1.7 해양 플랜트용 복합재료 Flexible Risers ▸ 169

    1.8 해양 플랜트용 복합재료 Tethers & Tendons ▸ 179

    1.9 해양 플랜트용 복합재료 송전탑 ▸ 180

    1.10 비전 및 목표 ▸ 187

    1.11 SWOT 분석 ▸ 187

    1.12 기술체계도 ▸ 188

    1.13 Top Brand 에너지/플랜트 복합재료 발굴기준 ▸ 189

    1.14 Top Brand 에너지/플랜트 복합재료 ▸ 190

2. Top Brand 에너지/플랜트 복합재료 ▸ 191

    2.1 Flexible TP Composite Risers (Pipes) ▸ 191

    2.2 복합소재 Tendons ▸ 193

    2.3 해상구조물용 FIRE PROTECTION 구조물 ▸ 195

    2.4 복합소재 절연암(ARM) ▸ 197

    2.5 복합소재 송배전 지지물 ▸ 199

1. 에너지 플랜트분야 복합재료 기술 로드맵 개요

1.1 작성배경

에너지 플랜트분야 복합재료 로드맵은 국내 복합재료 산업의 중장기 발전계획 수립 및 미래성장동력 확보를 위한 전략 수립의 기본 자료로 활용하고, 국내 복합재료 시장 확장을 위한 에너지 플랜트 분야 대체 시장에 대한 동향 파악과 분석을 통하여 국내 복합재료 산업 활성화를 위한 산학연관 통합 네트워크 구축 방안과 글로벌 네트 워크 및 거점 변화에 대한 학회 차원의 산업 지원책 마련하기 위하여 작성되었다. 본 로드맵은 에너지 플랜트 복합재료 분야에 풍부한 경험과 지식을 가진 하성규 교수(한양대), 윤성호 교수(금오공대)의 자문 하에 국내 대표적인 복합재료 기업인 한국카본의 조정미 전무와 새로운 수요 창출을 위하여 초빙한 한국전력의 최철박사로 TFT 팀을 구성하여 작성하였다. 작성의 기본 방향은 기술보다는 고부가가치를 구현하고 신시장 창출이 가능한 제품 발굴에 중점을 두었다.

- 국내 복합재료 산업의 중장기 발전계획 수립 및 미래성장동력 확보
- 국내 복합재료 시장 확장을 위한 대체 시장에 대한 동향 및 분석
- 국내 복합재료 산업 활성화를 위한 산학연관 통합 네트워크 구축
- 글로벌 네트 워크 및 거점 변화에 대한 학회 차원의 산업 지원책 마련

  에너지 및 플랜트용 복합재료 로드맵은 기술보다는 고부가 가치를 구현하고 신시장 창출이 가능한 제품 발굴에 중점

<그림 1> 에너지 및 플랜트용 복합재료 로드맵 작성 배경

1.2 정의 및 범위

에너지 및 플랜트용 복합재료는 경량 고강도의 탄소섬유, 유리섬유 등의 강화섬유와 친환경 수지를 활용, 고비중의 철강소재 대체 및 내식/내열/내압 등의 기능을 동시에 구현하는 재료로 정의한다.

<그림 2> 에너지 및 플랜트용 복합재료 정의

에너지 및 플랜트 산업의 범위가 너무 광범위하여 본 로드맵 작업에서는 기획위원들과 함께 <표 1>과 같이 최종 제품을 분야별로 정리한 후 에너지 및 플랜트용 복합재료가 사용되는 최종제품의 형상 및 소재가 유사하여 토의를 통하여 통합하여 기획하였다. 특히 사용 환경이 열악하여 소재 요구 조건이 엄격한 해양플랜트산업을 중심으로 로드맵 작업을 진행하였으며, 또한 기존 소재 대체 시장 창출이라는 측면에서 새로운 기회 요인이 될 수 있는 송전관련 산업으로 로드맵 작성 범위를 제한하였다. 해양 플랜트산업은 해양 플랜트의 대상인 Oil & Gas 산업으로 범위를 정하였다.

<표 1> 해당산업과 관련제품

산업	제품
천연가스/세일가스	저장 및 운송 tanks
전선	송전선의 심재, 초고압 송전지지물
해양플랜트	플랫폼 구조물, 해저유전 채굴기기 (라이저, 펌프부품)
화학플랜트	구조물, 탱크, 파이프
선박플랜트	빔구조물, 돔구조물, 파이프, 프로펠러
기계플랜트	구조물, 구동부품(롤러, 로봇)

□ 해양플랜트 산업 정의

해양 플랜트의 설계, 생산, 이송, 설치, 운용, 해체는 물론 해양 자원의 탐사, 시추등의 과정에 필요한 모든 산업 활동 총칭한다.

* Machinery Industry 발췌(2014.09, p41)

<그림 3> 해양플랜트 산업 범위

□ 해양플랜트 시장 규모

○ 해양플랜트 시장은 2030년 5000억달러 이상의 규모로 연평균 5.4% 증가율이 예상된다.

○ 특히 심해저 설비 시장 규모가 연평균 7.5% 증가율이 예상되어 2030년에는 해상 플랫폼 시장보다 3배 이상의 규모로 커질 것으로 예상된다.

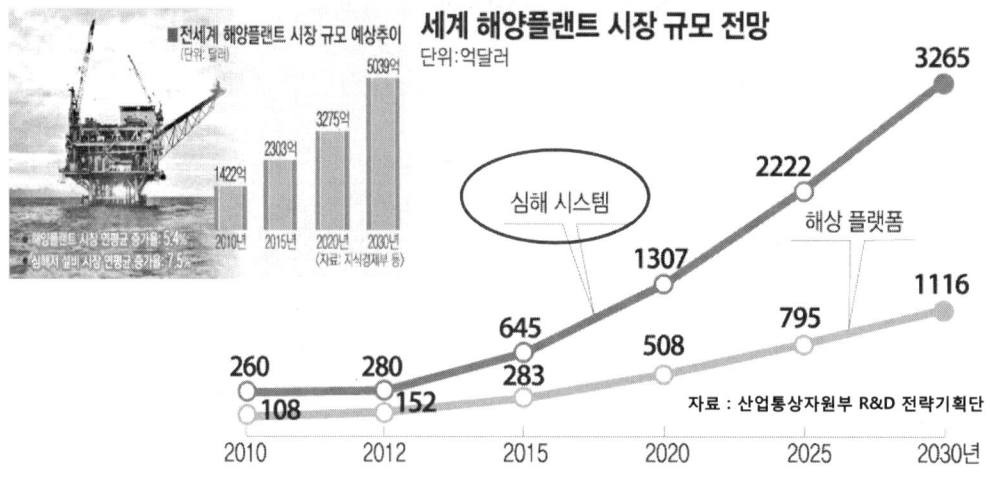

<그림 4> 해양플랜트 산업 범위

현재 복합재료와 경쟁하고 있는 철강소재, 비철소재인 알루미늄 및 마그네슘 소재와의 주요 특성 비교와 복합재료가 경쟁소재 대비 보완되어야할 필수 항목을 <그림 5>에 나타내었다.

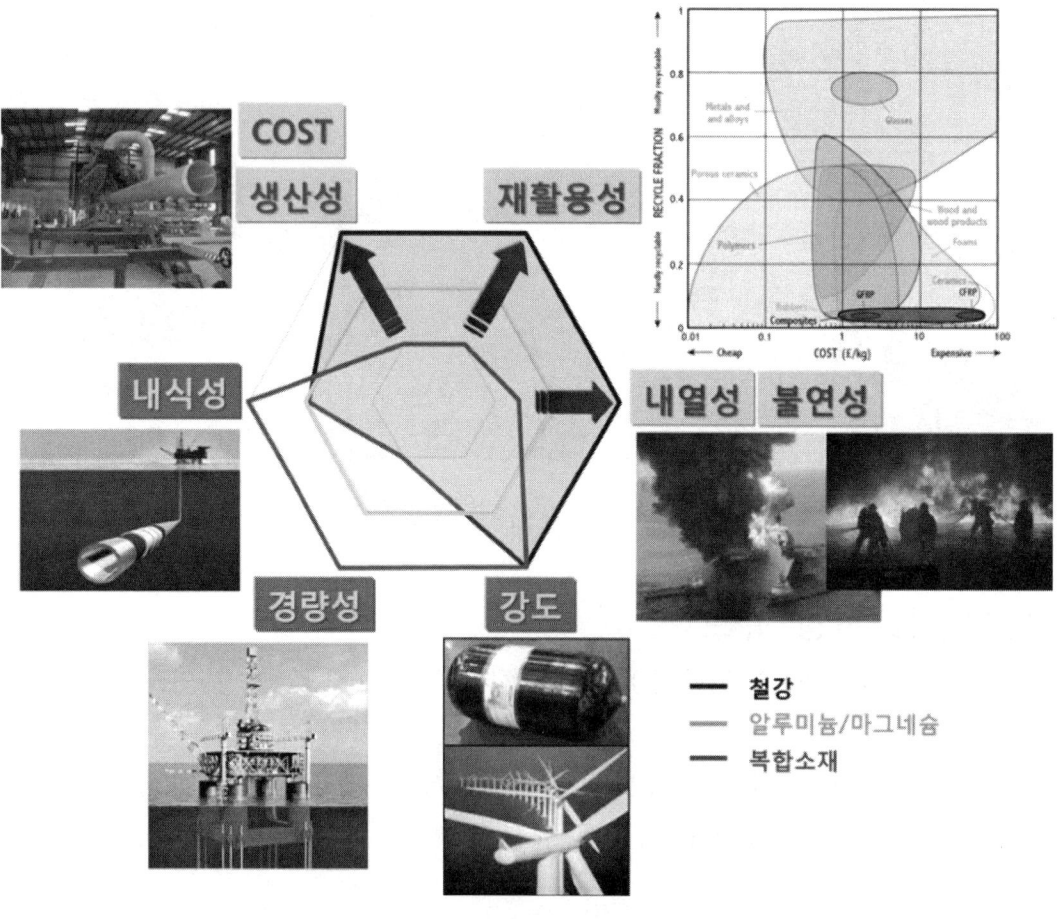

<그림 5> 경쟁소재와 비교

1.3 필요성

최근 들어 Oil & Gas 산업에 경량/내식성/내열성을 가진 복합재료 사용이 증가하는 추세이며, 최근 석유 시추/생산 작업이 보다 수심이 깊은 심해역과 극지의 빙해역 등 환경조건이 가혹한 해역으로 확대되어 보다 우수한 성능을 가진 복합재료 개발을 요구하고 있다. 복합재료 관점에서 해양플랜트용 플랜트용 구조물의 구조설계는 엄격한 구조 안전성 평가를 바탕으로 하는 해석기반 설계(design by analysis)기술 개발을 요구하고 있으며, 송배전 지지물은 사용 수명이 길고, 환경과 조화로운 구조와 사회적 비용을 절감시키는 복합소재 개발을 요구하고 있다. 이러한 요구를 만족시키기 위해서는 기존 소재보다 경량이며, 내식성이 우수하여 사용 수명이 보다 향상되어야 하고, 내열성/불연성 및 구조 안정성 평가기술 뿐만 아니라 기술적 난이도가 높은 초대형 구조복합재료 구조물 개발이 필요하다. 이 분야의 국내 시장 진입 현황은 매우 초기 단계이며, 미국의 거대기업에 의해서 시장이 주도되고 있는 상황에 장기적인 개발계획과 국가 차원의 시장 진입 전략을 수립하여 추진하지 않으면 우리나라는 이 분야에서 영원한 기술 종속에 빠져 나올 수 없다고 판단된다. 따라서 이 분야의 새로운 시장 창출과 구조 안정성이 높은 초대형 경량 복합재료 개발이 필요하다. 기술적인 관점에서 장벽 요인을 <표 2>에 정리하였다.

<표 2> 기술적인 장벽 요인

장벽 요인
1) 해양 구조물에 대한 규제, 특히 연소성에 대한 규제
2) 복합소재 개발자들이 해양 구조물에 적합한 성능 정보 부족, 특히 열악한 해양 환경에 대한 정보 부족 (erosion, 피로, 마모 및 impact abuse, fluid 환경)
3) 해양구조물 설계자들이 복합소재에 대한 충분한 디자인 절차, 작업 표준 등에 대한 정보 부족
4) 초대형 구조물 제조 난이도가 높음

반잠수식 시추 플랫폼(TLP, Tension Leg Platforms)의 예를 들어 보겠다. TLP의 무게를 감소키기 위하여 데크위의 파이프 소재를 기존의 금속소재에서 경량의 고분자 복합재료로 대체하면 무게가 감소하여 TLP의 부력이 증가하게 된다. 소재 대체로 인하여 바다 밑에 필요한 구조강의 양을 감소시키고 궁극적으로 TLP의 가격을 감소시키는 장점이 생기게 된다. 소재 관점에서도 기존 6인치 Cu-Ni 합금 파이프의 가격은 24 lbs/ft이며, 6인치 복합재료 파이프의 기격은 4 lbs/ft이므로 소재 가격도 약 80% 절감할 수 있는 장점이 있다. 그리고 복합재료는 기존의 스틸 파이프보다 초기 설치비용이 덜 들고 훨씬 더 긴 라이프 사이클을 가지고 있으며, 사용 수명도 약 20년으로 7년의 사용 수명을 가진 스틸보다 무려 13년이나 긴 장점을 가지고 있다. 이

러한 관점에서만 보면 모든 TLP 데크위의 구조물은 복합재료로 대체되어야 할 것이다. 그러나 실제적으로는 <표 2>에 언급하였듯이 적용에 기술적으로 극복하여야할 장애 요인들이 있다. 복합재료 파이프의 경우, 소재의 장기 내구성을 입증하기 위한 테스트 데이터가 부족하고, 합금 파이프를 사용했던 엔지니어들은 복합재료를 사용하는 데에 익숙하지 않기 때문이다. 그리고 복합재 파이프 이음쇠(접합)가 비싸며, 접합공정이 노동 집약적이며, 복합재와 복합재를 접합하는 방법 및 복합재와 합금을 접합하는 방법들의 신뢰성이 부족한 상태이다.

<그림 6> TLP 개요도와 TLP용 복합재료 파이프(Filament Wound GRP)

위에서 언급한 기술적 장벽 요인을 극복하기 위해서는 해양 플랜트용 복합재료 전문가와 해양 플랜트 시스템 전문가와 함께하는 공동기술 개발이 반드시 필요하다. 즉, 소재와 시스템 기술이 융합한 새로운 기술 개발이 필요하다.

☐ 해양 플랜트용 복합재료 적용을 위한 이슈

유리섬유 복합재료 구조물에 사용되는 수지에 따른 특성을 <표 3>에 비교하였다. 가격을 제외하고 가장 중요한 소재 이슈는 내열과 불연 특성이다. 그리고 내충격성과 열악한 환경에 견딜 수 있는 내환경성이다. 이러한 관점에서 에폭시, 폴리에스터 및 비닐에스터는 해양용으로 사용되기 어렵고 화재에 대한 안정성을 확보하기 위한 수지 변성이나 보조장치를 확보하여만 적용가능하다. Modified acrylic 수지는 toxicity-sensitive한 영역에 사용될 수 있다. 즉, 해양용으로 가장 널리 사용되는 수지라고 할 수 있다. 플랫폼 위에 응용 가능한 해양 플랜트용 복합재료를 <표 4>에 나타내었다.

<표 3> 해양용 추천되는 수지 시스템

Resin	Mechnical Integrity	Low smoke and toxicity in fire	Cost
Polyester	*****	*	***
Vinyl ester	*******	*	******
Epoxy	*********	**	*********
Phenolic	*****	*******	****
Mod. Acrylic	****	******	****

<표 4> 해양 플랜트용 복합재료

Fire protection	Walkways and flooring	Lifeboats
Blast protection	Handrails	Buoys and floats
Corrosion protection	Sub sea anti-trawl structure	ESDV protection
Partition walls	Casings	Boxes, housings and shelters
Aqueous pipe systems	J-tubes	Loading gantry
Tanks and vessels	Caissons	Pipe refurbishment
Firewater systems	Cable trays and ladders	Riser protection
Pipe liners	Accumulator bottles	Bend restrictors
Separator internals	Well intervention	Subsea instrument housings
Rigid risers	Coilable tubing	Flexible risers
Tendons	Primary structure	Separators

1.4 산업동향

□ 글로벌 시장동향

○ 세계시장규모

2014년 에너지 분야 복합소재 시장은 대략 187억달러(~20조원) 보고되었다. 해양 구조물 분야에 급격한 성장이 예상 되지만 복합소재 적용은 미비한 실정이다. Pipe & Tank 전체 소재시장은 378억 달러, Pipe & Tank 복합재 시장의 경우 72억달러(전체 시장의 19%), Pipe & Tank 탄소 복합재 시장의 경우 26억달러(전체 시장의 6.9%)로 보고되었다.

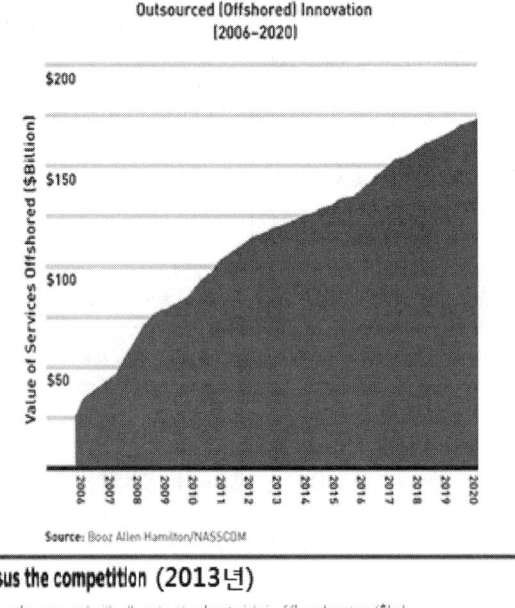

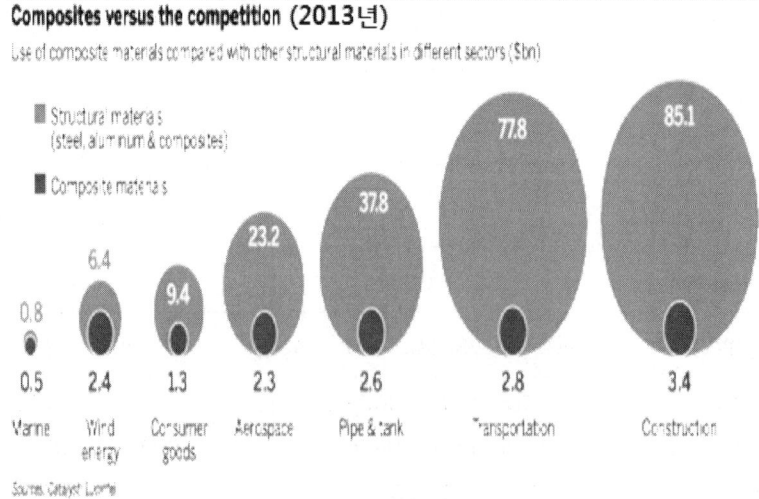

<그림 7> Pipe & Tank의 세계 시장 규모

□ 국내 산업 현황

○ 한국 복합재 시장
2014년 한국 복합재 1.7조원 시장 규모를 보여주었다. 탄소 복합재 시장 초기 단계이다 (87억원/2.6조원, 0.3%).

○ 에너지 플랜트 시장(Pipe & Tank 전체시장)
JEC 예측 통계를 바탕으로 약 680억원 규모로, 이는 한국 시장 전체의 4%를 차지하는 규모이다. 72억달러(7.8조원) 세계 시장 규모의 0.8%에 해당하는 규모로 앞으로 새로운 신동력 산업 분야로 성장할 가능성이 커 보인다.

Table 5.41 South Korean Composites Market Forecast Summary 2012, 2017 and 2022 ($bn, Rank, % Share, CAGR %, Cumulative)

	2012	2017	2022
Market size $bn	$1.3bn	$1.9bn	$2.8bn
Global market ranking	12th	9th	8th
Global market share %	2.0%	2.4%	2.6%
	2012-2022		
2012-2022 CAGR %	7.9%		
2012-2022 CAGR % ranking	4th		
2012-2022 cumulative market	$22.5bn		
Market Outlook	Very Positive		

Source: Visiongain 2012

구분	해상플랫폼	Subsea	URF	해상풍력	기타	전체
2010	372	450	479	26	125	1,452
2015	547	793	737	52	175	2,304
2020	749	1,165	1,034	92	235	3,275
2030	1,056	1,898	1,530	239	315	5,039
비고	Fixed type, Floating type, 개조시장 포함	생산시스템 100억, 프로세싱 10억, 엔지니어링 70억 달러 등	Umbilicals, Risers & Flowlines	풍력전체 시장 규모는 520억 달러	파력, 조력, 해상발전 등	

자료 : Douglas Westwood, WWEA(World Wind Energy Report 2010) 등

해양플랜트산업 전망

<그림 8> 국내 에너지 플랜트 시장 규모

○ 에너지/플랜트 산업용 복합재료 국내산업 현황

중공업 및 조선사 중심의 에너지/플랜트 산업구조가 활발한 실정이다. 대표적인 기업으로 현대, 삼성, 대우, 두산, STX 중심으로 산업구조가 구성되어 있다. 하지만 설계, 엔지니어링에 관련 원천 기술 부재로 복합재료 적용에 어려운 실정이다. 복합재료에 적합한 최적화 설계, 생산시스템 효율화, 소재 및 부품 DB 부족으로 가격경쟁력, 생산성, 신뢰성에서 기존재료를 대체 할 동력 부재가 현재 직면한 가장 큰 문제점중에 하나이다.

□ Oil & Gas

○ 세계 에너지 시장 동향

2040년에는 2010년 보다 56%이상 에너지 수요가 예상된다. Oil & Gas 에너지원이 전체 가능한 에너지 자원에서 50%이상을 차지하는 주 에너지원이다.

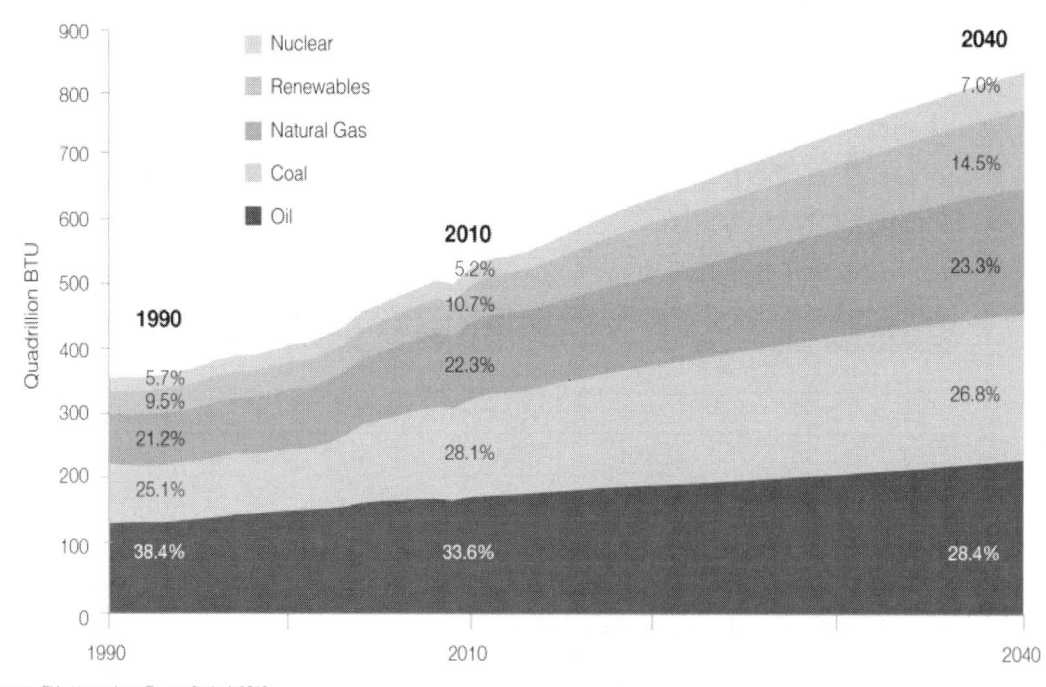

<그림 9> 세계 에너지 자원 동향

○ Oil & Gas 시장 동향

　세계적 경제 성장 및 인구 증가 대응을 위해 추가적인 Oil & Gas 인프라가 요구된다. 2025년까지 아프리카 지역(에티오피아, 케냐, 콩고 & 나미비아)들의 Oil & Gas 시장은 지속적인 증가가 예상되는 결과가 보고되었다. 특히 해양 Oil & Gas 자원이 주 에너지원으로 예상이 되어 2030년까지 87% 에너지원이 해양 Oil & Gas 자원으로부터 충당이 예상된다. 2035년까지 적어도 기존 Oil 자원의 70%를 새롭게 개발/개선을 해야 될 실정이고, 현재 10년 동안 기존 Oil & Gas 자원의 50%를 해양 Oil & Gas 자원으로 대체 과정을 진행 중이다. 따라서 해양 Oil & Gas 자원과 관련된 기반 시설 및 인프라가 급격히 증가될 것으로 예상된다.

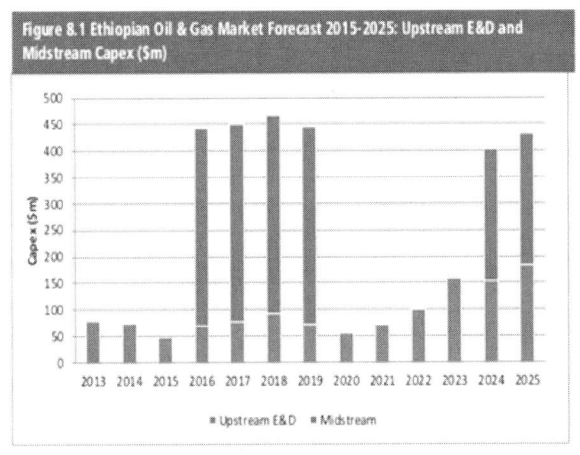

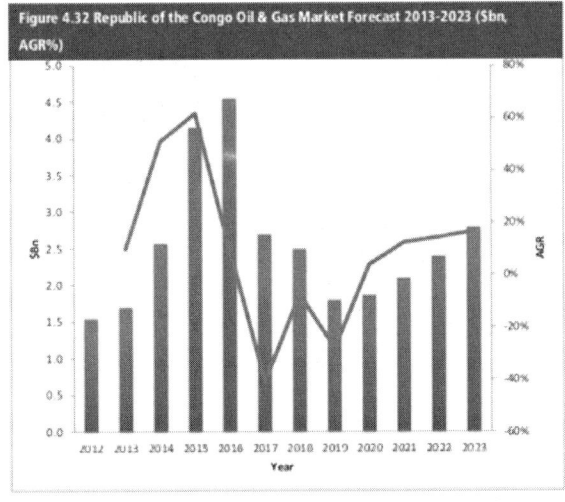

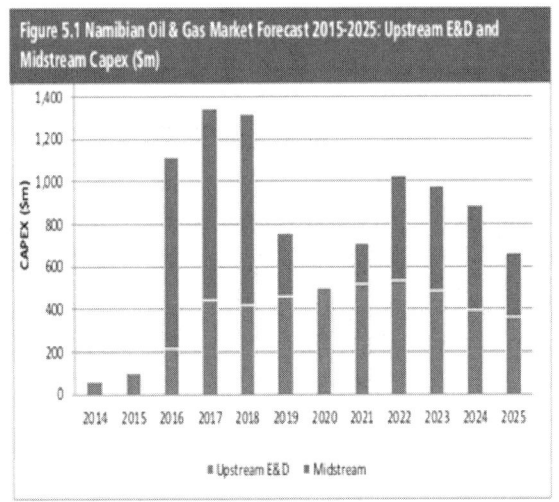

Source: Visiongain 2015

<그림 10> 아프리카 지역 Oil & Gas 자원 시장 규모

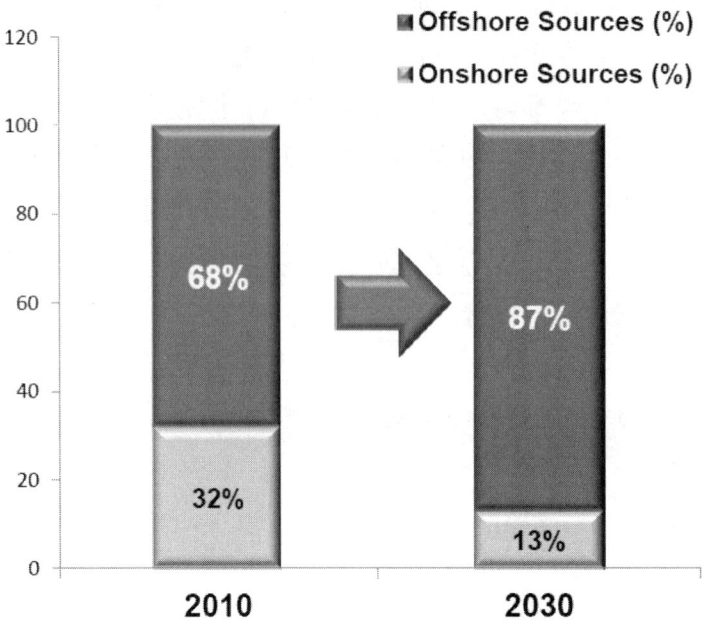

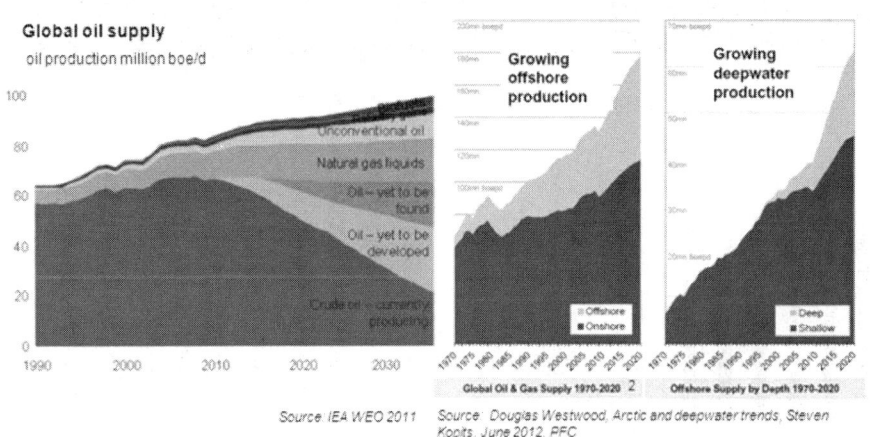
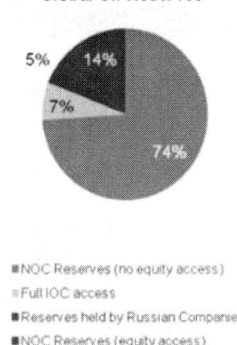

<그림 11> 세계 Oil & Gas 시장 동향

1.5 해양 플랜트용 복합재료 파이프, 탱크 및 압력용기

□ 유체 이송용 복합재의 종류

복합재료는 유체 이송과 저장용으로 활용되고 있으며, 핵심 제품들은 다음과 같다. <그림 12> 및 <그림 13>에 그 예를 나타내었다.

- Filament wound thermosetting pipework
- Steel strip laminate (SSL) pipe
- Fibreglass tanks and vessels
- Thermosetting coil tube
- Reinforced thermoplastic pipework (RTP)
- Lined pipe
- Rigid risers
- High pressure flexible tubing

Topside structure

Pipe work

Steel strip laminate(SSL) pipe

Flexible thermosetting tubes

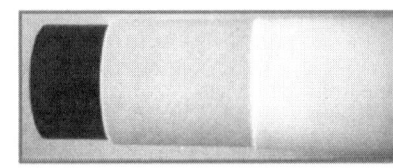
Reinforced Thermoplastic Pipework

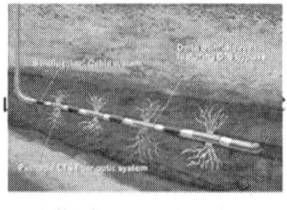
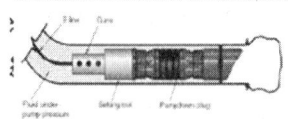
Composite Fracking Plugs

<그림 12> 해양플랜트용 복합재료 적용 예시 1

Composite rigid riser

Pressure vessels

Grating and Stairways

Drill Pipes

<그림 13> 해양플랜트용 복합재료 적용 예시 2

□ 복합재료 파이프

주로 사용되는 소재 시스템은 Glass/epoxy이다. 이 소재는 물 이송을 위한 저압용 파이프 제조에 주로 활용된다. 사용된 수지의 주제와 경화제에 따른 내식성 및 내열성이 중요한 인자이다. GRE(Glass fibre reinforced epoxy) 튜브는 황화수소, 이산화탄소에 영향을 받지 않는다. 스틸 파이프의 경우, 파이프에 가장 손상을 주는 화학성분은 석유의 톨루엔, 크실렌 같은 방향족 화합물이 손상을 줄 수는 있지만 오히려 물이 파이프 손상에 더 나쁜 영향을 미친다.

파이프는 필라멘트 와인딩 공정에 의해 제조되며, 파이프가 사용되는 압력, 사용환경에 적합한 와이딩 각도 설계, 수지시스템이 적용되어야 하고, 파이프 설계와 소재 시스템은 파이프의 연속 제조 기술과 반드시 기술적으로 동시에 고려되어야 한다.

○ 파이프의 접합기술

GRE 파이프는 피팅류에 의해 접합하거나 adhesive bonding, laminating(butt, wrap joints) 및 rubber seal 접합, 나사에 의한 접합 등과 같은 기계적 접합을 한다. <그림 14>에 GRE 파이프에 일반적으로 사용되는 접합 방법들에 대한 개요를 나타내었다.

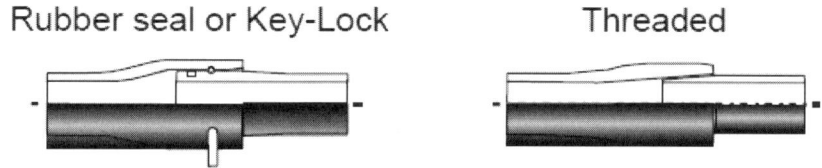

<그림 14> GRE 파이프에 일반적으로 사용되는 접합 방법들

○ Steel strip laminate (SSL) pipe

보다 큰 직경을 가진 고압용 GRE 파이프는 높은 안전계수가 요구되어 제작자나 사용자가 불편할 만큼 파이프 두께가 두꺼워지는 단점이 있다. SSL은 이러한 단점을 해결한 하이브리드 파이프이다. SSL 파이프 복합재료는 내경과 바깥층은 일반적인 glass/epoxy로 구성되어 있으며, 또한 하중을 받는 대부분의 내부 라미네이트층은 고장력 철강 스트립을 헬리컬 와인딩한 층으로 만들어 진다. 이러한 구조형태의 장점은 GRE와 비교해서 밀도가 높음에도 불구하고 철강 strip이 GRE보다 최대인장강도의 비율이 더 높은 곳에서 작동될 수 있으므로, 결과적으로 전체적으로는 보다 가볍고, 가격적인 측면에서 효율적이다. SSL은 스틸 strip을 부식으로부터 보호하기 위하여 GRE를 활용한다는 측면에서 진정한 의미의 복합소재라고 할 수도 있다.

○ 기계적 거동과 파괴 모드

통상적으로 사용되는 열경화성 튜브의 파괴 모드는 일반적으로 "non-catastrophic" 하다. 내압이 증가하여 임계 압력이상이 되면 수지 크랙킹이 생겨서, 결과적으로 유체의 누유가 파이프 두께 방향으로 생긴다. 일반적으로 누유는 섬유 파단 압력보다 낮은 압력에서 발생하므로 이 때의 압력을 안전계수로 규정한다. 이러한 기구를 "파손전의 누유(Leak before break)" 라고 규정한다. 보다 부식성이 높은 유체에 대하여 열가소성 라이너가 사용될 수 있다. 이 라이너는 누유 기구가 억제되며, 파이프는 강화재의 파단응력에 가까운 값까지 압력을 받을 수 있다. 이 열가소성 라이너는 SSL 파이프에도 적용할 수 있다.

○ 응용 분야

GRE 파이프의 비강도와 내식성은 석유화학산업용 활용에 이상적인 특징을 가지고 있다. 육상용으로는 오일, 담수, 분사수, 바닷물 및 다른 유체 이송에 사용되며, 해양용으로는 물이송(fire water, aqueous waste, ballast water, seawater cooling etc.)에만 제한적으로 사용되고 있지만 향후에는 육상용과 동일하게 사용될 것으로 예상된다.

□ 탱크 및 압력용기

물과 디젤유를 저장하기 위한 탱크 제작에 복합재료가 사용되고 있다. 압력용기 개발에 가장 핵심적인 사항은 복합재료에서 크랙이 발생하기 전에 연신을 향상시키기 위한 수지 개발에 초점을 두고 있다.

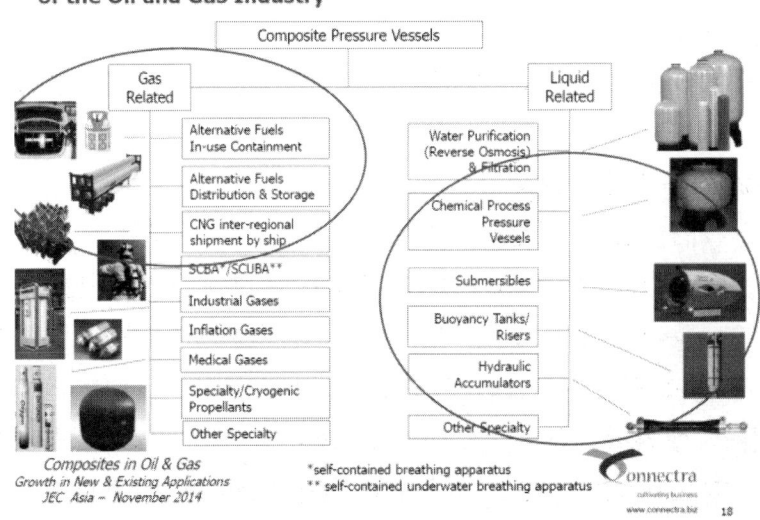

<그림 15> 복합재료 탱크 및 압력용기 응용분야

☐ Flexible Thermosetting Tube

금속재 튜브는 코일링과 uncoiling에 의해 반복적으로 생기는 소성변형과 관련된 저주기 피로에 의해 수명에 제약을 받는다. 복합재 튜브는 열가소성 라이너위에 에폭시를 이용하여 와인딩하여 제조되며, 라미네이팅에 사용되는 섬유는 load bearing 및 열가소성 라이너는 유체 오염방지 역할을 담당한다. 열경화성 코일 튜빙은 560기압까지 압력을 견딜 수 있다. 약 100mm 직경까지 비교적 작은 직경에서 제조가 가능하나 이 보다 큰 직경을 가지는 튜브의 제조에 기술적 한계를 가지고 있다. 보강섬유로는 대부분 유리섬유가 사용되고 있으며, 최근에는 유연성을 확보를 위하여 탄소섬유의 활용도 검토하고 있다. 라이너 소재는 용도에 따라 선택적으로 사용할 수 있으며, 주로 사용되는 소재는 PE, cross linked PE, Nylon 11, PVDF 등이다. 현재 umbilical 부품, 메탄올 주사 라인, 히터 라인, choke & kill 라인을 포함한 열경화성 튜브가 개발되고 있다.

☐ Reinforced Thermoplastic Pipework (RTP)

RTP는 세층으로 구성되어 있다. 주로 PE가 사용되는 내부의 열가소성 라이너, 그리고 강화층으로 구성되는 중간층, 열가소성 외곽 커버로 이루어져 있다. RTP의 강화재는 주로 아라미드(Kevlar or Twaron)29 섬유만으로 헬리컬 와인딩에 의해 제조된다. 아라미드 섬유를 사용하는 이유는 섬유와 섬유간의 마찰에 의한 손상이 없이 와인딩이 가능하기 때문이다. 단위 가격당 강도를 기준으로 비함침된 아라미드섬유는 완전히 함침된 유리섬유보다 가격적인 측면에서 유리하다. 라이너는 사용 유체와 사용온도 조건에 적합한 소재를 이용하여야 한다. Pipelife, Halliburton Sub sea and Coflexip를 포함한 제조사들은 PE라이너를 이용한 RTP를 제조하며, 이 RTP는 60℃ 까지 사용할 수 있다. 보다 높은 온도에서는 polyamide 11 또는 polyvinylidene fluoride 라이너를 고려할 수 있다. 라이너와 외곽층은 소재에 대한 요구조건이 다르다. 예를 들면, 라이너는 CO_2 혹은 H_2S 같은 부식성 가스에 노출되고, 한편 외곽층은 UV에 의한 손상이나 마모를 받는 환경에 놓이기 때문에 여기에 견딜 수 있는 소재로 제조되어야 한다. 복합재료 RTP의 튜브는 연속 공정을 사용하여 제조할 수 있는 이점이 있다. RTP는 오일과 가스 산업에 단순한 형상과 유연한 튜브로서 저가가 요구되는 일반용으로 활용 잠재력을 가지고 있다. 해양구조물용으로는 해양 구조물 연결을 위한 jumpers, flow lines 용으로 활용될 수 있다.

<그림 16> 해상구조물용 jumpers(a) 및 flow lines(b)

☐ Lined Pipe

탄소강 파이프의 수지 라이닝은 탄소강의 부식을 방지하기 위하여 일반적으로 사용되며, 부식환경에 사용 가능하면서도 가격비용 효율이 높아서 활용이 증가하고 있다. 탄소강 파이프용 라이너는 PE, PVC 혹은 PVDF 등과 같은 열가소성 튜브가 사용될 수 있다. 하지만 열경화성 수지로 와인딩된 라이너들은 보다 낮은 가스 투과도, 보다 높은 강성을 제공할 뿐만 아니라 열가소성보다 얇은 두께로 인하여 보다 많은 유체를 이송할 수 있는 장점이 있다. 그리고 열경화성 라이너들은 라이닝 작업중에 손상이나 마멸에 덜 민감하다. 가장 큰 문제는 압력을 받은 가스가 라이너와 파이프 내벽 사이 경계면의 빈 공간에 스며들어가서 파이프의 압력이 줄어들어 수축될 때 가스가 라이너를 밀어내어 라이너가 붕괴되는 것이다. 라이닝한 후에 라이너와 파이프 내벽 사이의 공간에 고분자 충전제(grout)나 접착제의 주입도 가능하다.

☐ Rigid Risers

Rigid Risers는 보통 250~255mm정도의 큰 직경을 가지고 복합하중을 받으면서 약 1000bar의 압력을 견디는 고성능 튜브이다. 소재로는 고강도강, 듀플렉스강 또한 타이타늄을 채택하여 짧은 거리에서부터 상당히 긴 거리까지 도입하여 사용할 수 있다. 금속제 rigid risers는 연해 및 심해용 모든 해상 구조물 플랫폼 위에 광범위하게 사용될 수 있다. 하지만 깊이가 1,000m가 넘어 가면서 플랫폼의 무게가 중요해지면서 플랫폼의 설계 및 rigid risers의 설계 시에 경량화가 중요한 인자가 되기 시작하였다.

복합재료 라이저의 도입으로 경량화의 장점이 이미 알려져 있지만 심해 개발시대가 도래됨에 따라 복합재료의 사용 요구가 증가하고 있다. 복합재료 사용의 주요 장점은 다음과 같다.

- 라이저 자체 무게 감소를 통하여 부력을 증가하기 위하여 사용된 syntatic foam 같은 소재 가격이 감소
- 견인력의 감소와 줄어든 인장에 기인하여 라이저의 외경이 감소
- 인장을 가하는 장치 가격의 감소
- Topside 무게의 연계 감소

복합재료 라이저는 Conoco, Petrobras, Shell and Statoil 등을 포함한 많은 회사에 의하여 개발되고 있다. 미국에서는 Lincoln Composites 및 Northrop Grumman을 포함한 몇몇 회사에서 개발하고 있으며, 유럽에서는 Institut Francais du Petrole (IFP)가 핵심적인 역할을 하고 있다.

현재 개발되어 있는 복합재료 라이저는 다음과 같은 공통적인 특성을 가지고 있다.

- 금속제나 일레스토마 내부 라이너 사용
- 인장이나 굽힘 하중을 견딜 수 있도록 축방향에 가깝게 섬유를 보강하며, 대부분 탄소섬유를 활용
- 압력 하중을 견디기 위하여 S-glass, 탄소섬유를 hoop 방향으로 보강
- 대부분의 길이를 조립이 가능한 조인트 시스템 구축 포함

향후에 탄소섬유를 활용하여 제조된 rigid risers의 수요가 급속하게 증가할 전망이다.

☐ Flexible Risers

Flexible risers는 Coflexip and Wellstream 등의 회사에 의해서 제조되는 고성능 제품이다. 고압 flexible 튜브의 핵심인자는 다음과 같다. Flexible Risers에 대한 상세 내용은 뒷 절에서 상세하게 서술한다.

- 외부 압축하중하의 버클링을 방지하기 위하여 내경에 스테인리스강 'carcass' 사용
- Flexible 외부 부품과 접촉하면서 생기는 부식을 방지하기 위하여 고분자 라이너 사용
- 압력에 견디기 위한 hoop 와인딩
- 외장의 near-axial 보강
- 외부 보호를 위한 최외곽의 고분자 케이싱

☐ 복합재관의 장기성능 평가 및 수명예측

○ 장기 비원강성

복합재관의 상하부면에 2장의 강판을 압축하중에 수직이고 복합재관의 중심과 일치하도록 설치한다. 장기 비원강성시험은 수조 안에서 수행하며 하중은 복합재관에 충격이 가지 않도록, 요구하는 변형률에 도달할 때까지 복합재관의 길이를 따라 가한다. 이때 시편의 수직변형 및 파손변형은 LVDT를 통해 주기적으로 측정한다. 복합재관의 장기 비원강성 평가를 위해 10000시간까지 시험하며 복합재관의 50년 후 비원강성을 예측하기 위한 회귀분석을 위해서는 1시간에서 10000시간 범위에서 등간격 대수시간에 대한 변형을 수집한다.

GRP 복합관의 비원강성은 식 (1)과 같이 정의되며 비원강성을 구하기 위한 형상계수 f는 식 (2)와 같다. 이때 y는 복합재관의 수직변형, F는 수직변형 y를 발생시키는 하중, L은 복합재관의 길이, d_m은 복합재관의 내경에 관 두께를 더한 관의 중심직경이다. 또한 복합재관에 가한 초기하중은 관의 정점 및 바닥부의 내층 변형률이 0.15 %가 발생하도록 가한다. 관의 내층 변형률은 식 (3)을 통해 계산되며 형상계수 D_g는 식 (4)에 의해 구한다. 이때 e는 GRP 복합관의 두께, $y_{u,wet}$는 습식 조건에서의 극한 수직변형이다.

$$S = \frac{f \times F}{L \times y} \quad (1)$$

$$f = \left[1860 + \left(2500 \times \frac{y}{d_m}\right)\right] \times 10^{-5} \qquad (2)$$

$$\epsilon_{u.wet} = D_g \times \frac{e}{d_m} \times \frac{y_{u.wet}}{d_m} \times 100 \qquad (3)$$

$$D_g = \frac{4.28}{[1 + (y_{u.wet}/(2 \times d_m))]^2} \qquad (4)$$

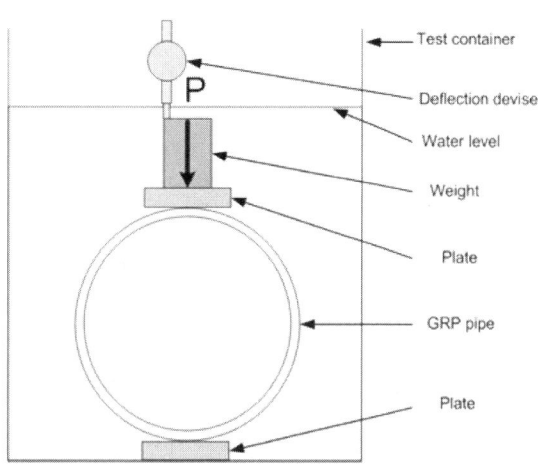

〈그림 17〉 Test set-up of long-term ring deflection test

○ 장기 외압시험

복합재관의 50년 후 상대원변형 (극한 상대수직변형: $y_{u.wet}/d_m$)의 예측을 위해서는 파손시간 범위에서 규정된 개수의 복합재관이 파손되도록 시험계획을 설정하여야 한다. 장기 외압시험은 규정된 파손시간에서 복합재관의 파손을 유도하기 위해 각기 다른 하중조건을 가하며 규정된 개수의 시편을 시험한다. 특히 하중조건은 대기 중에서 연속적인 하중을 가하여 파손된 동일한 등급의 복합재관의 시험결과에 근거하여 차등 적용한다.

〈표 5〉 Distribution of failure time

Failure time, t_u(hr)	Min. specimens
10 < t_u < 1000	At least 4
1000 < t_u < 6000	At least 3
6000 < t_u < 10000	At least 3
10000 < t_u	At least 1
- At least 18 specimens	

○ 장기 내압시험

　복합재관의 내압 특성을 평가하기 위해 복합재관의 내경보다 작은 강관을 복합재관의 내부에 삽입하고 복합재관의 양단에 마개를 장착한다. 이때 강관은 복합재관을 가압하기 위해 주입되는 물의 양을 최소화하고 양단에 장착된 마개와 연결함으로써 가압 시에 발생하는 복합재관의 축 방향 하중을 구속하는 용도로 사용된다. 복합재관의 양단 마개는 수위를 충분히 유지할 수 있도록 하여야 한다. 내압은 설정압력에 도달할 때까지 수압 펌프를 이용하여 서서히 가해지도록 한다. 설정압력에 도달된 후에는 복합재관의 압력을 주기적으로 기록한다. 지속적인 내압을 받는 복합재관의 수명 예측을 위해서는 각 파손시간 범위에서 규정된 개수의 복합재관이 파손되도록 하여야 한다. 장기 내압시험은 10000시간 이상을 수행하며 시험 진행 중 내압의 변화는 1 % 이내가 되도록 유지한다. 내압 변화가 2 % 이상이거나 육안으로 파손이 관찰되면 파손으로 판정하고 이때의 파손압력과 파손시간은 장기성능을 예측하기 위한 자료로 활용한다. 복합재관의 양단 마개를 기준으로 규정된 범위 이내에서 누수가 발생하는 경우에는 장기성능 예측을 위한 자료에서 제외하며 파손압력이 95 % 하한 신뢰한도를 만족하는 시험자료를 장기성능 예측에 적용한다.

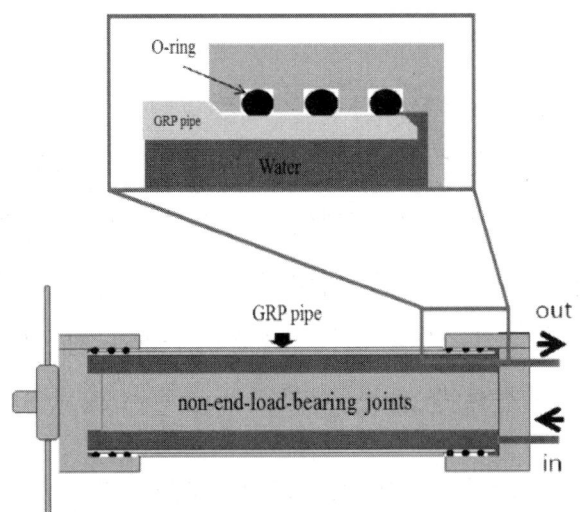

〈그림 18〉 Test set-up for long term internal pressure test

1.6 해양 플랜트용 복합재료 Fire Protection System

☐ Fire Protection System의 필요성

해양플랜트는 한번 설치되면 20~30년에 걸쳐 사용되며 고도의 유지관리 및 보수 기술이 요구되기 때문에 최고의 기자재가 동원되어야 한다. 또한 가연성 물질을 생산, 적재함으로 화재 및 폭발의 위험성이 상존하여 최근 해양 환경 보존 및 안전에 관한 요구가 강화되고 있는 추세이다. 해양 구조물에서 안전 사고의 약 2/3은 화재나 폭발에 의한 것이고 인화성 물질이 많아 대규모 사고로 발전할 우려가 크다. 따라서 해양플랜트에 적용되는 기자재는 제트화재 및 폭발에 저항성이 강한 자재가 사용되고 있다.

해난 사고로 발생한 기름유출은 어패류의 폐사와 같은 심각한 손실로 인간의 생태계를 위협할 수 있으며 복원 시키는데 많은 시간과 비용이 소모되어 사고 발생 전 미연에 방지하는 것이 최우선이다.

해양플랜트의 대표적인 사고 살계로는 사상 최악의 사고인 Piper Alpaha와 가장 최근 멕시코 만 Deepwater-horizon이 대표적이라고 할 수 있으며, Piper Alpaha 석유 굴착선의 경우 사고당시 2시간 이내에 90m의 Oil Platform은 화염에 휩싸여 붕괴되고 167명의 사망자가 발생하였다. 또한 멕시코 만에서 발생한 DeepWater-horizon은 최소 2천만 갤런의 원유가 멕시코 만을 뒤덮어 일대 생태 피난처 일부에서는 생명체가 사라지는 큰 후유증을 격고 있다.

<그림 19> Piper Alpaha 및 Deepwater-horizon 사고

☐ Fire Protection System의 종류

조선/해양 플랜트 분야에서 해상에서의 선박 내, 혹은 시설물 내의 화재는 대피 공간의 부재로 치명적인 위험을 발생시킬 수 있다. 조선해야 분야에서 시설물 내의 화재 예방 및 화재진화에 대한 필요성이 매우 강조되며, 화재 방어를 위한 Fire Protection system이 인증조건 및 규정으로 요구되어 적용되고 있다. 아래는 Fire Protection system의 설명 및 복합재료 Fire protection system에 대하여 나타내었다.

일반적으로 조선해양에 적용되는 Fire Protection System은 Active Fire Protection과 / Passive Fire Protection으로 구분되어 질수 있다.

○ Active Fire Protection

화재탐지(Fire detection,), 스프링쿨러 시스템(Sprinkler System), 저 산소 화재예방(Hypoxic Air Fire Prevention), 화재진압(Fire Suppression)등 화재 예방부터 화재 발생 시 화염전파 및 화재진화를 위한 적극적인 소방 활동을 Fire Protection System을 말한다.

○ Passive Fire Protection

내화벽(Fire-Resistance Walls), 내화 바닥재(Fire-Resistance floors), 케이블 코팅(Cable coating), 스프레이코팅(내염재)(Spray Fire proofing)과 같은 화염 및 화염 폭발로 부터 주요 시설물 혹은 탑승인원의 대피시간을 확보할 수 있는 주거구간 및 긴급 대피 로에 적용되어 화염 전파를 지연시키는 목적으로 사용되는 Fire protection system이다.

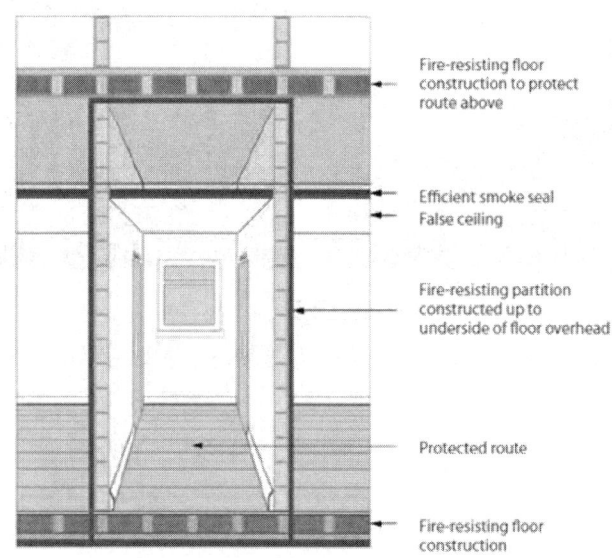

<그림 20> 탑승인원 대피로의 Passive Fire protection system

Fire Protection System의 요구사항 및 요구 규정

○ Fire Protection System의 일반적인 요구사항
1) Requirements of safety case
2) Fire-Blase-Sound-Thermal-Envelopment
3) Personal risk
4) Space available
5) Interface with exiting structures
6) Weight restriction
7) Installation demands

○ Fire Protection System의 요구되는 규정
1) the International Code for Application of Fire Test Procedures (Resolution MSC.61(67)) (FTP Code)
2) SOLAS Regulations II-2/5.3 and II-2/6, (cargo ships)
3) ISO 22899-1

<그림 21> 제트 노즐의 위치 및 실재 시험 사진

해외 선진 업체의 Passive Fire Protection System 개발 사례

Active Fire Protection System과 Passive Fire Protection System 중 해양플랜트에서 요구되는 상부구조의 경량화 및 높은 내구성, 내오존성, 내해수성, 내충격성, 자외선 저항성을 만족하는 Composite Passive Fire Protection에 대한 해외 선진 업체의 사례를 소개하고자 한다.

해외 선진업체의 Passive Fire protection System 업체는 아래 표 6에 나타내었다. 현재 대부분의 해양플랜트의 Passive Fire Protection System은 금속계열로 대부분 제작되고 있으며, 표 6에 기재되어 있는 업체는 금속계열의 Passive Fire Protection 업체로 현황이다.

<표 6> Passive Fire protection 업체 현황

Country	England & Wales	Scotland	N Ireland	Ireland
Relevant Act	Regulatory Reform (Fire Safety) Order 2005 (FSO)	Fire Safety (Scotland) Regulations & Fire Scotland Act 2005	Regulatory Fire & Rescue Services (N Ireland) Order 2006	General Application Regulations 2007 under the Safety, Health and Welfare at Work Act 2005. Fire Services Acts 1981 & 2003
Person responsible	Responsible Person	Duty holder	Appropriate Person	Responsible Person (Employer/landlord)
Person to do risk assesment	Responsible person or subcontractor	Responsible person or subcontractor	Responsible person or subcontractor	Responsible person or subcontractor
People affected in building	Relevant persons	Relevant persons	Relevant persons	Employees and persons connected with the workplace
Building Regulations	Building Regulations 2010	Building (Scotland) Regulations 2006	Building (N Ireland) Regulations 2000	Building Control Regulations 1991, 1997 - 2011
Statutory or Supporting Guidance documents	Approved Document B 2006	Technical Handbook B 2010	Technical Booklet E 2005	Technical Guidance Document B 2006
Building Regulation 38/16b equivalent	Yes	No*	No	Fire Services Acts 1981 and 2003
CDM regulations or equivalent	'94 to '97	'94 on	'94 on	No

Composite Fire protection System의 선진업체의 개발 사례는 대표적으로
  1) Solent composite systems사의 ProTek
  2) PE Composite사의 Jetstop J120
을 들 수 있다.

두 업체의 Composite Fire protection System은 Jet Fire와 Fire Blast에 대한 저항성을 충족하기 위하여 다층구조의 적층 패턴으로 Jet Fire에 대한 내열성/난연 저항성 및 Fire Blast에 견딜 수 있는 구조적 강성을 구현한 것으로 판단된다.

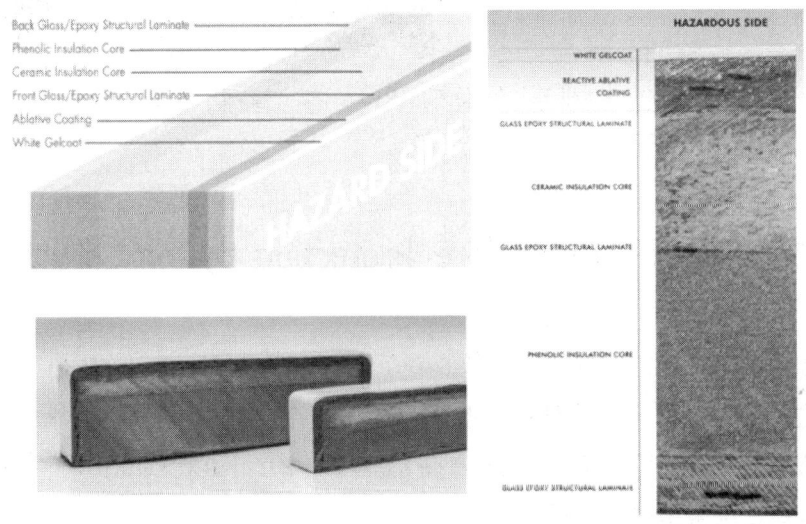

<그림 22> Composite Passive protection System의 단면 구조 (ProTek)

이는 Jet Fire의 높은 온도와 Fire Blast의 높은 압력에 견딜 수 있는 Composite 구조물은 단층 Laminate 구조로 구현이 어렵고, 이에 기능성을 갖는 이종 재질 간 다층 Laminate구조를 구현해야 Jet Fire와 Fire Blast에 대한 저항성을 갖는다고 볼 수 있다.

현재 국내에서는 Jet Fire와 Fire Blast에 적용할 수 있는 이종 재질 간 다층 Laminate 구조의 Composite 부품의 개발 사례는 없는 것으로 보이며, Composite Passive Fire Protection을 위한 다층 Laminate 구조물의 개발이 필요할 것으로 보인다.

Composite Passive Fire Protection system의 적용 사례는 아래 그림과 같다.

○ Riser Hang-off

<그림 23> Riser Hang-off Composite Passive Fire Protection

○ **Fire & Blast Wall**

<그림 24> Fire & Blast Wall Composite Passive Fire Protection

○ Structure Steel Column protection

<그림 25> Structure Steel Column protection 설치 사진

1.7 해양 플랜트용 복합재료 Flexible Risers

□ 대표적인 심해저 설비 시장 : Subea Umbilicals Risers Flowlines (SURF)

통신, 전력 및 화학 처리계를 이송하기 위한 케이블, 강관(또는 유연관: Flexible riser)으로 해저면에서 해상설비로 연결되는 관로와 처리되지 않은 생산물이 흐르는 해저 관로이다.

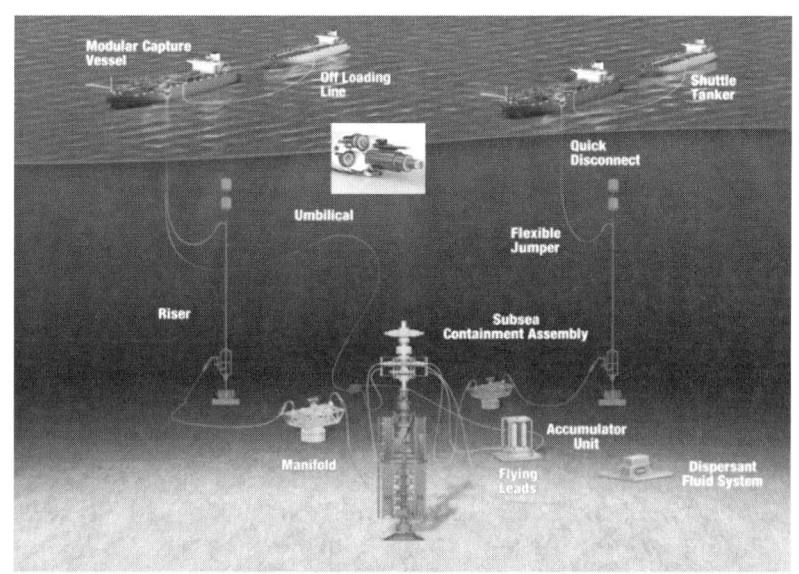

<그림 26> Subea Umbilicals Risers Flowlines (SURF)

□ SURF 시장규모

세계 SURF 시장 지속적으로 증가하여 2014년 아시아-태평양 SURF 시장 8억달러, 2024년까지 연평균 성장률 3.9% 예상된다. SURF 시장에서 심해저(Deep & Ultrs Deep)시장이 50% 이상 차지가 예상된다.

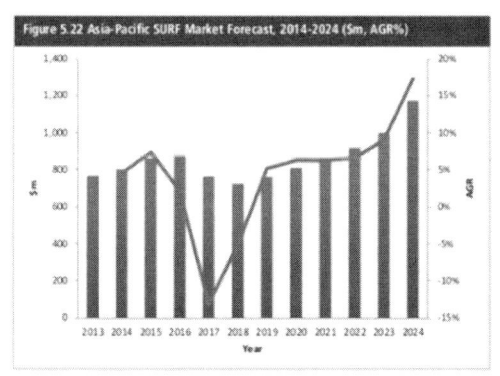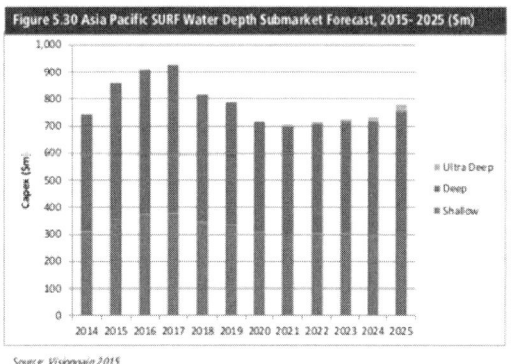

<그림 27> Subea Umbilicals Risers Flowlines (SURF)

유연 라이저 (Flexible riser)

현재 전 세계 해양(멕시코 걸프, 브라질, 아프리카/이집트, 북해, 인도/중동아시아, 대서양, 태평양)에 유연 라이저가 10,000 km 이상 설치되어 있다. 하지만 각 지역마다 다양한 해상 조건이 존재하여, 이 조건들에서 유지할 수 있는 유연 라이저 개발이 필요하다. 유연 라이저는 기본적으로 유연함, 설치용이, 모듈화 가능, 내식성우수, 높은 압력저항, 다양한 기능 탑재 및 재사용이 가능과 같은 명확한 특성을 요구하기 때문에 기술적 난이도가 많이 높다

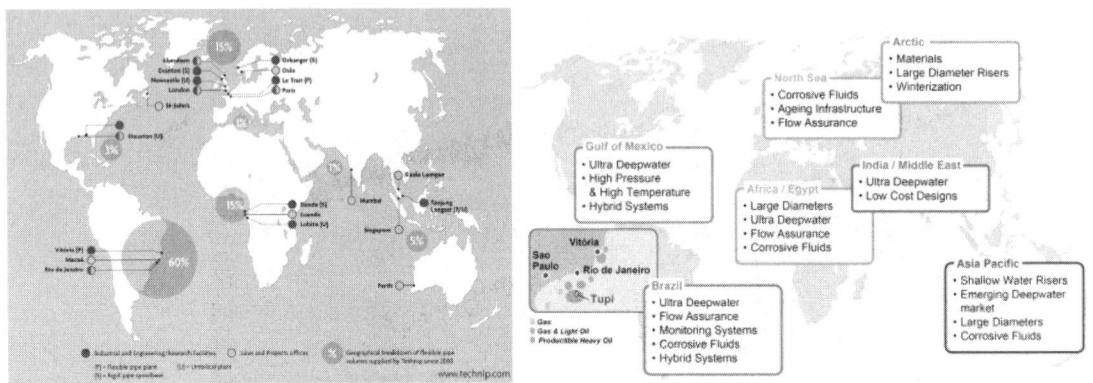

〈그림 28〉 전 세계의 유연라이저 설치 현황

〈표 7〉 유연라이저 요구특성

구분	특성	요구 수준	구분	특성	요구 수준
1	내경	0.2-0.4 m	5	수심	200-1300m 이상
2	높은 유체속도	~30 m/s	6	설계수명	25-40년
3	내부 설계압력	300-450bar 이상	7	전기저항	0-5W/m^{2}K
4	내부 설계온도	-35-130 $^\circ$C	8	H_2S 적정 수준	~50-100ppm

□ 국내외 지식재산권 현황

국내보다는 국외에 유연 라이저에 대한 특허가 상대적으로 많이 출원되었으며, 최근 5년 유연 라이저에 대한 특허가 급격히 증가하였다.

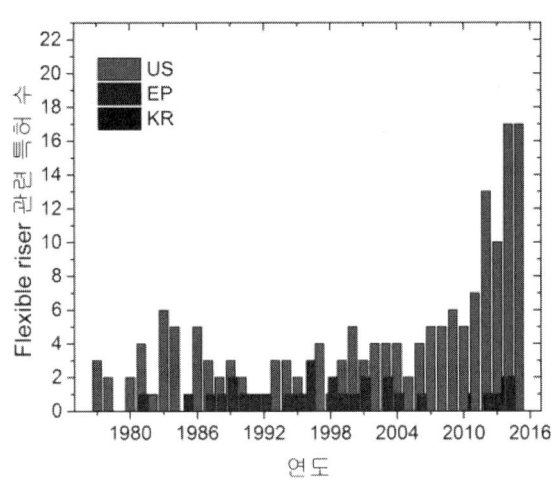

<검색어 : 'Flexible' and 'Rise' and 'Oil' from WIPS>

<그림 29> 연도별 국내외 지식재산권 현황

- 국내 출원된 주요 특허 현황

<표 8> 국내 출원된 주요 특허 현황

구분	출원명 (출원인)	출원번호	출원내용
1	유연 라이저 시스템 및 이를 이용한 유연 라이저 부력 조절 방법 (대우조선해양 주식회사)	2013-0043003	유연 라이저 시스템 및 이를 이용한 유연 라이저 부력 조절 방법에 관한 것으로, 부력체의 내부에 액체를 공급 또는 회수할 수 있는 형태로 발라스트 챔버를 형성하고, 이를 라이저에 결합시킴으로써, 발라스트 챔버에 대한 액체의 공급 또는 회수량 조절을 통해 부력체의 부력 크기를 조절 가능
2	유연 라이저 시스템 및 이를 이용한 유연 라이저 길이 조절 방법 (대우조선해양 주식회사)	2013-0034394	유연 라이저 시스템 및 이를 이용한 유연 라이저 길이 조절 방법에 관한 것으로, 부유식 선체로부터 유정 상단까지 연결되는 라이저가 중난부에서 별도의 길이 조절 유닛에 결합되도록 하고, 길이 조절 유닛을 통해 라이저의 길이를 조절할 수 있도록 함
3	가요성 라이저를 보호하는 방법 및 그 장치 (쉘인터네셔널리서치, 네덜란드)	2011-7027393	라이저 유체, 예를 들어 천연가스 등의 탄화수소 생성 유체를 부유 구조물 및 그 장치가지 또는 그로부터 운반할 수 있는 1 개 이상의 가요성 라이저를 보호하는 방법

- 국외 출원된 주요 특허 현황

<표 9> 국외 출원된 주요 특허 현황

구분	출원명 (출원인)	출원내용
1	[US]FLEXIBLE PIPE AND A METHOD FOR PROVIDING BUOYANCY TO A JUMPER OR RISER ASSEMBLY (Wellstream International Limited)	A riser or jumper assembly for transporting production, exportation or injection fluids is disclosed as is a method for providing buoyancy to such an assembly
2	[US]RISER ASSEMBLY AND METHOD (GE OIL & GAS UK LIMITED)	A riser assembly and method of providing a riser assembly for transporting production fluids from a location deep under water
3	[US]RISER ASSEMBLY AND METHOD OF PROVIDING RISER ASSEMBLY (Wellstream International Limited)	A riser assembly and method of producing a riser assembly for transporting fluids from a sub-sea location
4	[US]FLEXIBLE UNBONDED OIL PIPE SYSTEM WITH AN OPTICAL FIBER SENSOR INSIDE (NKT FLEXIBLES I/S)	An unbonded flexible pipe comprising an internal sheath, at least one armor layer surrounding said internal sheath and a bore defined by said internal sheath, the flexible pipe further comprising a fiber sensor arranged in said bore, the fiber sensor is an optical fiber sensor.
5	[US]DEEPWATER CONTAINMENT SYSTEMS WITH FLEXIBLE RISER AND METHODS OF USING SAME (SHELL OIL COMPANY, 2012)	A subsea oil containment system, comprising: a subsea collector located near the bottom of a body of water; a surface collector located near a surface of the body of water; and a flexible riser connected to the subsea collector at a first end and extending to a second end located near the surface collector.
6	[US]Flexible pipe for riser in off-shore oil production (Coflexip, 2000)	A flexible pipe of the unbonded type comprising, from the radial inside outward

7	[EP]Flexible conduit for a riser for oil exploitation in the sea (Coflexip, 1998)	
8	[EP]A FLEXIBLE COMPOSITE PIPE AND A METHOD FOR MANUFACTURING SAME (ABB Offshore Systems AS, 1999)	A flexible polymer, composite tube adapted for transport of fluids and flexible enough to be coiled with a curvature radius as short as 20 times its outer diameter.
9	[EP]Flexible Pipe Comprising a Wound Tape of Composite Material (GE Oil & Gas UK Limited, 2008)	The present invention relates to flexible pipe body having one or more armour layers formed from wound tape of a composite material
10	[EP]Flexible conduit for a riser for oil exploitation in the sea (TECHNIP FRANCE, 1998)	

□ 현재 개발된 유연 라이저 종류

크게 비결합된 유연 라이저(unbonded flexible riser)와 결합된 유연 라이저(bonded flexible riser)로 나눌 수 있다.

<표 10> 유연 라이저의 종류

종류	특징	문제점
비결합된 유연 라이저 (unbonded flexible riser)	다층구조 (steal & thermoplastic layers)	고강도 steel의 경우 부식에 취약함
	부식에 강한 low grade steel 이용	낮은 항복응력(yield stress)를 보여줌
	강도 증가를 위해 a. 두께를 증가 b. Layer의 수 증가	무게가 증가되는 단점
	새로운 소재 적용	a. 부식 예방을 위해 Anti H_2S Layer 삽입 b. 경량화를 위한 carbon fiber Armor 적용 하지만 여전히 복잡한 구조를 가지고 있음

종류	특 징
결합된 유연 라이저 (bonded flexible riser)	'One Material' concept으로 3가지 요소로 구성되어 있음
	3가지 구성요소 모두 thermoplastic 소재 이용
	melt-fused 공정을 통해 완전히 결합된 fully bonded, solid wall 관 제조 가능 - 높은 치수안정성 - 진공수용능력 보유 - 급속한 가스압력 감소가 없음
	Airborne (네덜란드) 기업에서 최초 개발됨

□ 유연 라이저 한계점

유연 라이저는 우수한 내식성(corrosion)과 내피로성(fatigue resistance) 요구되고 있으며, 무게 최적화(경량화)가 필요하다.

또한 다음과 같은 제한된 압력 수치를 극복해야 한다.
    a. 4inch 내경의 경우 : 최고 10,000psi
    b. 12inch 내경의 경우 : 최고 5,000psi

추가적으로 제한된 수면 깊이를 극복해야 한다.
    a. 7inch 내경의 경우 : 최대 3,000m
    b. 12inch 내경의 경우 : 최대 2,500m
    c. 16inch 내경의 경우: 최대 2,000m

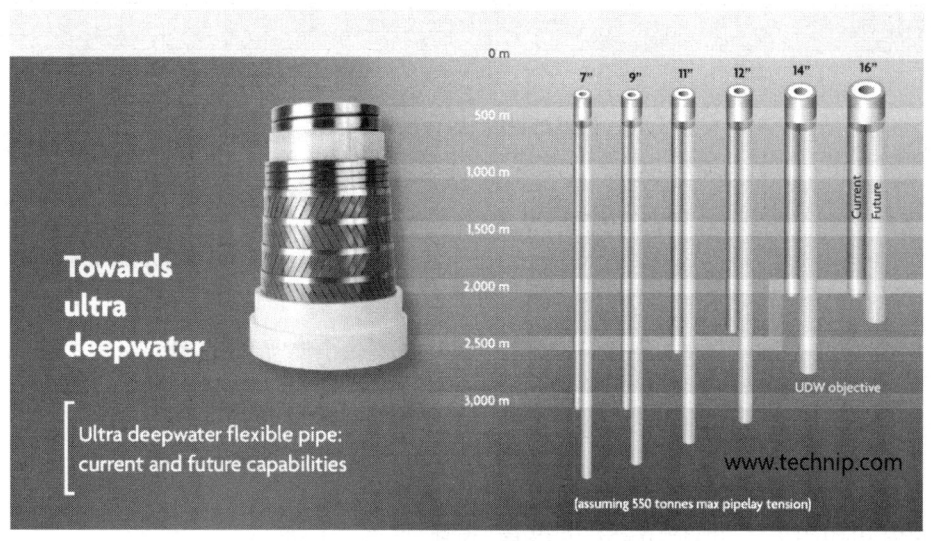

<그림 30> 유연 라이저의 한계점

유연 복합재 라이저 시장 확대를 위해서 새로운 ISO Standard 개척 필요이 필요하며, 현재 ISO Working Group TC67/WG7에서 Oil 산업에 복합재 적용을 위해 새로운 ISO standard 개발 진행중이다.

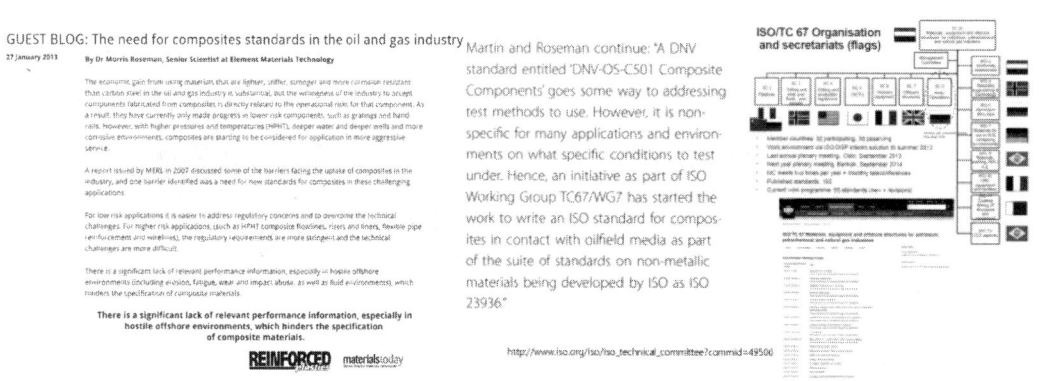

<그림 31> 유연 라이저 ISO 표준 진행상황

☐ 대표적인 국외기업 현황 (Flexible riser)

<표 11> 유연 라이저의 제조사

구분	현황	특징
1	Airborne (네덜란드)	- 열가소성 복합재 파이프 a. Liner: 유리/탄소 섬유로 구성됨(강도 및 강성 제공) b. Composite: PE, PP, PA, PVDF 또는 PEEK 구성 장점: 경량, 내식성, 내피로성, 및 유연함(spoolable)
2	DeepFlex (미국)	- 100% 복합재, 비결합된, 유연한 파이프 a. Internal liner: 압축 고분자로 구성되어, 유연하며 부식에 강함. b. Laminated composite tape: 두층으로 구성되어, 내부 압력 저항 제공 c. Hoop layer: 붕괴시 지지대 역할 d. Polymer membrane: 복합재 테이프 층으로 둘러싸여 높은 인장강도 부여 e. Outer Jacket: 마모 추가지원 및 보호 역할 f. 하이브리드 유연한 파이프: 스틸 파이프 대비 낮은 중량

3	Technip (프랑스)	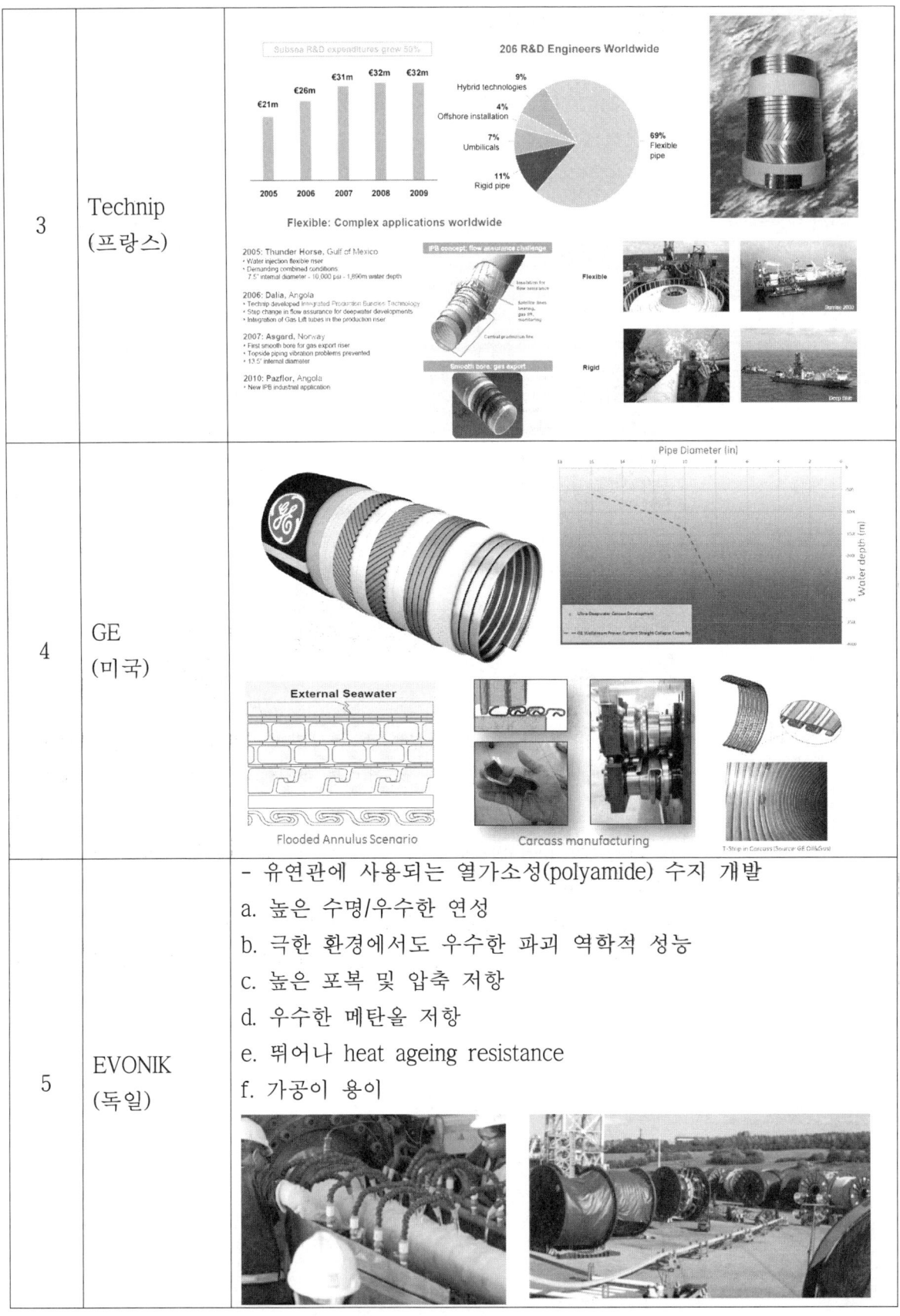
4	GE (미국)	
5	EVONIK (독일)	- 유연관에 사용되는 열가소성(polyamide) 수지 개발 a. 높은 수명/우수한 연성 b. 극한 환경에서도 우수한 파괴 역학적 성능 c. 높은 포복 및 압축 저항 d. 우수한 메탄올 저항 e. 뛰어난 heat ageing resistance f. 가공이 용이

1.8 해양 플랜트용 복합재료 Tethers & Tendons

유리섬유, 아라미드섬유, 탄소섬유 등으로 보강된 복합재료는 부식이 일어나지 않기 때문에 내구성이 뛰어나며 강도 및 강성도가 높으며 경량 (강철 무게의 1/5 수준) 이기 때문에 현장에서의 작업성이 우수하다. 그러나, 해양 플랜트용의 복합재료 적용은 비교적 새로운 기술이기 때문에 아직 설계사양이 완전히 확립되어 있지 않고 재료에 대한 표준화가 미흡하다. 또한 기존의 재료에 비하여 복합재료의 비용이 높다는 것이 단점으로 지적되고 있으나 전체 구조물 건설비용에서 재료비가 차지하는 비율이 20%정도인 점을 고려하면, 복합재료를 적용함으로써 공사기간을 단축할 수 있고 내구성이 뛰어나기 때문에 전반적인 비용은 기존의 재료에 비하여 경쟁력이 있다고 알려져 있다. 따라서, 구조물의 내구성, 내진성, 안전성을 위하여 복합재료를 해양플랜트 분야에 활발하게 적용하기 위해서는 복합재료 Tendon 및 Grid Structure 개발, 복합재료를 이용한 구조물 보강공법 개발 등 종합적인 연구가 필요하며 이러한 기술을 체계화함으로써 복합재료 구조물의 설계사양 및 재료에 대한 표준화를 시급히 확립해야 한다.

Tension leg platforms (TLPs)는 해저로부터 밧줄에 의해 정박이 되는 것으로서 무게에 가장 민감한 심해 플랫폼이다. 1,000m를 넘어 가는 수심에서 TLPs는 가장 선호하는 해상 구조물들 중의 하나이다. steel tendons은 이 깊이 이상에서 점차적으로 중요성이 줄어들고 있다. 그 이유는 자중과 부분적으로 tendon 탄성과 관련이 있는 공명문제 때문이다. 이 문제를 해결하기 위해서 보다 가벼우면서 강성이 높은 탄소섬유 tendons이 적합하다. 유연성이 요구되고, 보통 bundle로 구성되며 직경 250mm까지 펄트루젼된 일방향 탄소섬유 로드를 twisting하여 제조한다. 플랫폼 당 사용되는 탄소섬유의 무게는 대략 14,000톤정도가 예상되므로 탄소섬유 및 탄소섬유 복합재료 시장 확대를 위한 높은 잠재력을 가지고 있는 분야이다.

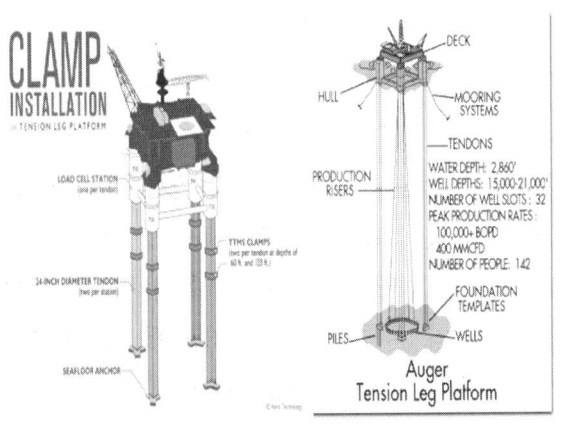

<그림 32> TLP Tendons

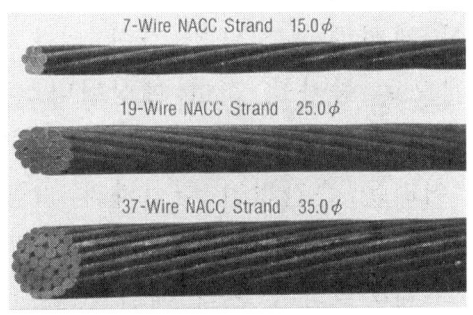

<그림 33> Carbon fiber composites tendons

1.9 해양 플랜트용 복합재료 송전탑

철강 및 화학/정유 산업 등과 마찬가지로 전력산업에서는 연료수급 용이성 및 각종 열설비 냉각을 위한 풍부한 수자원 확보 필요성으로 인해, 해안가에 발전소/변전소/송전탑과 같은 핵심 설비가 설치된 경우가 많다. 그러나 주요 설비에 사용되는 재료가 콘크리트나 강재가 대부분이어서, 해수로 인한 염해, 자외선, 각종 화학물질과의 반응에 의해 사용수명이 짧고 방식 코팅과 같은 유지보수 작업을 주기적으로 시행해야 하므로 설비교체 및 유지보수에 막대한 비용이 요구되는 단점을 가진다. 최근에는 민원발생 및 부지확보 문제로 새로운 송전선로 건설이 어려워 기존 송전선로를 최대한 활용하거나 장경간(長經間, long span) 고강도 송전탑 건설이 요구되고 있다. 장경간 송전탑이 가능하기 위해서는 송전탑 자체의 기계적 강도가 우수해야 하며, 또한 송전탑에 거치될 송전선도 저이도 및 경량 특성을 가져야 한다. 송전탑 설치로 인한 토지보상 문제가 첨예하여 설치장소 확보가 어렵거나 주변 환경과의 조화가 요구되는 주거지역 등에 철탑을 설치할 경우, 기존 산형강(山形鋼) 송전탑 대신 관형주 송전탑 설치 사례가 급증하고 있다. 최근 국민소득과 삶의 질이 향상되면서 송전탑에 대한 거부감이 더욱 심화되고 있다. 이에 각 지방 자치단체에서는 도시 미관과 민원 해소를 위하여 주거지역에 산형강 송전탑 건설을 불허하는 대신, 설치공간이 작고 보다 환경친화적인 관형주 송전탑 건설을 요구하고 있다. 도시 미관을 위하여 관형주 송전탑에 도색이나 문양을 삽입하는 경우가 증가하고 있다. 다만, 일정 직경 이상의 강관이 양산되지 아니함에 의해 부득이 직경 1.0m를 초과하는 대형 관형주 철탑에는 강관주 대신 다수의 강판 부재를 용접으로 결합하는 강판주 송전탑이 사용되고 있다. 그리고 765kV 송전탑은 현재 전량 산형강 철탑으로만 제작되고 있다. 이것은 용접작업에 의해 제작되어야 하는 강판주 철탑의 근본적인 제조공정 한계에 의한 것이다. 즉, 초대형 송전탑으로서 가져야 할 높은 수준의 신뢰도 확보가 어렵고, 대부분 주거지역이 아닌 산악지대를 관통함으로써 미려한 외관에 대한 요구가 상대적으로 작은데 기인한다. 최근에는 도시 뿐만 아니라 농촌/어촌과 같은 소규모 주거지역에서도 주민들이 관형주 송전탑을 강력 선호하고 있으며, 따라서 관형주 송전탑의 수요는 계속적으로 증가할 것이 예상된다. 강판주 송전탑은 다수의 용접 작업을 필요로 하므로 용접불량과 같은 결함 발생 가능성이 있으며, 결함이 발생할 경우, 사전조치가 어려운 순간적인 취성파괴 가능성이 높음. 또한, 중량이 무거워 이송설치가 어려우며, 메탈라이징(metalizing)과 같은 별도의 주기적 방식처리를 필요로 한다. 상기 문제점들의 근본적 해결을 위하여 경량/내부식/고강도 특성을 가진 신소재의 개발과 적용 필요성이 대두되고 있다.

복합소재는 경량이어서 이송설치가 쉽고, 본질적으로 부식이 발생하지 않으므로 방식 처리 등과 같은 일체의 유지보수가 불필요하다. 또한, 기본적으로 고탄성 특성을 가지므로 손상파괴가 발생하더라도 급격한 손상보다는 점진적으로 변형이 증가하다가 파괴되는 특징을 가지므로 대형사고의 사전예방이 가능한 장점을 가진다. 과거에는 구조적으로 튼튼하고 전기적으로 안전하기만 하면 송전탑으로서의 역할을 다했지만, 최근에는 산악지대를 제외한 거의 모든 주거지역을 대상으로 친환경적 미려한 외관과 최소한의 설치면적을 요구하고 있다. 섬유강화복합재료는 금속과 비교하여 기계적 강도가 뛰어날 뿐만 아니라, 복잡하고 다양한 형상의 구조물 제작 및 색상/문양 삽입이 용이하기 때문에, 컴팩트하면서도 미려한 외관을 가진 친환경적 구조물 제작에 유리하다.

<그림 34> 다양한 형태의 복합신소재 구조물 형상

최근에는 지진, 해일, 태풍을 비롯한 각종 자연재해 및 테러와 같은 특수 재난도 구조물 제작 및 설치에 있어서 중요한 고려사항이 되고 있다. '11년 3월 발생한 일본 후쿠시마 원전사고는 지진으로 인해 발전소와 신후쿠시마 변전소 사이를 연결하였던 송전탑이 붕괴되면서 발전소 소내전원용 전기 공급이 끊겨 원자로 냉각 등을 포함한 즉각적인 피해복구 조치를 취하지 못하면서 발생하였다. 우리나라도 지진과 같은 각종 자연재해나 인재의 사각지대에 있지 않으므로, 발전소/변전소/송전탑 등 각종 국가 기반시설물 건립 시, 대재난 대책을 수립할 필요가 있다. 탄소섬유복합재료는 본래 군사용으로 개발된 소재여서 방탄/방폭 기능을 가질 뿐만 아니라, 우수한 진동감쇄능과 고탄성 특성을 가짐으로써 지진/해일/폭풍과 같은 자연재해에 매우 강하다. 해외에서는 지진에 대비하기 위한 대형 구조물 기술로서 교량 등에 탄소섬유복합재료를 적용하는 사례가 늘고 있다.

미국/캐나다와 같이 과거에 목(木)전주를 많이 사용했던 국가에서는 이미 상당수의 목전주가 사용수명 한계를 넘겨 사용되고 있다. 정부 예산 문제로 배전용 목전주의 적기 교체가 제대로 이루어지지 않고 있으며, 다만 단계적 전주 교체 시,

장기적 관점에서 복합재 전주로의 교체가 일부 시도되고 있다. 선진국에서도 기존의 목전주, 강관주, 콘크리트 전주 대비 복합재 전주의 장단점을 면밀히 분석하였으나, 생애주기비용이 가장 저렴하고 유지보수에 특별한 신경을 쓸 필요가 없으며, 사용수명이 최소 70년 이상으로 매우 긴 복합재 전주를 해안/산간/도서/사막지대를 중심으로 설치하고 있다. 배전용 복합재 전주의 경우, 하이브리드식이 아닌 100% 복합재로만 제작되므로 초기 가격경쟁력이 기존 재질의 전주에 비해 다소 낮은 단점을 가진다. 캐나다 RS(Resin System Inc.)社의 제품(RStandardTM)을 예로 들면, 65ft(약 20m) 높이의 송전용 지지물(M2-5, 230kV)은 모든 옵션을 포함하여 기당 $4,400 수준이다. 이것은 기존의 강관주 송전탑과 비교하면 비슷하거나 약간 높은 수준이며, 무겁고 사용수명이 짧은 목전주나 콘크리트 전주와 비교하면 이송 설치 및 유지보수 비용이 매우 적은 장점을 가진다. 美로스앤젤레스 수도전력국(Los Angeles Department of Water & Power, LADWP)은 RS社 복합재 전주를 시범 설치하고 기존 전주와 구입/설치시공비를 비교한 결과, 총 경비의 약 50%를 절감할 수 있었다고 발표하였다. 캐나다 RS社는 美 'Bayer MaterialScience LLC'로부터 폴리우레탄 기본 소재를 공급받아 복합재 전주를 제작하는데, 텍사스州의 토네이도 및 스칸디나비아 국가의 혹독한 겨울 추위에도 잘견디는 것으로 확인되었다. 일반 기후 조건에서는 125년 이상, 가혹 기후 조건에서도 최소 65년 이상을 사용할 수 있을 것으로 예상하였다(March 31, 2010). 복합재 전주를 적용하면 단지 비용적인 문제뿐만 아니라, 국가적 전력망의 신뢰도와 안전성을 높이는 효과가 있다. 송배전지지물은 모멘트를 많이 받는 구조이므로 축 하중보다는 휨 하중에 대한 고려가 보다 중요하다.

<표 12> 복합재 전주의 특징 (출처 : RS社, Canada)

구분	특 징
염해/부식	부식이 전혀 발생하지 않고 소수성 표면을 가짐으로써 해안/해상 구조물에 적합
자연재해	태풍이나 지진/해일에 안전하도록 설계됨. 지진이 잦은 캘리포니아나 허리케인이 잦은 남부에 적합
설치지역	무게가 강관주의 ½, 목전주의 ¼, 콘크리트전주의 1/10로 이송이 쉬워, 사막/산악/도서 지역에 적합
기초	콘크리트 기초가 불필요하며, 전주 자체를 땅 속에 삽입함으로써 시간과 비용 절감
이송	가볍고 모듈화되어 있어서 도로에서 멀리 떨어진 지역에도 설치/운반 용이
내화성	쉽게 불이 붙지 않는 재질의 수지를 사용함으로써 빠르게 지나가는 산불에 견딜 수 있음
헬리콥터 시공	가벼워 헬리콥터 시공에 유리함
비전도성	전기적으로 부도체여서 작업자 및 고객의 안전사고 방지
현장 설계 변경	현장 시공시 즉각적인 설계변경에 유연하게 대처 가능
사용수명	70년 이상의 사용수명 보장
유지보수	정기적인 유지보수가 불필요함에 따라 유지보수비 절감
UV	표면에 자외선차단제를 도포하여 재질열화 없이 장시간 사용 가능
신뢰성	만약 기계적으로 파괴되더라도 서서히 연성파괴 모드로 일어나므로 미리 설비 교체 가능

유리섬유복합재료는 강성이 금속이나 탄소섬유복합재료보다 크게 낮기 때문에, 전주의 상단부에서 상당한 휨 변형이 발생할 수 있다. 일반적으로 유리섬유복합재료를 이용하여 충분한 모멘트 강도를 만족시키기 위해서는 그만큼 부재의 두께와 중량이 크게 증가해야 하며, 부재의 두께와 중량이 증가하면 그만큼 재료 사용량이 증가하므로 비용도 함께 증가하는 단점을 가진다. 따라서 유리섬유복합재료는 대형 구조물 재료로는 적합하지 않은 것으로 판단된다.

선진국 복합재 지지물 회사에서는 복합재의 고강도화, 내열화를 위하여 특수한 포뮬러의 수지(resin)를 적용하고 있으며, 최적설계를 통하여 계속적으로 가격을 낮추고 있다. 실질적으로 복합재 제조에 있어서 핵심기술은 섬유가 아닌 수지 기술에 있다. 미국 Ebert Composite社에서는 기존 산형강(angle-type) 송전탑을 그대로 모방하여 높이 84ft, 230kV 유리섬유복합재료 송전탑을 제작하였으며, 기존 산형강 송전탑이 볼트 체결한 것과 대조적으로 핸드레이업(hand lay-up) 공정을 적용하여 주 부재를 서로 연결한 특징을 가진다. 주 부재는 내부식성이 뛰어난 인발성형(pultrusion) 방식의 FRP를 이용하여 제조하였으며, 해안가에 시공되어 염해에 의한 물성 열화현상 유무를 조사하였다. 이와 대조적으로 주 부재의 신뢰도를 높이기 위해 각 부재의 연결을 강재 볼트를 사용하여 기계적으로 접합한 FRP 송전탑도 시도되었다. 이것은 핸드레이업 등의 물리적 연결 방법에 비해 구조적인 신뢰성을 확보하기 용이한 장점을 가진다. 몇 건의 복합신소재 송전지지물의 개발과 실증시험이 수행되었지만, 아직 선진국에서조차 복합신소재 대형 송전지지물은 경제성이 낮은 것으로 간주하고 주로 배전지지물의 상업화 개발에 집중하고 있다.

〈그림 35〉 해외에서 실적용되고 있는 복합재 배전지지물

상기 업체들에서 개발한 복합재 송전지지물은 모두 순수 유리섬유복합재료로 제작된 것이며, 속이 빈 튜브 형태의 것이다. 이것들은 생애주기비용 측면에서는 기존 송전탑에 비해 유리하지만, 초기 투자비에 있어서는 다소 불리하다. 복합재 송전지지물을 대량으로 널리 사용하기 위해서는 현재보다 높은 가격경쟁력이 요구된다. 그러므로 하이브리드 방식 복합재 송전지지물 제작기술의 검토가 필요하다.

<표 13> 주요 복합재 송배전지지물 제작사

업체명	국가	주요 생산품	E-mail
Duratel	미국	송배전 지지물, 가로등, Arm	http://duratelgreen.com
RS Technology	캐나다	송배전 지지물	http://www.grouprsi.com
Powertrusion	미국	송배전 지지물, Arm	http://www.powertrusion.com
Utility Composite Solutions	미국	배전 지지물	http://utilitycompositesolutions.com
Shakespeare Composite Structures	미국	송배전 지지물, 가로등, Arm	http://www.skp-cs.com
Transmission Innovation Inc.	미국	Cross Arm	http://www.transmissioninnovations.com
CMT Composite Poles	미국	배전 지지물, 가로등	http://cmt-poles.com
Ebert Composites	미국	복합재 인발성형품, 전주	http://www.ebertcomposites.com
Composite Poles Australia	호주	배전 지지물, 가로등, Arm	http://www.compositepoles.com.au

<그림 36> 해외에서 현장실증시험 중인 유리섬유복합재 송전지지물

현재의 시장규모보다 대체로 100배 이상 수요가 증가할 수 있음을 보이고 있으며, 특히 건축.토목/인프라 분야에서의 탄소섬유 수요가 타 분야에 비해 훨씬 큰 폭으로 증가할 것이 예측되고 있다(현재보다 시장규모가 최소 1,000배에서 최대 10,000배까지 팽창할 것으로 전망).

<표 14> 향후 탄소섬유 잠재 시장 규모 전망

Industry	Benefit	Applications	Drivers	Obstacles	Current Market	Potential Market
Wind Energy	Enables Longer Blade Designs And More Efficient Blade Designs	Blades and Turbine Components that Must be mounted On top of the towers	Tensile Modulus, Tensile Strength to reduce blade deflection	Cost & Fiber Availability, Compression Strength, Fiber Format & Manufacturing Methods	1-10M lbs/yr	100M-1B lbs/yr
Oil & Gas	Deep Water Production Enabler	Pipes, Drill Shafts, Off-Shore Structures	Low Mass, High Strength, High Stiffness, Corrosion Resistant	Cost & Fiber Availability, Manufacturing Methods	<1M lbs/yr	10-100M lbs/yr
Pressure Vessels	Affordable Storage Vessels	Hydrogen Storage, Natural Gas Storage	High Strength, Light Weight	Cost, Consistent Mechanical Properties	<1M lbs/yr	1-10B lbs/yr
Infrastructure	Bridge Design, Bridge Retrofit, Seismic Retrofit, Rapid Build, Hardening against Terrorist Threats	Retrofit & Repair Old Aging Bridges & Columns, Pretensioning Cables, Pre-Manufactured Sections, Non-Corrosive Rebar	High Strength, Tensile Stiffness, Non-Corrosive, Lightweight, Can be "Pre-Manufactured"	Cost & Fiber Availability, Design Methods, Design Standards, Product Form, Non-Epoxy Resin Compatibility	1-10M lbs/yr	1-100B lbs/yr

[출처 : 美 Oak Ridge National Laboratory(ORNL)]

전력수요의 지속적 증가에 따라 송전설비의 추가적인 건설은 불가피하지만 토지구입비 증대 및 님비현상 등에 따른 토지구입난 등의 건설여건의 악화에 따라 보다 더 최적화 된 송전철탑의 도입이 요구되고 있다. 고분자소재 및 성형기술의 발달로 금속의 기계적 강도를 능가하는 절연성능을 가진 고분자 복합재료의 제작이 가능하게 되면서 큰 기계적 강도가 요구되는 철탑의 암(arm)을 고강도 FRP(Fiber glass Reinforced Plastics)를 적용한 암 절연물(braced post insulator)로 대체하려는 시도가 진행되고 있다. 송배전용 설비에 사용되는 옥외 절연물로는 porcelain이나 glass insulator가 주로 사용되어 왔지만 최근 신소재의 발달로 가볍고 절연성능이 우수한 폴리머애자(composite insulator)가 보편화되기 시작하였다. 고분자 소재를 이용한 대형절연물의 제조 기술이 성숙되어 가고 있고, 생산 원가 면에서도 porcelain보다 유리하여 이미 폴리머애자의 가격이 저렴해지고 있는 실정이다. 더욱이 국토가 좁아 송배전 설비의 시설환경이 좋지 않고(산악,도서) 선진사회화 되면서 인건비 상승으로 인하여 취급이 용이하고 경량인 이들 폴리머애자의 장점이 부각되는 시점에 와 있다. 폴리머애자는 기계적 강도유지를 위한 FRP core와 표면절연성능유지를 위한 고무 갓으로 구성되어 있다. 산업의 대규모화와 도시의 과밀화로 매연과 분진에 의한 절연물의 오손이 증가하고 있으며 전력 부하가 밀집된 도시의 공단지역은 대부분이 염해가 있는 해안 지역에 위치하고 있기 때문에 표면방전에 의한 외피소재의 열화내성이 중요한 인자로 부각되고 있다. 폴리머 shed소재가 자기재 소재에 비하여 내열성과 내후성이 부족하지만 절연물이 오염과 습도가 높은 환경 하에서 폴리머 애자의 표면절 연성능은 훨씬 우수한 것으로 밝혀지고 있다. 폴리머애자용 갓 소재는 트래킹성(재료침식), 내광성, 산화안정성 등의 성능이 기본적으로 우수하므로 오염으로 인해 재료열화가 가속되는 환경에서도 장기성능이 매우 좋게 나타나고 있다. 폴리머애자의 우수성이 입증되면서 국내의 배전급 절연물뿐만 아니라 전철용 절연물과 초고압의 대형 절연물도 자기재애자에서 폴리머 절연물로 확대 적용 중이어서 신규절연물의 상당량이 폴리머 애자가 사용될 전망이다. 경과지 확보가 어렵고 환경 문제를 고려하면서 그 해결책으로 암 절연물을 활용한 최적화된철탑 제작을 위한 기초연구가 진행되는 단계이다.

인발(pultrusion)공법으로 glass fibre와 수지를 결합시켜 고강도의 무결점 FRP 절연봉을 만들 수가 있다. FRP봉을 core재로하여 표면의 절연저항 특성을 만족하도록 고무로 된 shed를 씌우고 양쪽 끝에 금구류를 부착하면 composite insulator를 만들 수가 있다. composite insulator의 제작은 크게 여러 개의 shed를 한 번에 진공사출하는 방법과 shed를 금형에서 찍어 조립하는 방법 두가지로 나누어 볼 수 있으며, 아래와 같은 많은 장점을 가지고 있어 암 절연체로 활용이 가능하다.

- 기계적 강도(인장강도는 자기질의 2배, 충격강도는 5배) 우수
- 자기질의 15% 정도의 경량, 생산, 보관, 운반, 설치가 용이
- 가공용 설비의 발전으로 생산성이 높아 완제품의 제조에 2일정도 소요되며 생산 시 에너지 소모가 적어 가격이 저렴
- 고강도 FRP rod와 내충격성이 좋은 고무를 사용함으로써 얇고 가늘게 제작이 가능하며, 누설거리 확대가 용이하여 특성이 우수한 절연물 제작이 가능하여 설계 가변성이 우수
- 실리콘 고무는 낮은 표면 에너지 때문에 발수성이 좋아 같은 환경 조건에서는 누설전류 값이 낮고 트래킹이 적다.
- 트래킹이 수반되어 열이 발생해도 실리콘 고무는 주 사슬이 무기 결합이므로 내열성이 우수하여 유기계의 고무보다 열화가 적다.
- 열화가 진행되어 화학결합의 분해가 수반된다 하여도 생성된 부산물이 절연성이 우수한 SiO_2이므로 절연성능의 저하는 크게 일어나지 않는다.
- 사용 중의 절연물 표면이 오염이 되든지 열화 되어 SiO_2가 노출이 되어도 표면이 실리콘 lubricant에 의해 encapsulation된 상태로 존재하기 때문에 항상 발수성이 좋은 표면상태(낮은 접촉각 표면)를 유지시켜 준다.
- 부분방전이나 flashover로 표면이 hydrophilic하게 되도 곧 발수성이 회복된다.

[출처 : 컴팩트형 철탑 설계에 관한 연구, 한국전력연구원, 2007년도 대한전기학회 하계학술대회 논문집 2007. 7. 18 - 20]

1.10 비전 및 목표

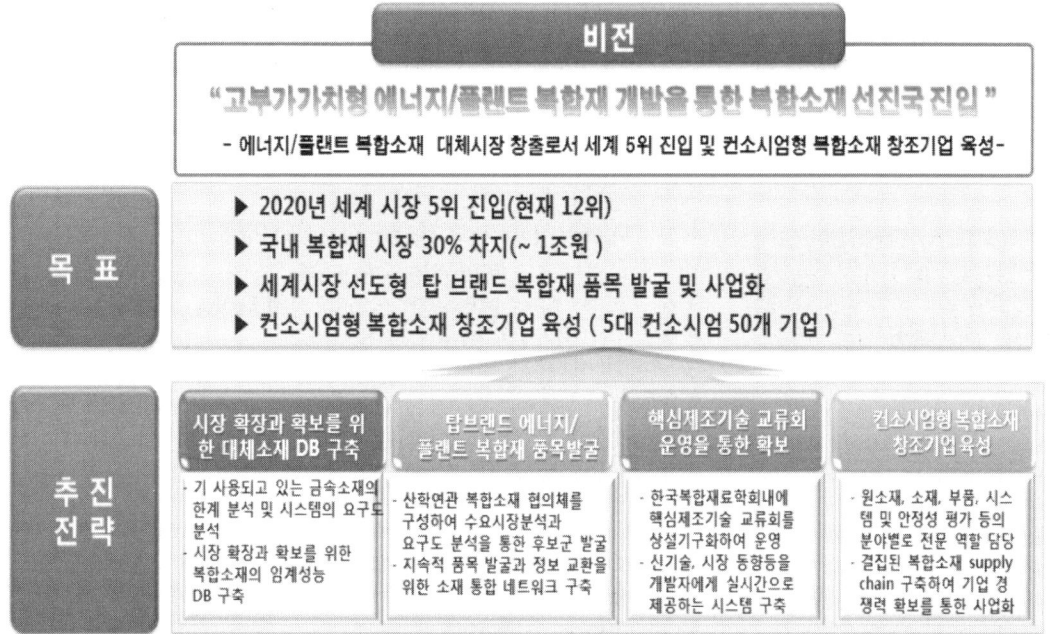

1.11 SWOT 분석

에너지 플랜트용 복합재료의 SWOT 분석을 한 결과를 <그림 37>에 나타내었다. SWOT 분석에서 가장 중요한 결과는 일부 소재 선진국에서 기술을 선점하여 거의 독점하고 있어서 후발 주자의 진입 장벽이 매우 높다는 것이다. 최근 들어 경량, 내열성 등의 복합재료의 사용이 증가하는 추세와 더불어 새로운 성장동력을 찾고 있는 국내 복합소재산업이 돌파구를 찾기 위해서는 산학연관의 결속된 네트워크 구축을 통하여 장기적인 계획을 수립하여 추진하여야 한다.

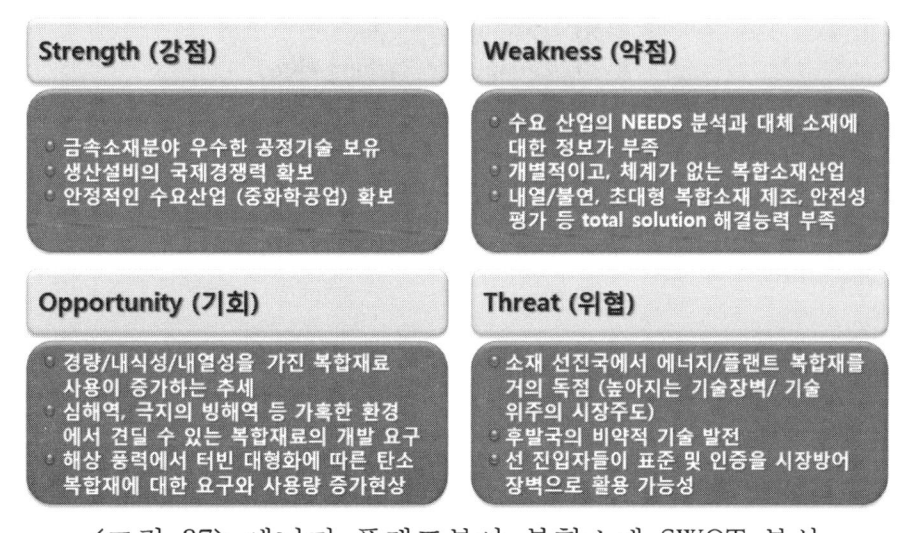

<그림 37> 에너지 플랜트분야 복합소재 SWOT 분석

1.12 기술체계도

에너지 플랜트 분야중에 그 사용량이 많은 Oil & Gas용 복합소재를 조사하여 기술 체계도를 나타내었다. 본 기획에서는 조사된 분야별 복합소재 제품군을 대상으로 시장/기술 포트폴리오 분석을 수행하였다.

A. Oil & Gas Composites

- A-1 Filament wound thermosetting Pipework
- A-2 Steel strip laminate(SSL) pipe
- A-3 Glass fiber pressure vessels and tanks
- A-4 Thermosetting coil tube
- A-5 Reinforced thermoplastic pipework(RTP)
- A-6 Lined pipe
- A-7 Rigid risers
- A-8 Flexible Risers
- A-9 Bonded thermoplastic risers
- A-10 High pressure flexible tubing
- A-11 Composites drill plugs
- A-12 Loading gantry
- A-13 Bend restrictors
- A-14 Subsea instrument housings
- A-15 Top side structures of offshore platforms
- A-16 Tendons
- A-17 Carbon fiber reinforced tethers
- A-18 Pultruded glass/phenolic gratings
- A-19 Glass reinforced walkways
- A-20 Glass reinforced handrails
- A-21 Fire protection walls
- A-22 Blast protection walls
- A-23 Corrosion protection walls
- A-24 Repair systems
- A-25 Sub sea anti-trawl structures
- A-26 Accumulator bottles
- A-27 Caissons
- A-28 Pipe of Glass/Epoxy for Ocean Thermal Energy Conversion
- A-29 Composite Cables
- A-30 Composite Fracking Plugs

<그림 38> 에너지 플랜트분야 복합소재 기술체계도

1.13 Top Brand 에너지/플랜트 복합재료 발굴기준

국내에서 우선적으로 개발하여야할 Top Brand 에너지/플랜트 복합재료를 발굴하기 위한 기준을 <그림 39>에 나타내었다. 대표적인 발굴기준은 전략성, 가격 경쟁력, 기술성, 기존소재 대체 가능성 등을 들 수 있다. <그림 40>은 대표적인 소재를 중심으로한 시장/기술 포토폴이오 분석 결과를 나타내었다.

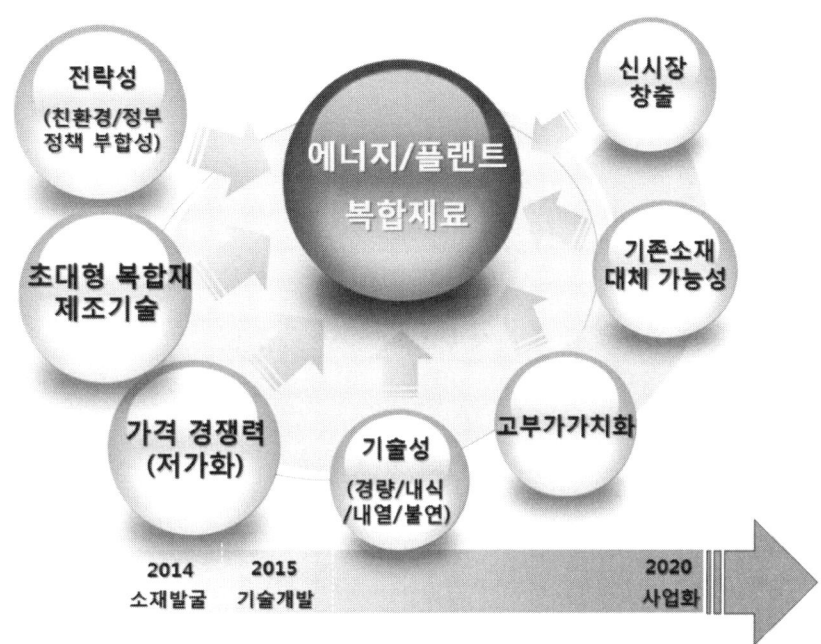

<그림 39> 에너지 플랜트분야 복합소재 발굴기준

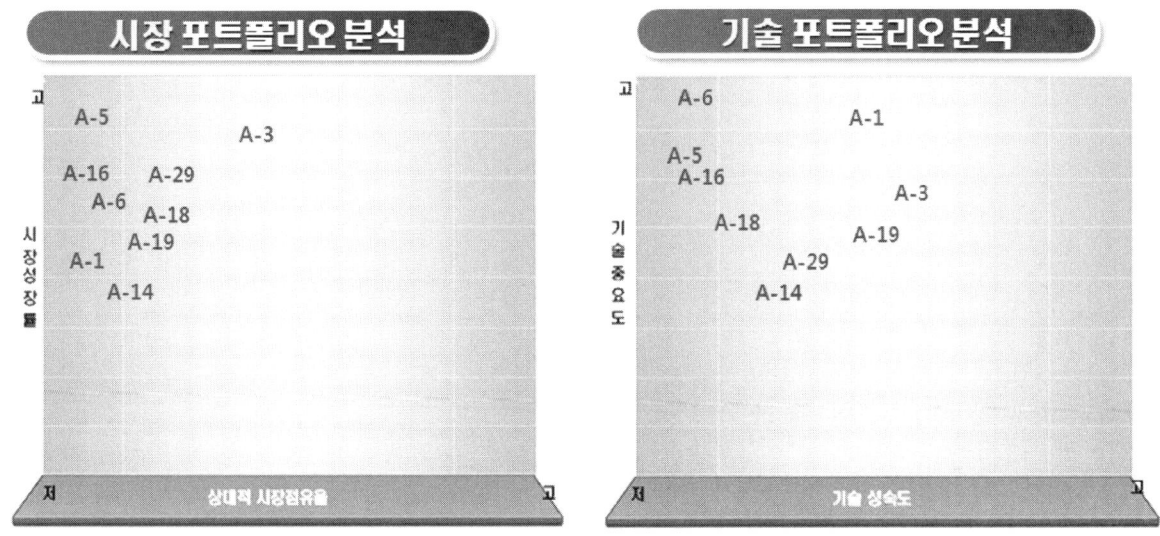

<그림 40> 시장/기술 포토폴리오 분석 결과

1.14 Top Brand 에너지/플랜트 복합재료

에너지 플랜트분야 복합소재 발굴기준과 시장/기술 포토폴리오 분석 결과를 토대로 Top Brand 에너지/플랜트 복합재료를 도출하였다<그림 41>.

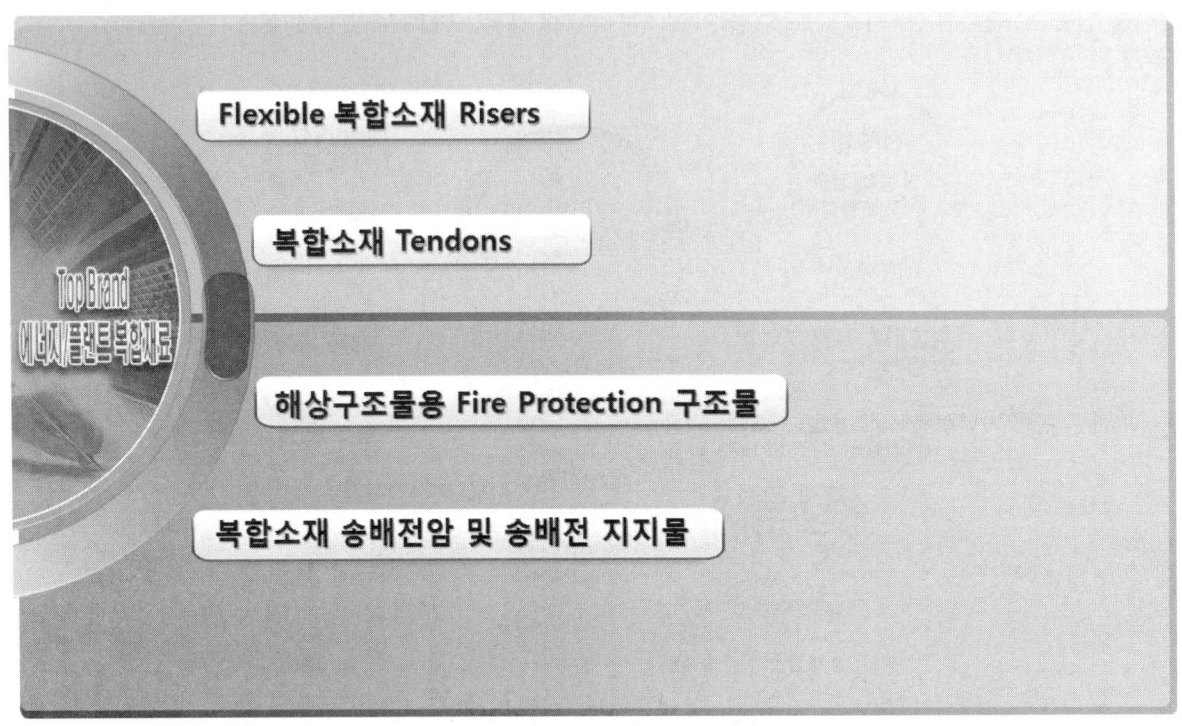

<그림 41> 도출된 Top Brand 에너지/플랜트 복합재료

2. Top Brand 에너지/플랜트 복합재료

2.1 Flexible TP Composite Risers (Pipes)

	Flexible TP Composite Risers (Pipes)
정의	플렉서블 라이저(riser)는 해저에서 시추된 원유 및 가스를 수송하는 관으로 내압, 외압, 수직하중, 피로 하중에 잘 견디면서 동시에 휨에 유연성을 갖춘 파이프 구조물
개발목표	1. Flexible Risers용 카본 및 열가소성 수지 국산화 개발 2. Flexible Risers의 구조 설계 기술 개발 3. Flexible Risers의 성형 제조 기술 개발 4. Flexible Risers 및 해양플랜트 기자재 인증을 위한 시험 기술 및 설비 구축

기대효과	○ 기술적 측면
	  - Flexible Risers 설계 기술 확보
	  - Flexible Risers 소재 개발 기술 확보 및 국산화
	  - 해양플랜트 분야의 설계/제조/검사/시험 기술 향상
	○ 경제적 측면
	  - 해양플랜트 기자재산업 : 생산설비 국산화 추진
	  - 연평균 성장율 : 약 20%
	  - 2016년 예상 매출액
	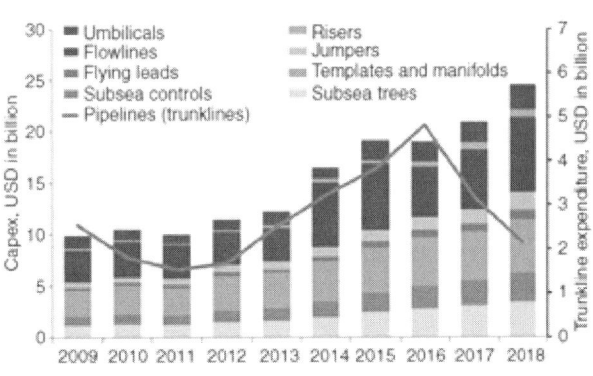
	출처 : [Oil & Gas Facilities August 2014] GLOVAL MARKET TRENDS

세계최고수준	▶ ID=6" ~25", IP=400 Bar, OP=300 Bar, Minimum Bending Radius. Fatigue Life > 40 years. 현재 기존의 steel armor를 카본 armor로 대치.

Flexible TP Composite Risers (Pipes)	
기술 선도국 및 선도기업	▶ 프랑스, 노르웨이, 독일, 영국을 비롯한 유럽 국가 및 미국 ▶ Technip, GE 등
기술의 특징	▶ Roving + Filament Winding 공정 ▶ Metal part + FRP의 이종 재질의 복합 구조물 ▶ 높은 내·외압에 따른 복합 적층 구조
국산화 추진 전략	▶ 국책과제를 통한 기술개발 및 시제품 제작 ▶ 선진 업체와 Project 공동 수행이나 기술 제휴로 기술 습득 ▶ 국내 조선사와 연계하여 해양플랜트 기자재 상용화
사업화 방안	▶ 부유식 해상생산설비에서 강점을 가진 국내 조선사가 해상생산설비 제작사업과 연계해서 수주 가능 ▶ 해양플랜트 기자재는 산업적으로 도입기에 있으므로 납품 실적 Reference 확보가 시장진입의 관건임에 따라, 정부차원의 Track Record 확보 전략이 필요

● 제품개발 로드맵

복합 소재		2014~2022	소요예산
복합재 질연암	핵심기술	Flexible Risers용 카본 및 열가소성 수지 국산화 개발 (2016~) Flexible Risers의 구조 설계 기술 개발 (2016~) Flexible Risers의 성형 제조 기술 개발 (2015~) Flexible Risers 및 해양플랜트 기자재 인증을 위한 시험 기술 (2017~) 인증 시스템 확립 (2018~)	- 총 250 억원 1) 기술 : 150 억원 2) 설비 : 100 억원
	국산화시기	→ (2022)	
	소요설비	열가소성 수지 제조 설비 (2016~) Flexible Riser 제조 설비 (2016~) 인증시스템 구축 (2018~)	

2.2 복합소재 Tendons

	복합소재 Tendons
정의	▶ 텐던(Tendon)은 탄소섬유 다발을 풀트루전하여 만든 소직경의 봉으로 만든 50-70 mm 직경의 로프 형태의 밧줄을 의미하며 연속적인 길이를 가지고 있기 때문에 밧줄을 서로 연결하기 위한 체결의 필요성을 최소화할 수 있음 
개발목표	1. Tendon용 고탄성 탄소섬유 국산화 2. 복합재 tendon 경량 및 내피로 설계/해석/시험 평가기법 확보 3. 복합재 tendon 성형 제조 기술 확보 4. 복합재 tendon 제품 인증을 위한 설비 및 인증체계 구축
기대효과	▶ 기술적 측면 - 고성능 복합재 구조물 경량 및 내피로 설계/해석/시험평가 기법 확보 - 고성능 복합재 구조물 성형 기술 확보 및 국산화 - 해양플랜트 제품의 설계/제작/시험평가 기술 확보 ▶ 경제적 측면 - 복합재 tendon 제품 생산 설비 국산화 - 복합재 tendon 개발기술 확보로 국제경쟁력 강화 - 교량, 승강기 등 토목/교통 분야에의 적용 확대를 통한 국내외 경기 활성화 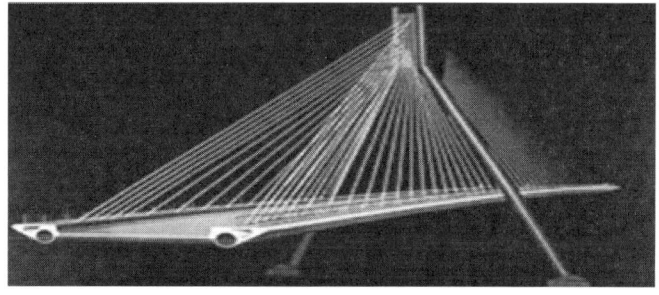
세계최고수준	▶ 메이저 오일 컴퍼니와 해양플랜트 제품 생산업체가 주도적으로 참여 ▶ 내부식성 및 내구성 설계 기술 : 200년 피로수명 및 1000년 폭풍조건 ▶ 복합재 tendon 손상감지 기술 : 광섬유 적용 ▶ 심해용 복합재 tendon 체결 및 부유 설계기술

복합소재 Tendons	
기술 선도국 및 선도기업	► 미국 및 노르웨이 등의 유럽국가 ► Conoco Phillips, Kvaener Oilfield Products, INTECSEA, Aker Gulf Marine 등
기술의 특징	► 복합재 tendon 설계/해석/시험평가 및 인증체계 ► 플트루전 공법을 적용한 연속 일체형 복합재 tendon 성형 기술 ► 복합재 tendon 접합체결 및 부유 설계기술
국산화 추진 전략	► 복합재 전문 국내업체가 참여하는 산학연 기술연구과제를 도출하여 복합재 tendon 개발을 위한 핵심기술 확보 및 시제품 생산 ► 복합재 설계/해석/제작/시험평가 기술의 집적화 및 고도화를 통한 복합재 tendon 인증체계 확보
사업화 방안	► 해상생산설비 전문제작사와 복합재 전문제작업체가 연계하는 경우 국내외 시장 진출 가능 ► 타 분야의 기존 제품을 대체할 수 있는 품목으로 사업화가 유망 ► 해양플랜트 기자재는 국내에서는 도입기에 있으며 국제경쟁력을 확보하기 위해서는 정부차원의 지원 전략이 필요

● 제품개발 로드맵

복합 소재		2014	2015	2016	2017	2018	2019	2020	2021	2022	소요예산
복합재 절연암	핵심기술				Tendon용 고탄성 탄소섬유 국산화 복합재 tendon 경량 및 내피로 설계/해석/시험 평가기법 확보 복합재 tendon 성형 제조 기술 확보 복합재 tendon 제품 인증을 위한 설비 및 인증체계 구축 인증 시스템 확립						- 총 300 억원 1) 기술 : 200 억원 2) 설비 : 100 억원
	국산화시기								→		
	소요설비				복합재 tendon 제조 설비 인증시스템 구축						

2.3 해상구조물용 FIRE PROTECTION 구조물

	해상구조물용 FIRE PROTECTION 구조물
정의	▶ 화재시 화염으로부터 인명 및 주요 장비를 보호 하고, 화염 확산 지연 및 연쇄폭발 방지하기 위한 고내화염성 복합구조 Sandwich panel 및 고내화염성 Resin formulation 개발 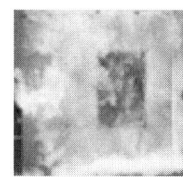  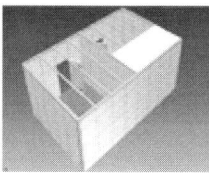 
개발목표	1. 고내화염성 복합구조의 Sandwich Panel 개발 2. 고내화염성 Epoxy based Resin formulation 개발 3. 조립형 모듈 설계 기술 개발 4. 구조물 적용을 위한 성형 제조 기술 개발 5. 해양플랜트 기자재 인증을 위한 시험 기술 및 설비 구축

기대효과	▶ 기술적 측면
	 - 화염 및 기계적 물성 조건에 만족할 수 있는 최적의 고내화염 복합구조 Sandwich 적층 패턴 설계 및 제작기술 확보
	 - 조립형 모듈 구조로 설계하여, 다용도로 활용가능
	  : Fire Wall, Valve & Actuator Enclosures Protection, Riser & Turret protection etc.
	 - 고내화염성 수지 개발 기술 확보
	  : Complex 구조물 내화염성 보강
	▶ 비용적 측면
	
	[출처] Solent Composite Systems- 2008년

세계최고수준	▶ The International Code for Application of Fire Test Procedures (Resolution MSC.61(67)) (FTP Code) ▶ SOLAS Regulations II-2/5.3 and II-2/6, (cargo ships) 규정 충족 ▶ ISO 22899-1 충족

해상구조물용 FIRE PROTECTION 구조물

기술 선도국 및 선도기업	▶ 영국을 비롯한 유럽 국가 ▶ Solent composite systems(영국), PE composites(영국)
기술의 특징	▶ Jet fire & Blast protection 요구 ▶ 높은 내구성 요구 (설계 수명 30년) ▶ 내오존성, 내해수성, 내충격성, 내마모성, 자외선 저항성 요구
국산화 추진 전략	▶ 국책과제를 통한 기술개발 및 시제품 제작 ▶ 선진 업체와 Project 공동 수행이나 기술 제휴를 통한 기술 습득 ▶ 국내 조선사와 연계 개발을 통한 해당 기자재의 국산화 적용
사업화 방안	▶ 정부 주도하의 과제 혹은 개발을 통한 Track Record 확보 및 시장 진입

● 제품개발 로드맵

복합 소재		2014	2015	2016	2017	2018	2019	2020	2021	2022	소요예산
복합재 절연암	핵심기술				Phenol Sandwich core 제조기술 ceramic Sandwich core 제조기술 복합구조 Sandwich 제조 기술 Epoxy Based Resin Formulation 개발 모듈화 설계 기술 확립/성형기술 확립 인증 시스템 확립						- 총 250 억원 1] 기술: 150 억원 2] 설비: 100 억원
	국산화시기							→			
	소요설비				Phenol & Ceramic Core 제조 설비 Laminate 제조 설비 Sandwich Panel 제작용 Press 설비						

2.4 복합소재 절연암 (ARM)

복합소재 절연암 (ARM)	
정의	▶ 송전철탑의 철제암과 전기 절연용 애자를 가볍고 강한 복합재 절연암으로 대체, 기설 송전지지물의 송전전압을 격상하고 송전용량을 증대시키는 기술 ▶ 배전전주 완철을 경량 복합소재로 대체함으로써, 절연/수명 연장 및 지지물 컴팩트化를 유도하는 기술 
개발목표	1. 154~345kV급 송전지지물 절연암 개발 2. 배전용 복합재 크로스암 및 각종 절연 Fitting 개발 3. 환경조화형 미려한 외관의 복합재 암 설계/제작 4. 발수코팅 및 이종재료간 연결기술 개발
기대효과	▶ 기술적 측면 - 경량/고강도/장수명 복합재 절연암 제조기술 확보 : 송전지지물의 컴팩트化 및 송전용량 향상 기여 - 폴리머 하우징 재료의 내후성/발수성 향상기술 확보 - 시공 용이한 고신뢰 異種재료간 접합/연결기술 확보 - 배전지지물 경량화/소형화/수명연장 기반기술 확보 - 환경조화형 복합재 송배전 기자재 설계/제조기술 확보  ▶ 사회적 측면 - 초고압 송전지지물 신설시기 지연효과 및 민원 억제 - 국가적 전력 송전망 효율성 및 기존 설비 활용성 극대화 ▶ 경제적 측면 - 국내 송전망 신규 투자비용 절감(연 3,000억/'15) - 국내 외 중국/동남아/아프리카 개발도상국 중심 수출 - 예상 매출: 2018년 150억원, 2023년 1,300억원
세계최고수준	▶ 호주 : Brisbane 근교 20km 컴팩트 절연암 철탑 가동 중 ▶ 스위스 : 400kV급 송전선로에 절연암 적용, 철탑 컴팩트화

복합소재 절연암 (ARM)	
기술 선도국 및 선도기업	▶ 미국, 일본, 호주 및 스위스에서 기술개발 주도 ▶ EPRI, CRIEPI, NGK, Powerlink Queensland, Duratel 등
기술의 특징	▶ [복합재 Main Body+ 폴리머 하우징]의 2중 구조 ▶ 기계적 특성(압축/굽힘), 전기절연, 내구(후)성 필요
국산화 추진 전략	▶ 정부과제를 통한 환경조화형 배전용 크로스암 우선 개발 ▶ 폴리머 애자 및 풍력 블레이드 업체와 연계, 절연암 개발
사업화 방안	▶ 애자/금구류 업체와 전략적 제휴 및 복합재 업체 협업 유도 ▶ KEPCO 해외사업과 연계, 아시아/아프리카 송전사업 진출

● 제품개발 로드맵

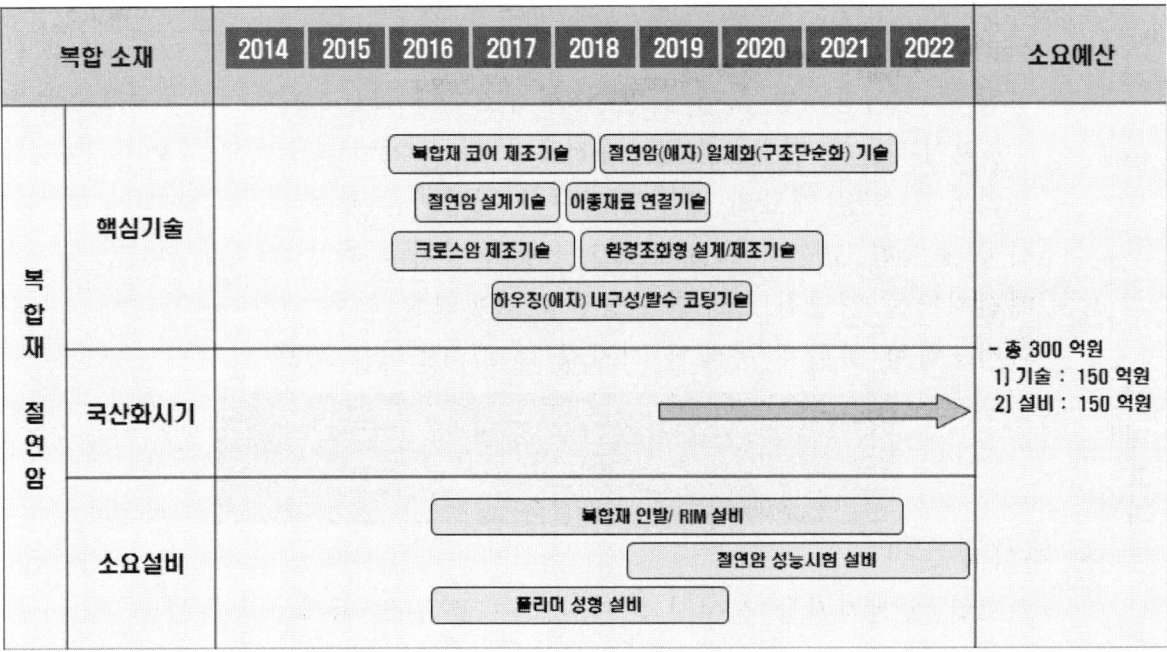

2.5 복합소재 송배전 지지물

	복합소재 송배전지지물
정의	▶ 기존 철강재/콘크리트 대신 탄소섬유가 포함된 복합재료로 송배전지지물을 제작함으로써, 사용수명 연장 및 유지보수 간소화는 물론, 컴팩트하고 외관이 미려한 환경조화적 대형구조물 제조/시공이 가능한 기술 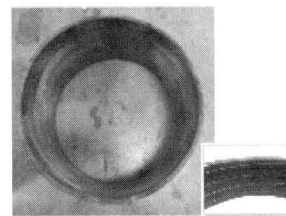 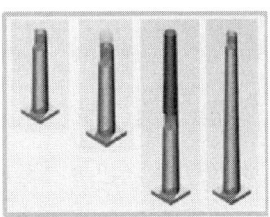
개발목표	1. 154~345kV급 환경조화형 복합재 송전지지물 개발 2. 기초/타워/Arm間 연결부 설계기술 개발(연결부 굽힘강도 150MPa 이상) 3. 이송·설치 용이 및 미려한 외관의 배전지지물 개발 4. 다양한 형상/색상 구현 가능한 복합재 대형구조물 경제적 제조공정 개발 (직경 1.5m/높이 40m 이상)

기대효과	▶ 기술적 측면
	  - 탄소복합재 초고압 송전지지물 세계 최초 개발/상용화
	  - (공학+예술) 융복합 환경조화형 송배전지지물 개발
	  - 복합재 대형구조물 제조기술 확보 → 풍력 등 확대적용
	  - 복합재 구조물 내화/접지/연결/전자파 관련 기술 확보
	  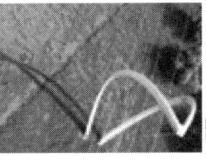 
	▶ 사회적 측면
	  - 송배전지지물에 대한 거부감 감소 및 사회적 비용 절감
	  - 국가적 전력 인프라 견고성 및 내구성 증대
	
	▶ 경제적 측면
	  - 아시아/중동/아프리카 개발도상국 중심 수출 전략화
	   → KEPCO 해외 발전사업과 연계, 송배전망 사업 추진
	  - 예상 매출 : 2018년 200억원, 2023년 6,000억원

세계최고수준	▶ 유리섬유복합재(GFRP) 기반, 배전지지물 위주 상용화 ▶ RS Technology : 138kV급(155ft) GFRP 송전지지물(H-frame Structure) 양산

복합소재 송배전지지물	
기술 선도국 및 선도기업	▶ 미국, 캐나다 및 호주에서 기술개발 주도 ▶ Duratel, RS Technology, Creative Pultrusions 등
기술의 특징	▶ 유리섬유 채택으로 장수명(>80년)/내식·내환경/경량 특성 ▶ 인발/와인딩 공법으로 중공 형상 또는 내부 충진재 사용
국산화 추진 전략	▶ 국내 풍력 블레이드 제작사 설계/제작기술과 접목 ▶ 중간과제 성격으로 美 첨단기술 도입, 조기 상용화 추진
사업화 방안	▶ 기존 스틸/콘크리트 송배전지지물 업체와 전략적 제휴 ▶ KEPCO 발전분야 해외사업과 연계, 아시아 송전사업 진출

● **제품개발 로드맵**

복합 소재		2014	2015	2016	2017	2018	2019	2020	2021	2022	소요예산
송배전지지물	핵심기술			하이브리드 송전지지물 설계기술 / 환경조화형 송전지지물 설계기술 제조 및 시공기술 / 열/전기특성 개선기술 / 환경조화형 지지물 제조기술 환경조화형 배전지지물 제조기술 / 초고압 송전지지물 설계기술							- 총 450 억원 1) 기술 : 200 억원 2) 설비 : 250 억원
	국산화시기						→				
	소요설비			맨드릴 및 필라멘트 와인딩 설비 / RIM 설비			송배전지지물 성능시험 설비				

토목 및 건축분야 복합재료기술 로드맵

2016. 9. 1

분과위원장 : 정훈희(SK케미칼)
위원 : 김기수(홍익대), 박영환(한국건설기술연구원),
  박철우(강원대)
감수위원 : 윤순종(홍익대)

< 목 차 >

1. 토목건축분야 복합재료 시장 현황 및 전망 ▻ 203
    1-1. 적용 사례 ► 203
    1-2. 시장 현황 및 전망 ► 209
    1-3. 토목건축 분야 탄소섬유 시장 전망 ► 210

2. 토목건축분야 기술 로드맵 ▻ 212
    2-1. 기술의 정의 ► 212
    2-2. 비전 ► 212
    2-3. 목표 ► 213
    2-4. 국내외 시장 전망 ► 213
    2-5. 국내외 연구동향 및 기술발전 전망 ► 217
    2-6. SWOT 분석 ► 228
    2-7. 핵심전략 제품·기술 ► 230
    2-8. 기술로드맵 ► 232
    2-9. 산학연 협동방안 ► 237
    2-10. 기술확보 전략 ► 238
    2-11. 정책제언 ► 239
    2-12. 기대효과 ► 240

첨부. 토목건축분야 복합재료 시장조사 ▻ 241

1. 토목건축분야 복합재료 시장 현황 및 전망

1-1. 적용 사례

경량의 고강도, 고강성, 내환경성을 가진 FRP 복합재료는 토목건축 산업 분야에서 사용량이 높은 분야이나, 가격 민감도가 높으며 목재, 콘크리트, 철(Steel)과 경쟁구도를 가지고 있음. 주요 용도로 Residential Market, Commercial Market으로 구분해 볼 때, 아래와 같은 다양한 부품 용도를 찾아 볼 수 있음. Bathtub, Ladder, Pipe, Tank 에서는 동일 제품분야내에서 50%의 Market Share를 보이지만, Window, Door, Rebar 및 기타에서는 아직 1% 미만 임. 부품을 제조하기 위한 성형공정으로는 Hand layup, Pultrusion이 70%를 차지하고 있으며, 사용소재는 유리섬유와 폴리에스터 수지를 사용하고 있음.

〈Residential Market〉

- Doors/Windows/Swimming Pools/Bathtub

〈Commercial Market〉

- Rebar/Grating/Utility Pole/Bridge Deck/Cooling Tower/Bath Tub/FRP Panel/Architectural/Others

토목 구조물 분야에서는 경량의 내부식성을 특성을 활용하여 Steel 재료를 대체하는 사례로 Anchor bolt, Rebar, Bridge deck 사례를 찾아 볼 수 있음. 특히 철근 대체용 Rebar와 교량 구조물에 복합재료를 적용하는 연구는 선진국을 중심으로 활발한 연구가 진행되어 왔으며, 재료의 내구성 특성뿐만 아니라, 경량 효과를 이용한 짧은 시공시간과 시공의 편이성을 제공하므로 적용 사례는 점차 확대 될 것으로 기대하고 있음. 또한 사용재료, 시공비용, 관리비용을 감안한 전체비용을 산정하여 비교하므로써 기존 금속재료를 사용하는 경우와도 비용측면으로 경쟁력이 설득력을 얻고 있음.

그림 1. 적용사례 ; Door, Window profile, Bathtub, Corrugated panel, Pultruded profile

SMC wood garined composite fiberglass door
Source : Midsouth Holding Ltd (China)

window profile
Source : Shivcomposites

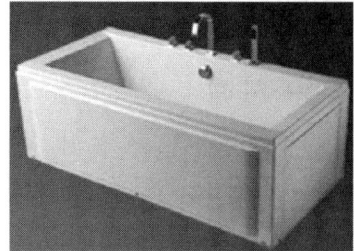
Rectangular fiberglass composite bathtub
Source : Tangshan Huida ceramic (China)

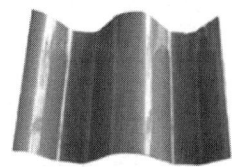
FRP corrugated panel
Source : HiGoal Fiberglass Manufacturing Co.(China)

Assorted shapes of plastic(FRP) pultruded profiles
Source : Nantong Power plastic & Rubber Co.(China)

그림 2. 적용사례 ; Grating, Utility pole, Ladder, Cooling tower

Pultruded square and 'T' bar of fiberglass grating
Source : Kemrock Industries and Exports Ltd. (India)

Fiber-reinforced utility pole
Source : Hughed Bros.(USA)

Pultruded fiberglass ladder
Source : Unicomposite Technology Co.(China)

Industrial FRP cooling towers
Source : King Sun Company(China)

국내에서도 친수공간확보 및 수상레저스포츠(해양요트정박시설)분야의 시설물에 GFRP의 활용이 점진적으로 증가하고 있으며, GFRP File이 사진자료와 같이 개발완료되었고 시공성도 실증된 단계임. GFRP를 많이 사용하고 있는 또 다른 분야는 부유식 수상태양광 발전시설물로써 GFRP의 높은 비강도/비강성, 높은 가성비 및 내부식성으로 인한 낮은 유지관리비용 때문에 사용량이 증대되고 있음.

토목건축 분야에 탄소섬유를 사용하는 사례는 대부분 노화된 콘크리트 구조물의 수명연장을 위해 사용되고 있으며, 제직된 탄소섬유 시트 또는 탄소섬유를 인발성형한 스트립(Strip) 형태의 제품을 콘크리트 구조물 표면에 접착시켜 구조물의 내하중을 보강하는 용도로 사용되고 있음. 1990년대 중반부터 적용되기 시작한, 탄소섬유를 이용한 콘크리트 구조물의 보강공법은 지진과 같은 자연재해로부터 콘크리트 구조물을 보호하기 위한 방안이 되었으며, 이후 노후화된 교량의 수명연장과 건물의 내하중을 높이거나, 균열의 진전을 방지하는 콘크리트 구조물 보수공사 등 보수보강 용도로 다양하게 적용되고 있음.

CFRP Grid형태로 가공하여 교각이나 터널의 라이닝 부분에 보수/보강용으로 적용한 실적이 국내에도 다수 있음.

그림 3. 적용사례 ; Anchor bolt, Rebar, Bridge deck, HCFFT, 태양광 발전 시설물

Structural GRP anchor bolt and GRP locking system
Source : ATP Pultrusion (Italy)

Carbon fiber reinforcing rebar
Source : Nippon Steel Composites Co.(Japan)

FRP bridge deck with steel plate support girders
Source : Kookmin IC Composites Infrastructure (Korea)

당진 수상태양광 발전시설물
(출처: 충청타임즈)

합천 수상태양광 발전시설물
(출처: 그린데일리)

상주 수상태양광 발전시설물
(출처: 이뉴스투데이)

수상태양광발전 시설물 모습 1

하이브리드 FRP-Concrete 말뚝 (HCFFT)

하이브리드 FRP-Concrete 말뚝 (HCFFT)

HCFFT의 해외 적용사례

그림 4. 적용사례 ; 탄소섬유 적용 구조물 보강 (교각, 교량 상판, 건물 기둥, 벽체)

교각 탄소섬유 시트 보강 (일본 사카와가와 교량)

건물기둥 탄소섬유 시트 보강

벽체 구조물 탄소섬유 Strip보강

교량 하부 탄소섬유 Strip 보강

탄소섬유그리드를 이용한 교각 보수사례

탄소섬유그리드를 이용한 터널 보수사례

1-2. 시장 현황 및 전망

2013년 복합재료 전체 사용량은 약 800만톤 (17,700 Million Pounds) 으로 추정되며, 이중 토목건축분야의 사용량은 앞서 기술한 다양한 용도로 약 170만톤으로 21.5 %를 차지하고 있음. 그 외 Transportation, Pipe & Tank, 전기전자 분야에 복합재료 사용량이 많은 비중을 차지하고 있음.

Market Report인 Lucintel Growth Opportunity in Global Composites Industry 2014-2019에 의하면, 토목건축분야 복합재료 170만톤의 금액은 약 3.6 Billion US$이며, 무게당 약 $0.95/lbs임. 이는 풍력발전 분야 복합재료 $2.22/lbs, 항공분야 복합재료 $40.3/lbs에 비해 저가의 복합재료가 주로 사용되고 있음을 알 수 있음.

그림 5. Global Composites Distribution(Million Pounds) in 2013 by Market Segments

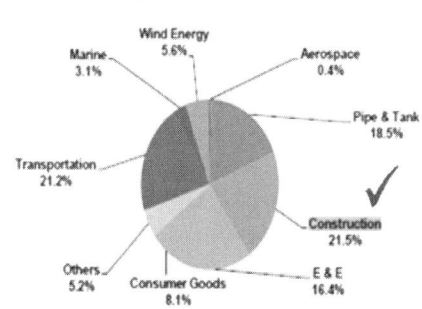
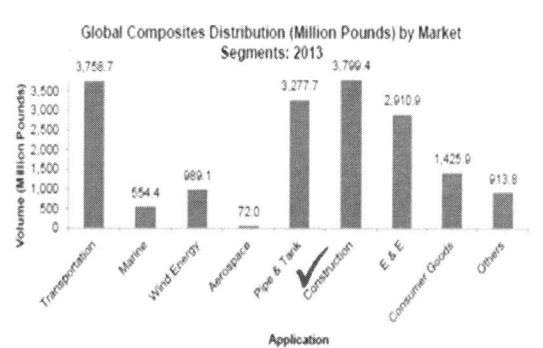

*) Market Report : Lucintel Growth opportunity in global market 2014-2019

토목건축분야 복합재료 사용량을 지역별로 구분하여 살펴보면, 아시아 지역이 49.2%로 약 84만톤(1,870 Million Pounds)을 사용하는 것으로 나타나 있음. 이는 부품 제조를 위한 성형기술 난이도와 투자비가 높지 않으므로 시장진입이 쉽게 이루어지는 특성이 있고, 경제 성장률이 높은 중국을 중심으로 시장이 지속적으로 성장한 것으로 추정됨.

그림 5. Composites Shipment in Construction Market by Region: 2013

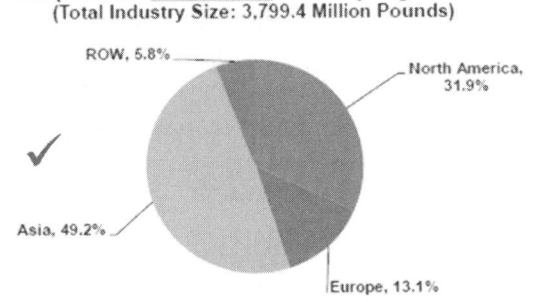
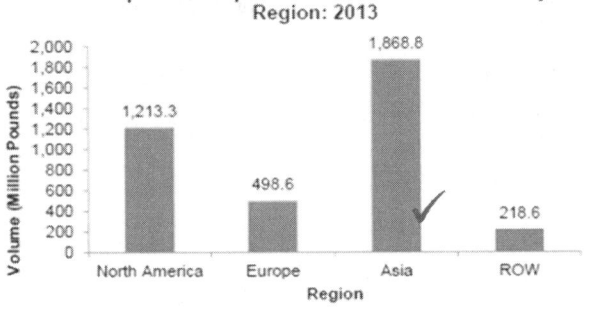

*) Market Report : Lucintel Growth opportunity in global market 2014-2019

복합재료 산업별로 2014년-2019년의 시장전망을 살펴보면, 복합재료 사용량은 840만톤(2014년)에서 1,080만톤(2019년)으로 증가할 것으로 예측함. 토목건축 분야는 복합재료 사용량이 전체의 21% 수준을 유지하며, 연평균 5.1%로 성장세임(2014년 180만톤에서 2019년 230만톤).

1-3. 토목건축분야 탄소섬유 시장 전망

탄소섬유 시장규모는 2013년 25,000톤(56 Million lbs, $684Million) 이며, Wind energy(23.5%), Transportation(19.7%) 분야에 주로 사용되고 토목건축 분야로는 2,300톤(5.1 Milliion lbs, $74Million)으로 9.2% 정도가 사용됨. 토목건축분야 재료비는 $14.5/lbs 으로 전체 평균치 $12.2/lbs 보다 조금 높게 산출되는데, 이는 고탄성률 특성을 가진 높은 가격의 Pitch계 탄소섬유도 적용되고 있는 것으로 추정함. 2008년부터 2013년은 연평균 2% 정도의 성장세였으며, 주요 용도를 살펴보면 콘크리트 구조물 보강에 44%, 교량 보수에 37%, 신규 건물에 10%, 기타 9% 로 구분됨.

탄소섬유는 2019년에 55,000톤(122 Million lbs, $1,488Million)으로 증가하고, 토목건축 분야로는 2019년에 6.9%인 약 4,000톤 (8.3 Million lbs, $115Million) 규모로 성장할 것으로 전망함. $13.9/lbs의 가격으로 평균치 $12.1/lbs를 상회하고 있어서 Pitch계 탄소섬유의 지속 사용이 예상됨.

그림 6. Total(PAN and Pitch) carbon Fiber Demand by the Industrial Market in 2013

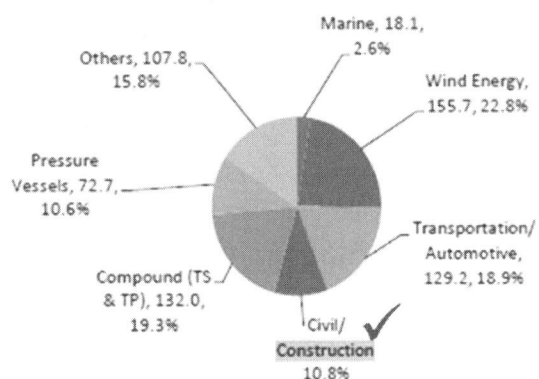

*) Market Report : Growth Opportunity in Global Carbon fiber market 2014-2019

그림 7. Total(PAN and Pitch) carbon Fiber Demand Distribution by the Industrial Market in 2019

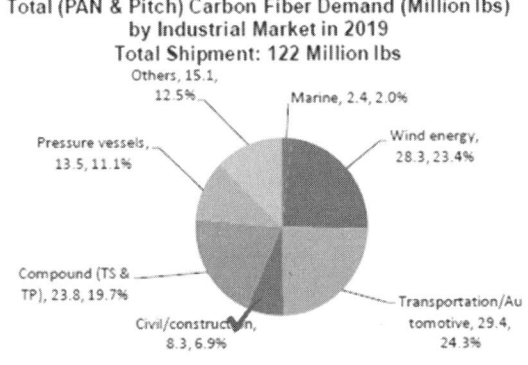 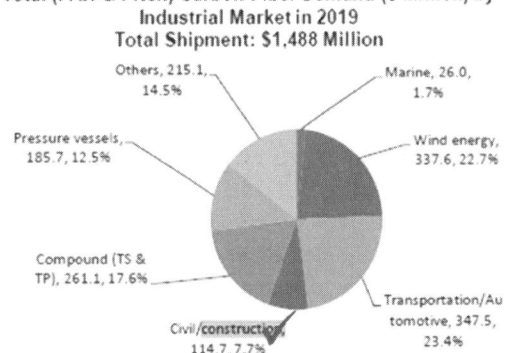

〈참조〉 Lucintel Market Report

    Growth opportunities in Global Composite market 2014 - 2019
    Growth opportunities in Global Carbon fiber market 2014 - 2019
    Composites in the North America construction market 2013 - 2018
    Composites in the European construction market 2013 - 2018
    Composites in the Asia construction market 2013 - 2018

2. 토목건축분야 기술 로드맵

기술 로드맵을 검토하는 방향으로 기존 FRP 제품의 보급 및 확산을 위한 시장 확대방안을 고려하였으며, 이를 이해 가장 많이 적용할 수 있는 분야 및 관련된 제품, 장애요인 등에 대해 고찰하였음. 또한 폭발, 충격 등 예상불가 하중 등에 적용 가능한 재료에 대해 추가 검토 함.

2-1 기술의 정의

- 인프라 시설물의 장수명화 및 유지관리 최소화를 위한 섬유강화복합재료(FRP)의 건설재료로서의 활용 기술 개발

- 충격 폭발 등의 예상 불가한 인위적 하중 작용 등에 적용 가능한 고성능 FRP보강 건설재료 기술 개발

2-2. 비전

- FRP의 건설재료화를 통한 장수명 인프라 시설물 구현

- 기존 건설시장의 재료 활용도를 벗어나는 융복합 기술개발을 통한 건설기술 재도약

    ○ 기존의 인프라 시설물들은 강(steel)과 콘크리트로 건설되었고 설계수명이 50~75년이지만 강재 및 철근의 부식 등으로 인해 일정 기간 사용한 후부터는 유지관리 비용이 지속적으로 증가되고 있음
- FRP는 가볍고 원천적으로 부식되지 않는 재료이므로 부식이 문제가 되는 시설물에 적용하면 사용수명을 크게 늘릴 수 있고 유지관리 비용을 절감시킬 수 있음

    ○ FRP 복합재료의 고성능 특성을 극대화하여 충격 폭발 등의 극한하중 노출 시, 인명 및 재산의 피해를 최소화 가능함.

        - 고부가 가치적 건설재료의 개발을 통한 새로운 건설시장 개척 가능함.

2-3. 목표

❏ 위의 비전을 달성하기 위해 2016년부터 2025년까지 10년 동안 3단계로 기술개발을 추진하여 다음과 같은 단계별 목표 및 세부 목표를 설정함.

❏ 신개념의 건설재료를 활용한 새로운 건설시장의 개발 및 이를 통한 창조경제 달성 가능한 기술개발함.

❏ 고성능 FRP복합재료의 특성을 활용하여 충격 폭발 및 고온 등의 극한 환경에 대응 가능한 고성능 건설재료를 개발함.

비전	FRP의 건설 재료화를 통한 장수명 인프라 시설 구현		
	1단계(2016~2018)	2단계(2019~2022)	3단계(2023~2025)
단계별 목표	• FRP의 건설재료화 기반 구축	• FRP의 건설재료화 활용기술 개발	• FRP의 건설재료화 실용기술 개발
세부 목표	• 건설분야의 FRP 사용 실태에 대한 국내외 기술파악 및 분석 • FRP건설재료화를 위한 논리/근거 마련 • FRP건설재료화 가능한 시설물 구분 및 시설물별 기술개발 내용도출	• 시설물별 FRP 활용 기술개발 • 이론 및 실험연구 수행으로 dB구축 • 설계 및 시공기준 개발위한 근거자료 확보	• FRP 건설재료 시험법 개발 • (신설)FRP건설재료 설계기준 개발 • (신설)FRP건설재료 시공기준 개발 • FRP를 활용한 기존 구조물 보강기준 개발 • 새로운 FRP 구조부재 개발

2-4. 국내외 시장 전망

❏ 해외 시장 전망

○ 인프라 시설물 중에서 교량에 FRP가 가장 많이 사용되고 있으며, 신설 교량인 경우에는 FRP 바닥판, FRP 거더, FRP 보강근, FRP 격자 형태로 활용되고 있으며, 노후 교량 및 구조물에는 보강(strengthen)용으로 쉬트(sheet) 또는 판(strap) 형태로 사용되고 있음

- 미국 및 캐나다에서 400개 이상의 교량에 FRP 바닥판 및 FRP 보강근이 적용되었으며 향후 그 실적이 크게 증가될 것으로 예상함.

○ 2014년 9월 Markets and Markets가 발간한 시장전망 보고서(FRP Rebars Market in Construction Industry by Type (GFRP & BFRP), by Application & by Region: Global Trends & Forecast to 2019)에 의하면 FRP 보강근(rebar)의 전 세계 시장규모는 2014년 1억 4,500만 달러에서 연평균성장률(CAGR) 8.96%로 2019년에 2억 2,200만 달러로 예측함.

- 2013년 기준으로 북미와 유럽이 전 세계 FRP 보강근 시장의 61% 점
- 중동 지역에서 인프라 건설이 활발하므로 향후 중동 지역에서 FRP 보강근 시장 성장세가 두드러질 것으로 예상
- 2013년 기준으로 도로, 교량 및 터널 분야에서 FRP 보강근 소비량의 78%를 점유하고 있으나 향후 수처리 및 절연 분야에서 사용량이 증가될 것으로 전망

그림 8. 교량하부 탄소섬유 Strip, 토목용 GRP anchor bolt 사례

교량 하부 탄소섬유 Strip 보강

Structural GRP anchor bolt and GRP locking system
Source : ATP Pultrusion (Italy)

○ 2015년 2월 Markets and Markets가 발간한 시장전망 보고서 (FRP/GRP/GRE Pipe Market by Type of Resin (Polyster, Polyurethane, Epoxy, Others), by Fiber Type (Glass Fiber, Carbon Fiber), by Application (Oil And Gas, Sewage Pipe, Irrigation and Others) & by Region - Global Trend and Forecasts to 2020)에 의하면 FRP/GRP/GRE 파이프의 전 세계 시장규모는 2020년까지 40억 달러로 예측

- 오일 및 가스관, 상하수관, 해양 및 항만분야 등에서 FRP 파이프 이용이 증가하고 있으며, 특히 아시아/태평양 지역에서 성장세가 급증할 것으로 전망함.

  ○ Strand sheet 제품 : 일본의 Nippon Steel & Sumikin Materials 에서는 탄소섬유 및 아라미드 Tow를 인발성형하고 대나무 발 형태로 가공한 sheet 형태의 제품을 개발하여 일반 탄소섬유 시트 및 Strop 형태의 제품보다 보강효과가 높음을 홍보하고 있음. 이러한 Strand sheet 제품에는 일반 PAN계 탄소섬유 외에 고탄성률의 Pitch계 탄소섬유까지 사용하여 콘크리트 구조물 외에 강교량 구조물도 보강할 수 있는 재료로 소개되고 있음

그림 9. Strand Sheet 제품 보강효과 및 시공사례

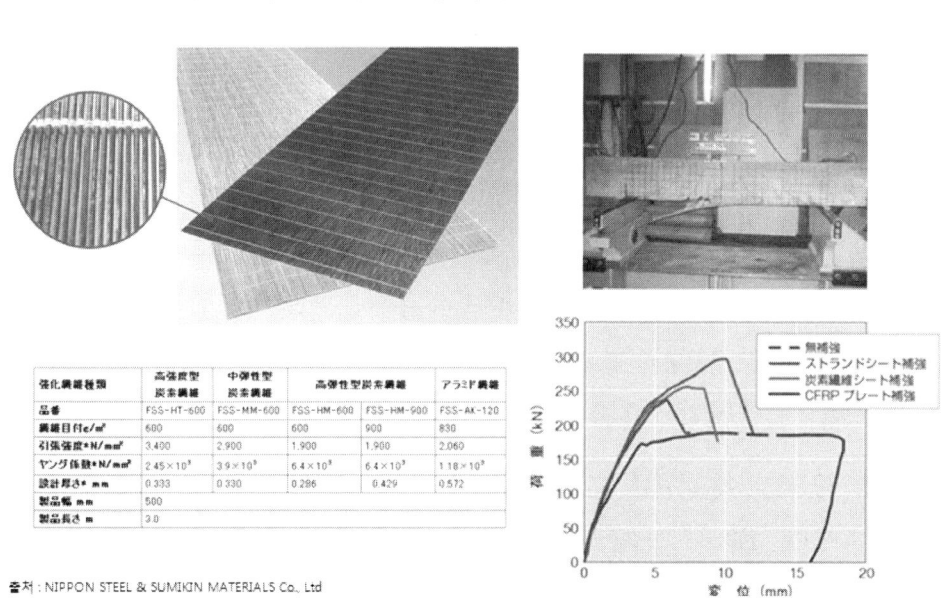

❑ 국내 시장 전망

  ○ 국내 건설분야에서 FRP가 본격적으로 사용된 것은 1990년대 중·후반부터 노후 콘크리트 구조물의 보강을 위해 사용됨

- 2000년 이후 발주처에서 노후 콘크리트 교량에 대한 개축 선호로 FRP 보강 시장 위축되어 있으나 향후 크게 증가될 것으로 전망

- 2005년부터 5년간 도로구조물 보수에 투자된 금액은 연평균 4,700억 원, 구조물 보수의 70%인 3,000억 원을 교량 보수에 투자(국토해양부, 도로보수현황, 2005년~2009년)

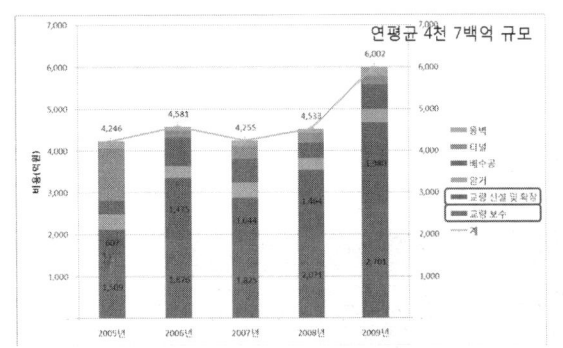
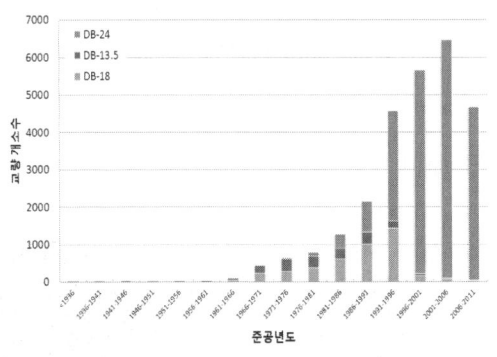

<그림 10> 도로보수 비용 투자 추이　　<그림 11> 도로교 준공년도 및 설계하중 분포

○ ㈜국민씨아이가 FRP 교량 바닥판을 개발하여 2011년까지 36개(도로교 13개, 보도교 23개) 교량에 대한 적용 실적을 보유하고 있으나 2011년 이후 도로교 적용 실적이 없음

- 국내에서 도로교에 FRP 교량 바닥판이 선호되지 않는 가장 큰 이유는 콘크리트 바닥판 대비 경제성 확보가 곤란하고 기존에 시공된 FRP 바닥판에서 균열이 발생되어 부정적인 측면이 부각되었기 때문 → 피로 등 반복하중에 대한 검토가 미흡했기 때문인데 이에 대한 검증이 필요함

○ 한국건설기술연구원은 FRP 보강근에 대한 연구를 수행하여 FRP 보강근을 국내 기술로 개발하였고 이를 국도상 교량에 시험 시공했지만 관련 설계기준 등이 미비하여 본격적으로 국내 시장을 창출하지 못하고 있으나 관련 기준 등이 마련되면 FRP 보강근 시장이 형성될 것으로 예상함.

2-5. 국내외 연구동향 및 기술발전 전망

❏ 해외 주요 연구동향

○ 1980년대 후반부터 FRP를 활용한 노후 인프라 시설물의 보강 연구 진행 중

- 2차대전 후 건설된 많은 노후화된 인프라 시설물들을 보강하기 위해 기존의 강재 보강기술을 대체한 FRP 보강기술 개발 및 이에 대한 연구가 활발히 진행 중
- 2000년 이전까지 FRP 보강기술의 대부분은 FRP 쉬트 및 판을 부착시키는 기술로서 이에 대한 연구가 주류를 이루었으나, 2000년 이후부터 FRP 쉬트 및 판을 긴장(prestressing)하여 보강하는 기술이 개발되었고, 최근에는 표면매립(near surface mounted) 기술에 대한 연구가 활발히 진행 중임
- FRP 보강기술에 대한 설계 및 시공기준을 지속적으로 연구개발하고 있음

그림 12. 탄소섬유 Strip 보강(긴장재 그립장치)

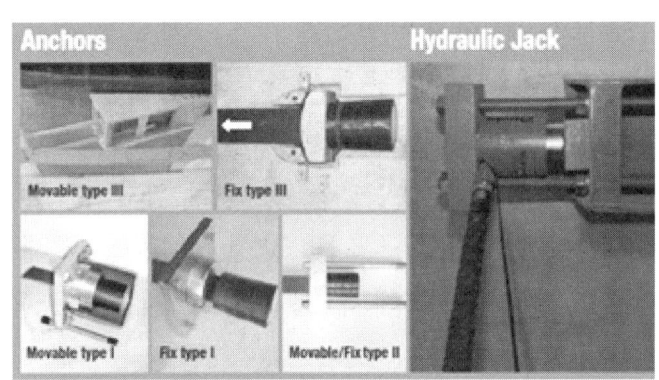

○ 1990년대 중후반부터 신설 인프라 시설에 FRP 활용 연구 진행 중

- 강재 및 철근의 부식을 원천적으로 방지하기 위한 방안으로 FRP 교량바닥판, FRP 거더, FRP 보강근 등과 같은 구조부재를 개발하고 이를 신설 및 기존 인프라 시설물에 활용하기 위한 연구개발을 수행하고 있음

- FRP 교량바닥판, FRP 거더의 경우 미국 연방도로청(FHWA)의 지원을 받은 미국이 가장 많은 활용 실적과 연구 실적을 보유하고 있으며, 이 분야의 기술을 선도하고 있음
- FRP 보강근을 이용한 교량 바닥판의 경우 캐나다가 가장 많은 활용 실적과 연구 실적을 갖고 있으며, 캐나다는 1995년 이후부터 이 분야에 대해 정부 차원에서 지속적으로 연구비를 지원하고 있음
- 일본은 건설성의 지원 하에 FRP 긴장재에 대한 원천기술을 보유하고 있으며, 유럽은 FRP 교량바닥판 및 FRP 보강근의 개발 및 활용에 대한 다수의 연구 실적을 보유하고 있음

○ 보수보강용 복합재료 제품개발 추이
- 구조물 보강효과가 증진되는 보강공법과 시공 편이성 제공하는 방향으로 제품이 연구개발 되어 왔음.

탄소섬유 시트 제품은 초기에 수지 함침량이 매우 적은 일방향 프리프레그에 메시(Mesh) 지지층이 결합된 제품이 개발되어 콘크리트 구조물 보수보강에 사용되어 왔음. 이 제품은 콘크리트 구조물 보강 현장에서 시공 중에 메시층이 손상되는 문제점들이 있었음. 이후 함침성을 개선하면서 시공 중에도 안정적인 제품 형태를 유지하는 일방향 직물 제품들이 주류를 이루게 되었음. 또한 탄소섬유 시트 제품은 PAN계 탄소섬유가 주로 사용되었으며, 구조물 강성 증대를 위해 고탄성률을 가진 Pitch계 탄소섬유도 일본 지역에서 적용되기 시작하였음.

탄소섬유 Strip 제품은 Pultrusion 공정을 통해 성형된 제품이며, 콘크리트 구조물 표면에 접착제를 사용하여 탄소섬유 Strip을 부착함. 주로 교량 하부, 벽체 또는 슬라브의 편평한 구조물 보강에 주로 사용되었으며, 콘크리트 보 보강을 위해 'L'자 형상의 제품도 개발되어 사용됨. 탄소섬유도 PAN계 외에 고탄성률의 Pitch계 탄소섬유를 사용하는 제품도 출시되어 콘크리트 구조물 및 강교 구조물 보강까지도 영역을 확대하고 있음.

그림 13. S

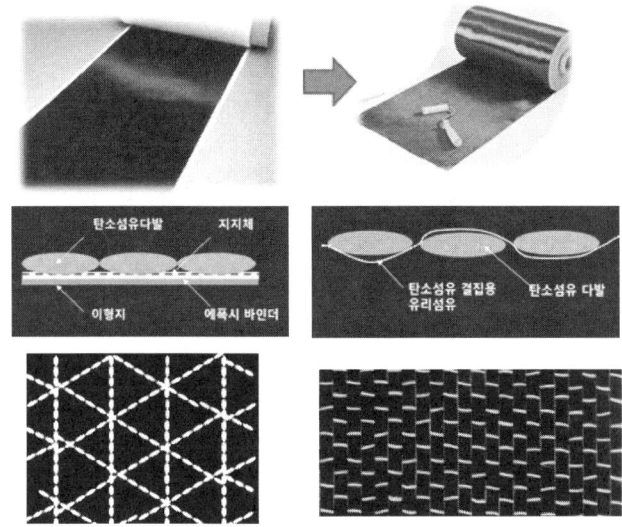

  보강효과를 증진하기 위해 긴장재(Pre-stress) 형태로 보강 시공하는 그립 장치도 다양하게 함께 개발되어 사용되고 있으며, 탄소섬유의 도전성을 이용하여 Strip 양산에 전기를 가해서 Strip을 발열시키고 접착제의 경화시간을 단축시키는 기술이 개발되었음. 이로 인해 콘크리트 구조물 보강 공사기간을 단축시킬 수 있으며, 터널이나 사무실 또는 지하 주차장 등 시공 기간을 단축시켜 사용자의 편이성을 제공하고 있으며, 겨울철에도 대기 온도에서 사용한 접착제를 안전하게 경화시킬 수 있으므로 보강공사 시기에 계절의 제한을 받지 않게 되었음.

  일본에서는 탄소섬유 시트, Rebar를 혼합 사용하여 콘크리트 보를 보강하는 시공방법을 개발하여 내진효과를 증진하는 사례도 개발되었음.

그림 13. Pitch계 탄소섬유 적용 제품 ; 탄소섬유 Strip적용 강교 보강

그림 14. 탄소섬유 Strip 보강 ; 전기 연결로 접착제 경화 및 'L'형 제품

그림 15. 탄소섬유 Strip 긴장재 보강 ; 일본 Outplate공법

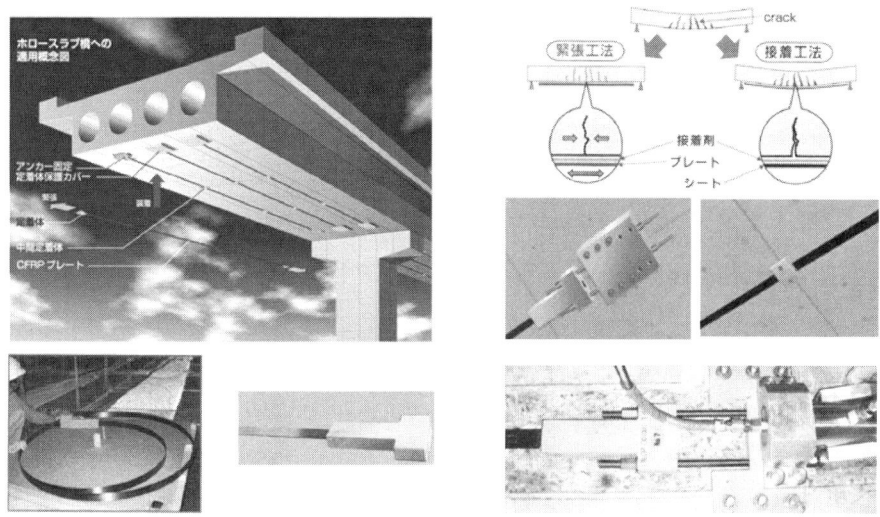

그림 16. Pitch계 탄소섬유 적용 ; 탄소섬유 sheet, Rebar, Plate 보강

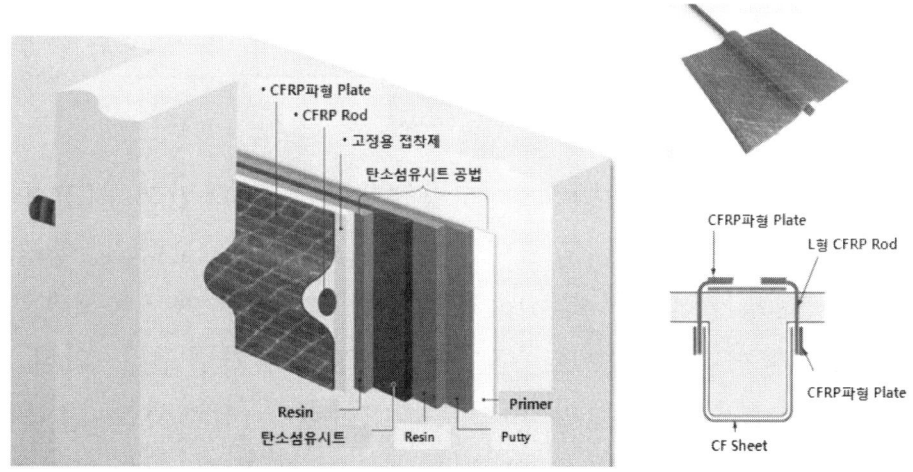

○ 1990년대 중후반부터 신설 인프라 시설에 FRP를 활용 연구 진행 중
  • 강재 및 철근의 부식을 원천적으로 방지하기 위한 방안으로 FRP 교량바닥판, FRP거더, FRP rebar 등과 같은 구조부재를 개발하고 이를 신설 및 기존 인프라 시설물에 활용하기 위한 연구개발을 수행

구 분	미국	캐나다	유럽	일본
주요 프로젝트	FHWA은 1998년부터 6년간 '차세대 교량연구 및 건설사업' 시행	ISIS Canada 운영 ; 정부, 업계, 학계 등	CEB Task Group 결성	국가연구 프로젝트 "Technological Development of New Construction Material"
내용	미래형 교량 연구 -FRP적용 신기술/경제성 -설계기준 개발 -자연재해에 강한 교량	FRP 활용한 노후 교량 성능향상	콘크리트 구조물의 FRP 보강연구 -ConFibreCrete 연구네트워크 운영	건설성의 지원 하에 FRP 긴장재에 대한 원천기술을 보유
비고	FRP 교량 바닥판, FRP 거더의 경우, 가장 많은 활용 실적과 연구 실적을 보유	광섬유 내재 FRP 긴장재를 활용한 교량 세계 최초 시공 FRP rebar를 이용한 교량 바닥판의 경우, 캐나다가 가장 많은 활용실적과 연구실적을	FRP 교량 바닥판 및 FRP rebar의 개발 및 활용에 대한 다수의 연구실적을 운영	Outplate 공법 연구회 운영

  미국은 1998년부터 미래형 교량연구를 수행하면서 FRP적용에 대한 많은 연구실적을 보유하고 있으며, 캐나다는 노후 교량의 성능향상을 위하여 광섬유 내재 FRP 및 Rebar를 적용한 다양한 연구실적을 보유하고 있음. 유럽지역에서는 콘크리트 구조물의 FRP 보강연구를 위한 연구 네트워크를 운영하면서 FRP 교량 바닥판과 Rebar를 활용하는 연구를 운영하고 있으며, 일본은 건설성의 지원하에 FRP 긴장재에 대한 원천기술을 보유하고 보강 공법을 연구하는 Outplate연구회를 운영하고 있음.

○ 공공 및 민간분야 주요시설물에 대하여 충격, 폭발 또는 고온 내화 등의 기준 강화

  • 안전행정부 : 정부청사 소산시설 설계지침 (방폭 고려, 대외비)
  • 국토교통부 : 건축물 테러예방 설계 가이드라인 (2010. 4)
  • 저층부에 일반 시민들을 위한 커뮤니티 공간 설치

- 피난 안정성 확보를 위해 방재계획서 제출 의무와 25층~30층 이내마다 층간 대피층 설치
- 피난 전용 승강기 설치
- 철골구조보다는 고강도 콘크리트구조 건축 유도
- 고층 부분에 방문객이 이용할 수 있는 '전망층' 신설
- 테러 대비 위해 옥상 층 및 주요 시설물에 보안시스템 명기

❏ 국내 주요 연구 동향

○ 국내에서 FRP 보강기술에 대한 연구는 1990년대 중반부터 2006년까지 대학 및 출연연구소를 중심으로 수행되었으나 그 이후 이 분야에 대한 연구가 극히 저조함

- 정부 차원에서 장기적인 기획 및 계획에 근거하지 않고 단발성 연구로 진행되다 보니 아직까지 FRP 보강기술에 대한 설계, 시공 및 품질 기준 등이 미비함
- 건설연에서 5년간(2002~2006년) FRP 보강기술에 대해 연구를 진행하여 FRP 판 긴장 보강기술, 표면매립 보강기술 등을 개발하였고, 2013년부터 표면매립 긴장 보강기술에 대해 연구를 진행하고 있음.

그림 18. 탄소섬유 Strip 긴장재 보강 연구 (매립형)

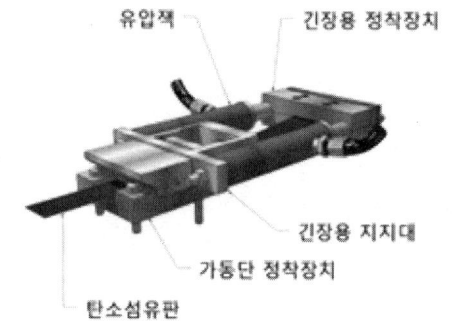 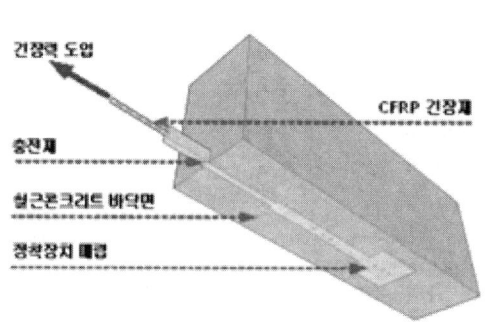

○ 신설 인프라 시설물에 대한 FRP 활용 연구가 일부 있었으나 현장 적용 실적 미흡

- FRP 교량바닥판에 대한 연구는 국민대, 건설연 등에서 진행하였고 ㈜국민씨아이가 도로교 및 보도교에 다수 적용한 실적을 보유하고 있으나 2011년 이후 도로교에 대한 적용실적 전무함
- 차량의 피로 등 반복하중에 의해 시공된 FRP 교량바닥판에서 발생된 균열이 그 원인인 것으로 알려져 있으나 보다 근본적인 원인은 콘크리트 교량바닥판에 대한 경제성인 것으로 판단됨. 따라서 면밀한 생애주기비용분석(Life Cycle Cost Analysis)을 통해 FRP 교량바닥판의 경제성에 대한 객관적인 데이터를 준비할 필요가 있음

- 건설연에서 FRP 보강근에 대해 5년간(2003~2008년) 연구를 수행하여 국내 기술로 FRP 보강근을 개발하여 국도상 교량의 교량바닥판에 시험시공을 했음. 한국콘크리트학회와 공동으로 FRP 보강근에 대한 설계 및 시공 기준을 마련했으나 실용화되지 못했음
- 건설연은 2013부터 2017년까지 4년간 국토해양부의 연구비 지원을 받아 교량바닥판에 FRP 보강근을 실용화시키 위한 연구를 진행하고 있음.

그림 19. Rebar 제조 공정 및 제품 ; 한국건설기술연구원

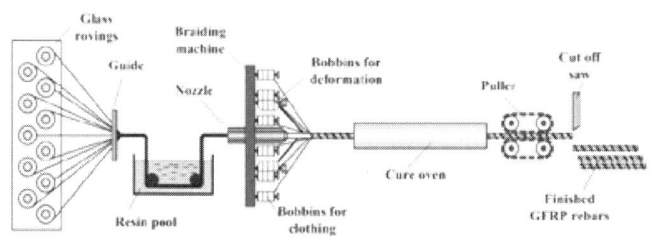

GFRP rebar 제조공정
Source : 한국콘크리트학회 2007년 가을 학술발표회 논문집

GFRP rebar by improved fabrication process
Source : 한국구조물진단유지관리공학회 논문집 제16권 제1호(2012. 1)

핵심 요소기술	해외	국내	
		공공	민간
FRP 보강기술	· 노후 인프라 시설물이 증가되고 있어 보강시장이 점점 커지고 있는 상황임 · FRP 보강기술은 인프라 시설물의 보강을 위한 표준기술로 인식되고 있음 · FRP 부착기술, FRP 긴장기술, FRP 표면매립기술 등 다양한 형태의 기술에 대한 연구가 수행되고 있음 · 설계·시공 기준 및 품질 기준 등이 마련되어 있으며, 연구개발을 통해 지속적으로 업데이트되고 있음	· 인프라 시설물의 노후화가 선진국에 비해 심각하지 않아 보강기술에 대한 니즈가 많지 않은 상황임 · 그러나 향후 10년 내에 노후 인프라 시설물이 급속히 증가될 것으로 예측되므로 FRP 보강기술에 대한 연구개발 투자 필요함 · 공공 부문에서 FRP 보강기술에 대한 설계 및 시공 기준을 마련할 필요가 있음	SK케미칼 : FRP 보강용 탄소판 생산 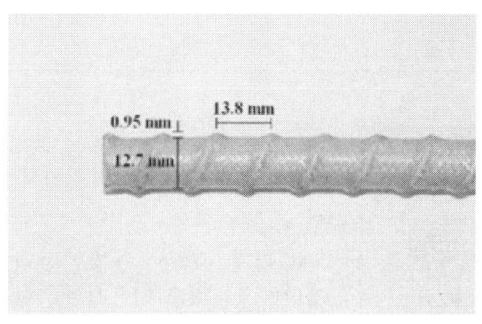
FRP 바닥판	· 다양한 형태의 FRP 교량바닥판이 개발되어 도로교 및 보도교에 사용되고 있음	· 교량바닥판은 교량 부재 중에서 손상에 가장 취약하고, 이로 인해 교량	· ㈜국민씨아이 : FRP 바닥판 생산 및 시공 · 건설연 : FRP+콘크리트 하

	· 특히, 미국 및 캐나다에서 기술개발이 활발하며 최근에는 유럽에서도 이에 대한 기술 개발이 활발함 · FRP 바닥판 설계 및 시공을 위한 관련 기준이 마련되어 있음	부재 중에서 유지관리비가 가장 많이 소요되고 있음 · 한국도로공사의 경우 교량유지관리비의 1/3 정도가 교량바닥판 관련인 것으로 파악되고 있음 · 따라서 원천적으로 부식되지 않는 재료를 사용한 FRP 교량바닥판의 적극적인 사용 검토가 필요한 시점임 · FRP 바닥판 설계 및 시공 기준을 공공 부문에서 마련할 필요가 있음	이브리드 바닥판에 대한 연구 개발 및 시험 시공 실적 보유
FRP Rebar	· 다양한 형태의 FRP 보강근이 개발되어 있으며, 다수의 시공 실적이 있음 · 캐나다가 가장 활발히 기술 개발하고 있으며, 시공 실적도 가장 많음 · 유럽에서는 터널 시공 실적이 많음	· FRP 보강근을 교량바닥판에 사용하면 FRP 교량바닥판의 최대 단점인 경제성 문제를 극복할 수 있음 · FRP 보강근을 콘크리트 구조물에 적용하기 위해서는 설계 및 시공 기준을 공공 부문에서 마련할 필요가 있음	· 건설연 : FRP 보강근 제조 기술 보유, 전문업체가 연구용으로 위탁 생산하고 있으며, 시험 시공 실적 보유했으나 실용화를 위한 추가 연구 필요함 · SK케미칼 : FRP 보강근 생산 및 보강용 탄소판 생산

극한 노출 환경에 대한 국가기준 개발 단계로서 현장의 적용 실적은 매우 미흡

- IS 등의 이적단체로 부터 테러대상국 범위 확대로 인한 위협의 증대
- 북한과의 대치 국면에서의 테러 또는 선재공격의 위협성 지속적 존재
- 기존의 건설재료 활용할 경우, 국외의 기술 의존 100% 수준
- 국내 극한 환경 노출에 대한 저변 인식 낮고 특수건설 시장의 규모가 적어 기술적 관심 낮음.
- 하지만 플랜트 발전소 등의 에너지 분야 건설 사업의 경우 충격 폭발 고온 등의 극한 노출환경의 고려 필수적으로 부각
- 국방 시설의 강화와 함께 기존 노후화 시설의 보강을 위하여 고성능 복합재료를 활용한 건설재료 적용 시장의 확장성 큼
- 건설기술연구원, 강원대학교, 고려대학교 등의 연구기관 및 학계에서 현재 방호방폭 섬유보강 시멘트 건설재료 개발 기술 연구

수행 중
- 강섬유를 보강재로 사용하여 고성능 내충격 방호 건설 및 보강재료 기술 개발 추진 중
- 유기섬유를 활용하여 고온 내화 건설재료의 상용화되었지만, 사회기반 시설물의 외부 보강 재료로의 한계성 있음.

2-6. SWOT분석

❏ SWOT 분석 및 대응 전략

○ SWOT 분석

Strengths	Opportunities
· FRP 원재료의 국내 생산 가능 · 강재 부식 문제의 심각성 및 중요성 인식 · 인프라 시설물의 장수명화에 대한 요구 및 새로운 건설재료에 대한 니즈 증대 · 정부의 인프라 시설물 성능향상 정책 강화 · 타분야와의 융합기술에 대한 니즈 증대	· 노후 구조물에 대한 안전 대책 요구 증가 · 인프라 시설물의 유지관리 시장 확대 · 유지관리비 절감 기술 필요성 증가 · 생애주기비용분석 기법에 대한 인식 확산 · 선진국의 유지관리시장 확대 · FRP 건설재료화에 따른 새로운 시장 창출
Weaknesses	Threats
· 국내 경기 침체로 건설 투자 위축 및 FRP 건설재료의 고비용 인식 · 선진국 기술이 FRP 건설재료 시장 선점 · 건설사와 FRP 생산업체 간 협력 시스템 미흡 · FRP 활용 촉진을 위한 제도적 장치 미흡 · FRP 활용을 위한 설계 및 시방 기준 미흡	· 보수적인 건설환경 및 건설기술자들의 새로운 재료에 대한 거부감 · 선진국의 FRP 건설재료 시장 강화 · 장기적인 세계 경기 침체 우려 확산

○ SO 전략

- FRP를 미래 요구에 대응하는 새로운 건설재료로 개발하고, 생애주기비용 기법 등의 활용을 통해 국가 예산 절감에 대한 객관적 자료 도출

- 국내에서 개발된 기술을 바탕으로 선진국의 유지관리시장으로의 진출

○ ST 전략

- 경제성을 갖춘 FRP 건설재료 개발, 지속적인 홍보 등을 통해 FRP 건설재료에 대한 활용 촉진하며, 첨단기술 활용 융복합화 및 해외 선도 기관과의 협력 체계 구축

○ WO 전략

- 건설사와 FRP 생산자 및 FRP 연구자들과의 긴밀한 유대관계 형성

　　○ WT 전략

- 공청회, 교육 등을 통해 FRP 건설자재에 대한 인식을 전환하고 기술개발을 통해 선진국과의 경쟁에서 우위에 서도록 함

❑ 시사점

○ 선진국에 비해 FRP 건설재료화 기술개발이 늦었지만 FRP 원재료를 국내에서 생산하고 있으며, 관련 기술에 대한 기술력이 축적되어 있으므로 정부 및 공공부문의 기술개발에 대한 지원이 있으면 단기간 내에 선진기술을 추격할 수 있을 것으로 판단함

2-7. 핵심전략 제품·기술

❏ 개발되는 핵심전략 기술

○ 본 연구에서 개발하는 핵심전략 기술은 고효율 FRP 보강기술, FRP 바닥판 기술, FRP 보강근 기술, 내충격 방폭용 고성능 FRP, 고온 내화 고성능 FRP의 5가지이며, 개별 기술의 핵심스펙 및 요구사항은 다음 표와 같음

핵심 제품/서비스	설명	사례	핵심스펙 및 요구사항
FRP 보강기술	· 노후 인프라 시설물의 증가에 대비해 고강도, 저중량, 비부식 재료인 FRP를 이용한 고성능 첨단 보강기술 개발 필요 · 인프라 시설물의 관리 주체는 정부 또는 공공기관이므로 정부의 연구개발 투자 필요		· 장수명, 최소유지관리형 보강기술 · FRP 긴장 보강기술 · FRP 매립 보강기술 · FRP 보강기술에 대한 설계 및 시공 기준 · FRP 보강기술 품질 시험 및 인증
FRP 바닥판	· 교량 부재 중 부식에 가장 취약한 교량바닥판을 부식이 근본적으로 발생하지 않는 FRP 바닥판으로 대체시킴 · 특히 기존 교량바닥판을 저중량 FRP 바닥판으로 대체하면 거더의 내하력이 크게 증가되므로 교량의 안전성이 향상됨		· 고효율, 신형식 FRP 바닥판 기술 · FRP 바닥판의 피로성능 검증 및 개선 · FRP 바닥판과 바닥판의 이음부 성능 검증 및 개선 · FRP 바닥판과 거더의 이음부 성능 검증 및 개선 · FRP 바닥판 설계 및 시공 기준 · FRP 바닥판의 LCC 경제성 검증
FRP Rebar	· 철근 부식이 콘크리트 구조물의 수명을 저하시키는 가장 큰 원인이며 이에 대한 개선 방안 필요 · 비부식 재료인 FRP 보강근을 인프라 시설물에 활용하면 인프라 시설물의 유지관리비용 절감 및 사용수명 연장 가능		· FRP 보강근 품질시험법 · FRP 보강근 부착, 정착 및 내구 특성 · FRP 보강근 콘크리트 부재의 역학 특성 · FRP 보강근 콘크리트 부재의 균열 등 사용성 특성 · FRP 보강근 콘크리트 구조물 설계 및 시공 기준
내충격 고성능 FRP	· FRP복합재료의 고강도, 고인성 고내구성 등의		· 충격 폭발 등의 하중에 대한 에너지흡수 고인성 · 극한 동적하중에 대한

	고성능을 활용하여 내충격 또는 폭발 등의 극한환경 노출에 대응하는 건설재료의 개발 • 특수 건설시장에 대한 선재 대응 및 고부가가치적 건설기술 개발		파괴 손상 최소화 • 현장적용성의 최적화
내화 고성능 FRP	• FRP복합재료의 고강도, 고인성 고내구성 등의 고성능을 활용하여 화재 폭발 등의 극한환경 노출에 대응하는 건설재료의 개발 • 특수 건설시장에 대한 선재 대응 및 고부가가치적 건설기술 개발		• 고온 화재 등의 하중에 대한 내화 특성 • 고온 노출 후에도 적정수준 이상의 역학적 성질 유지 • 현장적용성의 최적화

2-8. 기술로드맵

❑ 기술로드맵 전개

미래 전망	・노후 인프라 시설물들의 증가에 따른 보강수요 증대 및 고성능 FRP 보강기술 필요 ・부식에 취약한 철근을 대체하는 FRP rebar 활용 증대 ・테러 화재 등의 예상하지 못한 인위적 극한 환경 노출 위협의 증가 ・군시설물 및 정부 민간 시설물의 극한환경 노출 대응 기능 수요 증대
제품・기능	・고성능 FRP복합재료의 건설재료화를 통한 인프라 시설물의 고성능 장수명화 및 유지 ・관리 최소화 기술개발을 통한 국내 인프라 시설물의 고성능화 및 관련기술의 해외 진출

❏ FRP 보강기술 마이크로 기술로드맵

❏ FRP 바닥판 마이크로 기술로드맵

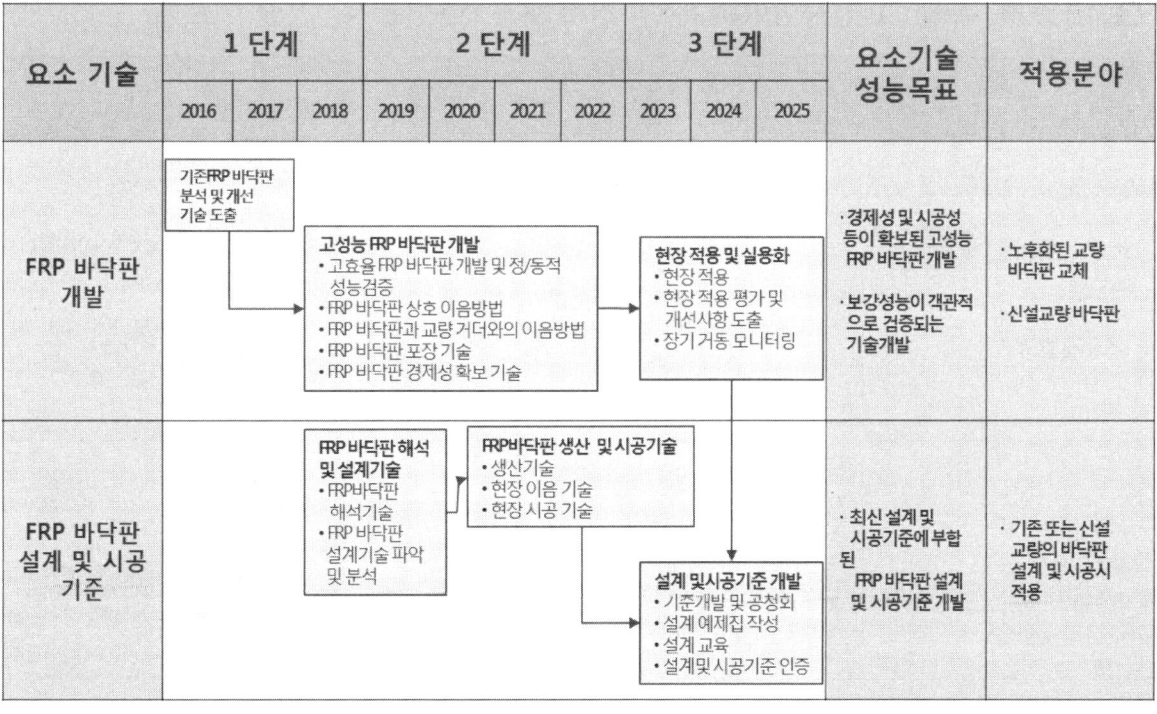

❑ FRP Rebar 마이크로 기술로드맵

요소 기술	1 단계 (2016-2018)	2 단계 (2019-2022)	3 단계 (2023-2025)	요소기술 성능목표	적용분야
FRP rebar 활용기술 개발	기존 FRP rebar 분석 및 개선 기술 도출	FRP rebar 콘크리트 구조물 성능검증 • 휨 및 전단성능 검증 • 보 구조물 성능검증 • 바닥판 구조물 성능검증 • 처짐 및 균열 등 사용성 검증 • FRP rebar 콘크리트 구조물 장기성능 검증 • FRP rebar 콘크리트 구조물의 경제성 검증	현장 적용 및 실용화 • 현장 적용 • 현장 적용 평가 및 개선사항 도출 • 장기 거동 모니터링	• 경제성 및 시공성 등이 확보된 FRP rebar 활용기술 개발	• 부식 환경에 노출된 콘크리트 구조물 • 교량 바닥판, 하수처리시설, 지중 구조물, 해양 구조물 등
FRP rebar 콘크리트 구조물 설계 및 시공 기준		FRP rebar 품질 및 시험방법 • FRP rebar 품질시험 방법 FRP rebar 내구성 및 장기 성능 • FRP rebar 내구성 검증 • FRP rebar 크리프, 피로 성능 검증	설계 및 시공기준 개발 • 기준개발 및 공청회 • 설계 예제집 작성 • 설계 교육 • 설계및시공기준 인증	• 최신 설계 및 시공기준에 부합된 FRP 바닥판 설계 및 시공기준 개발	• 내부식성 및 고내구성이 요구 되는 콘크리트 구조물 설계 및 시공시 적용

❑ 내충격 폭발 고성능 FRP 복합 건설재료 마이크로 기술로드맵

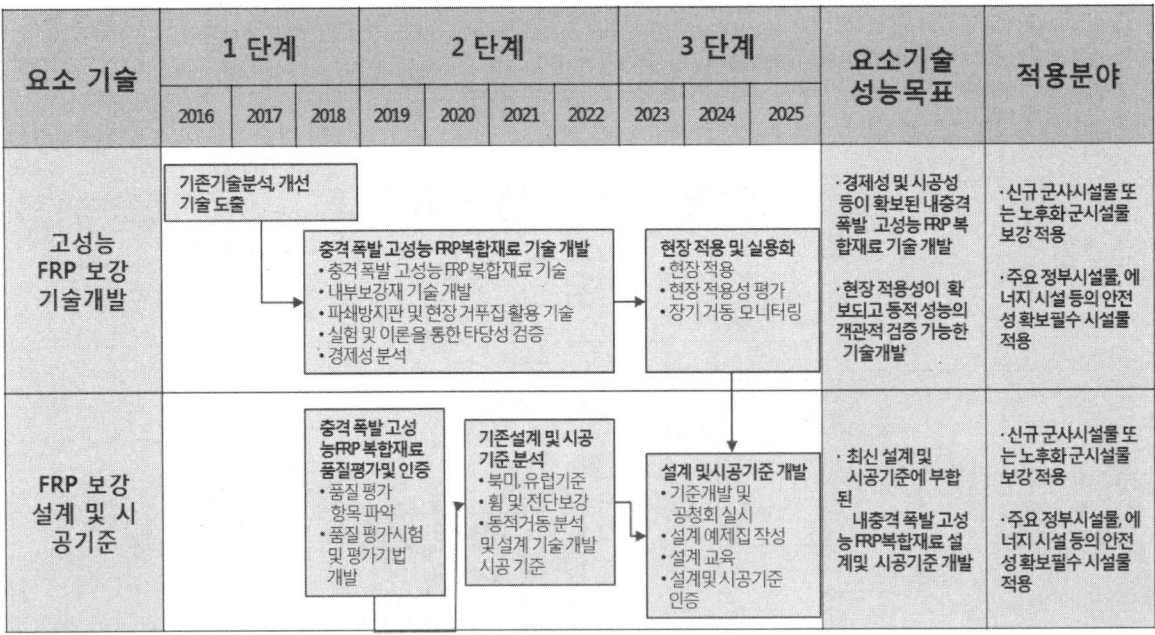

요소 기술	1 단계 (2016-2018)	2 단계 (2019-2022)	3 단계 (2023-2025)	요소기술 성능목표	적용분야
고성능 FRP 보강 기술개발	기존기술분석 개선 기술 도출	충격 폭발 고성능 FRP복합재료 기술 개발 • 충격 폭발 고성능 FRP 복합재료 기술 • 내부보강재 기술 개발 • 파쇄방지판 및 현장 거푸집 활용 기술 • 실험 및 이론을 통한 타당성 검증 • 경제성 분석	현장 적용 및 실용화 • 현장 적용 • 현장 적용성 평가 • 장기 거동 모니터링	• 경제성 및 시공성 등이 확보된 내충격 폭발 고성능 FRP 복합재료 기술 개발 • 현장 적용성이 확보되고 동적성능의 객관적검증 가능한 기술개발	• 신규 군사시설물 또는 노후화 군시설물 보강 적용 • 주요 정부시설물, 에너지 시설 등의 안전성 확보필수 시설물 적용
FRP 보강 설계 및 시공기준		충격 폭발 고성능FRP 복합재료 품질평가및 인증 • 품질 평가 항목 파악 • 품질 평가시험 및 평가기법 개발 기존설계 및 시공기준 분석 • 북미, 유럽기준 • 휨 및 전단보강 • 동적거동 분석 및 설계 기술 개발 시공 기준	설계 및시공기준 개발 • 기준개발 및 공청회 실시 • 설계 예제집 작성 • 설계 교육 • 설계및 시공기준 인증	• 최신 설계 및 시공기준에 부합된 내충격 폭발 고성능 FRP복합재료 설계및 시공기준 개발	• 신규 군사시설물 또는 노후화 군시설물 보강 적용 • 주요 정부시설물, 에너지 시설 등의 안전성 확보필수 시설물 적용

❏ 고온 내화 고성능 FRP 복합 건설재료 마이크로 기술로드맵

요소 기술	1 단계			2 단계				3 단계			요소기술 성능목표	적용분야
	2016	2017	2018	2019	2020	2021	2022	2023	2024	2025		
고성능 FRP 보강 기술개발		기존기술분석,개선 기술 도출		고온 내화 고성능 FRP복합재료 기술 개발 • 고온 내화 고성능 FRP 복합재료 기술 • 내부보강재 기술 개발 • 파쇄방지판 및 현장 거푸집 활용 기술 • 실험 및 이론을 통한 타당성 검증 • 경제성 분석				현장 적용 및 실용화 • 현장 적용 • 현장 적용성 평가 • 장기 거동 모니터링			• 경제성 및 시공성 등이 확보된 고온 내화 고성능 FRP 복합재료 기술 개발 • 현장 적용성이 확보되고 고온 노출후 역학적 성능의 객관적 검증 가능한 기술개발	• 신규 군사시설물 또는 노후화 군시설물 보강 적용 • 주요 정부시설물, 에너지 시설 등의 안전성 확보필수 시설물 적용
FRP 보강 설계 및 시공 기준				고온 내화 고성능 FRP 복합재료 품질평가 및 인증 • 품질 평가 항목 파악 • 품질 평가시험 및 평가기법 개발	기존설계 및 시공 기준 분석 • 북미, 유럽기준 • 휨 및 전단보강 • 고온 거동 분석 및 설계 기술 개발 시공 기준 • 고온 노출후 설계 해석 기술			설계 및 시공기준 개발 • 기준개발 및 공청회 실시 • 설계 예제집 작성 • 설계 교육 • 설계및시공기준 인증			• 최신 설계 및 시공기준에 부합된 고온 내화 고성능 FRP복합재료 설계 및 시공기준 개발	• 신규 군사시설물 또는 노후화 군시설물 보강 적용 • 주요 정부시설물, 에너지 시설 등의 안전성 확보필수 시설물 적용

❏ 기술개발 목표 및 중장기 계획

○ 선진국 대비 현재 50~70% 수준의 기술수준을 기술개발 최종연도에 100% 수준까지 달성시킴

- 개별 요소기술의 성능, 설계자립화 및 경제성을 성능지표로 하며, 각각의 핵심 요소기술별 다음 표와 같이 연차별 개발 목표를 설정함

핵심 요소기술	연도별 성능 개발 목표(선진국 수준 100 대비)							비고
	성능지표	현재	2017	2019	2021	2023	2025	
FRP 보강기술	FRP 보강기술의 보강 효율성	60	70	80	90	95	100	
	FRP 보강기술의 설계 자립화	50	60	70	80	90	100	
	FRP 보강기술의 경제성	70	75	80	85	90	100	
FRP 바닥판	FRP 바닥판 성능	70	75	80	85	90	100	
	FRP 바닥판 기술의 설계 자립화	50	60	70	80	90	100	
	FRP 바닥판의 경제성	70	75	80	85	90	100	
FRP 보강근	FRP 보강근 성능	70	75	80	85	90	100	
	FRP 보강근 콘크리트 구조물 설계 자립화	50	60	70	80	90	100	
	FRP 보강근 콘크리트 구조물 경제성	70	75	80	85	90	100	
내충격 방폭 고성능 FRP	방호 FRP 동적성능	30	40	50	80	90	100	
	FRP 적용 콘크리트 구조물의 동적성능	50	55	60	70	85	100	
	내충격 FRP 경제성	30	40	50	80	90	100	
고온 내화 고성능 FRP	고온 내화 FRP 동적특성	30	40	50	80	90	100	
	FRP 적용 콘크리트 구조물의 동적성능	50	55	60	70	85	100	
	고온 내화 FRP 경제성	30	40	50	80	90	100	

2-9. 산학연 협동방안

○ 본 기술로드맵의 실행은 산학연관 간의 긴밀한 협동을 통해 기술이 개발되며, 각 주체들의 역할은 다음 그림과 같음.

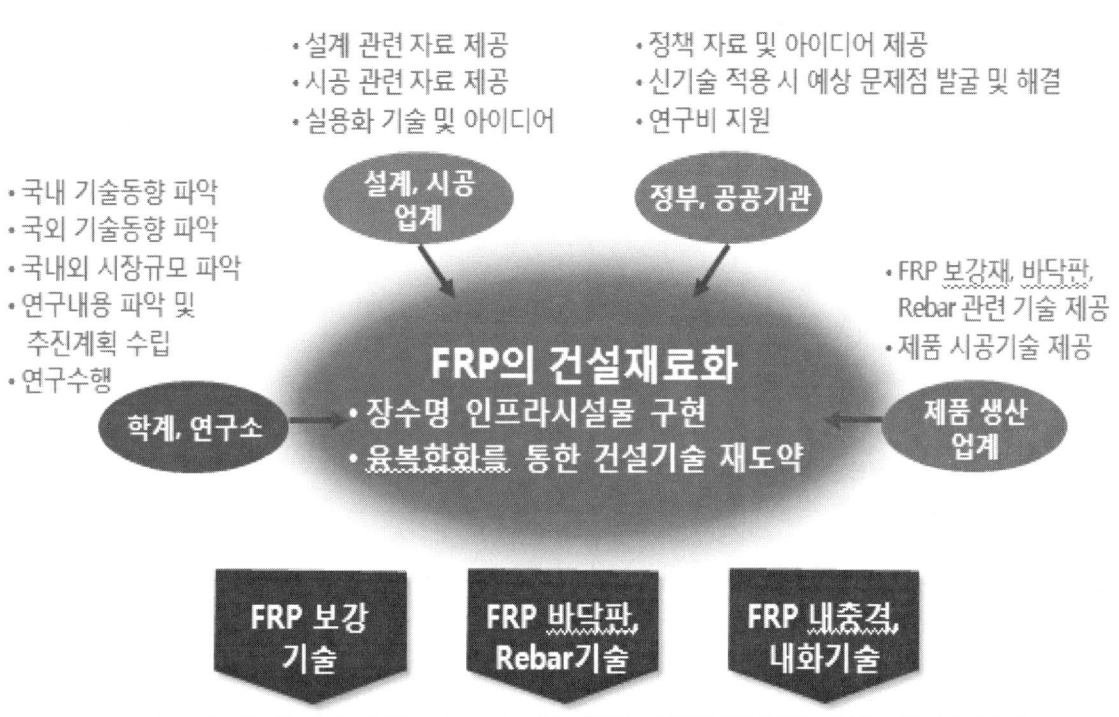

2-10. 기술확보 전략

❑ 핵심기술별 확보 전략

  ○ 본 사업에서 추진하는 핵심 요소기술의 세부기술 확보 전략은 아래와 같음.

핵심 요소기술	세부기술	세부기술 확보 전략	세부기술 확보 전략 사유
FRP 보강 기술	고효율 FRP 보강 기술 개발	자체 개발	- 고효율 FRP 보강기술은 해외에서 기술이전 쉽지 않고, 기술종속이 우려되므로 자체 개발이 필요
	FRP 보강 설계 기술	자체 개발	- 기술 자립화를 위해 자체 개발 필요
	FRP 보강 시공 기술	자체 개발	- 기술 자립화를 위해 자체 개발 필요
FRP 바닥판 기술	고효율 FRP 바닥판 개발	자체 개발 공동 개발	- 도로교에 사용되는 FRP 바닥판의 국내 개발 실적이 미흡하므로 자체 및 공동 개발 필요
	FRP 바닥판 설계 기술	자체 개발	- 기술 자립화를 위해 자체 개발 필요
	FRP 바닥판 시공 기술	자체 개발 공동 개발	- 도로교에 대한 FRP 바닥판의 국내 실적이 미흡하므로 공동 개발 필요
FRP 보강근 기술	고효율 FRP 보강근 개발	자체 개발	- 기술 자립화를 위해 자체 개발 필요
	FRP 보강근 품질시험 기술	자체 개발	- 기술 자립화를 위해 자체 개발 필요
	FRP 보강근 활용 기술	자체 개발	- 기술 자립화를 위해 자체 개발 필요
	FRP 보강근 설계 기술	자체 개발	- 기술 자립화를 위해 자체 개발 필요
FRP 내충격 방폭 기술	내충격 방폭 FRP 개발	자체 개발 공동 개발	- 후발 기술로서 자체 고부가 가치 기술 확보
	고성능 FRP적용 콘크리트 구조물 설계 기술	자체 개발 공동 개발	- 기술 자립화 필요
	내충격 방폭 FRP 시공기술	자체 개발 공동 개발	- 국내 실적 미흡
고온 내화 FRP	고온 내화 FRP 동적 특성	자체 개발 공동 개발	- 후발 기술로서 자체 고부가 가치 기술 확보
	FRP적용 콘크리트 구조물 동적 특성	자체 개발 공동 개발	- 기술 자립화 필요
	고온 내화 FRP 경제성	자체 개발 공동 개발	- 국내 실적 미흡

2-11. 정책제언

❑ FRP의 건설재료화 촉진을 위한 정책 제언

구분	미비점	개선점
법제도	· FRP를 활용한 구조물의 설계 및 시공 기준 미흡 · 새로운 재료 활용 촉진을 위한 제도 개선 · 생애주기비용(LCC) 분석에 기반한 사업 선정 제도 취약	· 새로운 재료 활용 촉진을 위한 인센티브 제도 운영 · 생애주기비용(LCC) 분석에 기반한 사업 선정 제도 확산
인프라	· FRP의 건설재료화에 대한 로드맵 부족 · FRP 바닥판, 보강근 생산 업체에 대한 지원 부족 · 고성능 내충격 방폭 및 내화 FRP 재료의 고부가 가치성 지원 부족	· FRP의 건설재료화 로드맵 수립 · FRP 바닥판, 보강근 생산 업체에 대한 지원 대책 마련 · 학연계의 기초연구 추진

토목/건축 분야 구조물에 새로운 재료나 공법 활성화를 위한 시방서(Specification), 매뉴얼(Manual), 공법 관련 Guideline 등 기술자료가 있어야 하는데, 국내에서는 아직 미비된 상태이기 때문에 FRP의 현장 적용에 많은 어려움이 있음. 예로서, 미국은 AWWA M45, Pre-Standard for LRFD of Pultruded FRP Structures(ASCE, ACMA)등이 있고, 캐나다의 경우에는 체계적으로 자료가 개발되어 있음.

토목건축분야 복합재료의 신제품과 신규 공법을 개발하기 위하여, 일본사례에서처럼 토목/건축분야 관계기관의 연구협회 설립 운영이 필요하며, 이를 통해 재료개발부터 FRP재료의 시공 표준화 구축이 필요함. 토목건축 분야 FRP의 시장확대를 위해서는 FRP 적용 보강설계 지침 및 시공 품질관리 방안의 Total Solution을 제안하는 노력도 병행 요구됨.

2-12. 기대효과

❑ 기술적 기대효과

   ○ 새롭게 부상하고 있는 FRP를 건설재료화시키기 위한 기술 자립화를 통해 선진국에의 기술 종속화 탈피

   ○ 설계 및 시공 기준의 자립화를 통한 기술 자립화가 가능하고 이를 바탕으로 해외 진출 가능

❑ 경제적 기대효과

   ○ 기존 인프라 시설물(교량 등)의 수명연장을 통한 국가 예산 절감

   ○ 인프라 시설물(교량 등)의 유지관리 최소화를 통한 국가 예산 절감

   ○ 고성능 FRP복합재료의 고부가가치성의 증대를 통한 건설재료 기술의 경제성 확보

❑ 사회적 기대효과

   ○ 인프라 시설물의 수명을 기존보다 2배 이상 연장시킴으로써 인프라 시설물의 보강, 개축 등에 따른 국민의 불편을 최소화시키고 이를 통해 국민의 삶의 질 향상에 기여

   ○ 건설 재료의 고성능화에 따른 CO_2 발생량 저감, 환경파괴 최소화, 인프라 시설물의 교체 주기 연장에 따른 건설폐기물 최소화 등이 가능해짐

   ○ 국내외 정세 불안 및 테러 등의 위협요소로부터 안전한 국민 기반시설의 제공

첨부 : 토목 건축분야 복합재료 시장조사

출처 : Market Report

- Lucintel Growth Opportunity in Global Composites Industry

- Lucintel Composites in the Asia Construction Market 2013-2018

<미국지역 산업별 성장률>

- 2000-2013년간 풍력발전 및 항공분야 성장률은 각각 60%, 28%로 높고, 토목건축 분야는 하향 (-25%)
- 1970-2000년간 Transportation, Construction 분야 사용량이 주 성장

Market Segment	Annual Growth Rate 2000-2013	Annual Growth Rate 1990-2013	Annual Growth Rate 1980-2013	Annual Growth Rate 1970-2013	Annual Growth Rate 2012-2013
Marine	8.6%	5.3%	4.6%	4.5%	3.4%
Transportation	-13.2%	-4.4%	-1.4%	1.1%	8.8%
Pipe & Tank	-6.1%	-0.5%	0.7%	3.4%	1.2%
Construction	-25.0%	-13.5%	-8.1%	-4.2%	8.3%
E&E	-1.7%	3.9%	3.9%	5.5%	-1.4%
Consumer Goods	5.5%	6.3%	5.7%	5.9%	3.0%
Wind Energy	60.0%	34.5%	NA	NA	-15.0%
Aerospace	27.5%	9.7%	8.1%	6.1%	10.3%
Others	4.1%	4.3%	3.3%	3.2%	0.6%
Total	-0.5%	2.2%	2.9%	4.0%	0.6%

Average Annual Growth Rates during last 10, 20, 30, and 40 years (1970-2012) in Various Market Segments of the US Composites Industry. (Source: Lucintel)

<유럽지역 산업분야별 성장률>

- 유럽지역 복합재료 사용량은 정체 상태
  ; 12년 3,076 million lb → '13년 2,990 million lb
- 항공 및 Consumer good분야 제외한 다른 산업분야 하락
- 2008-2013년간 풍력발전 및 항공분야 성장

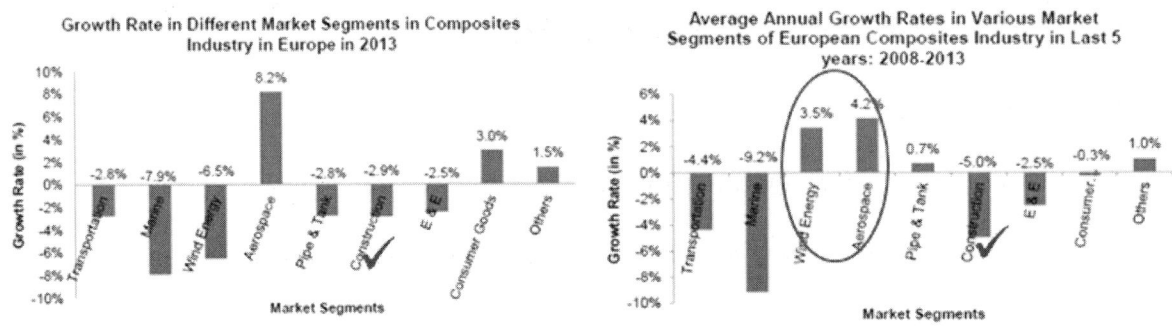

Growth Rate in Various Market Segments in European Composites Market

*) Market Report : Lucintel Growth opportunity in Global Composites Industry 2014-2019

<아시아지역 산업분야별 성장률>

- 2014년 복합재료 산업분야 전체가 성장세이며, 풍력발전 분야에 성장 우세함.

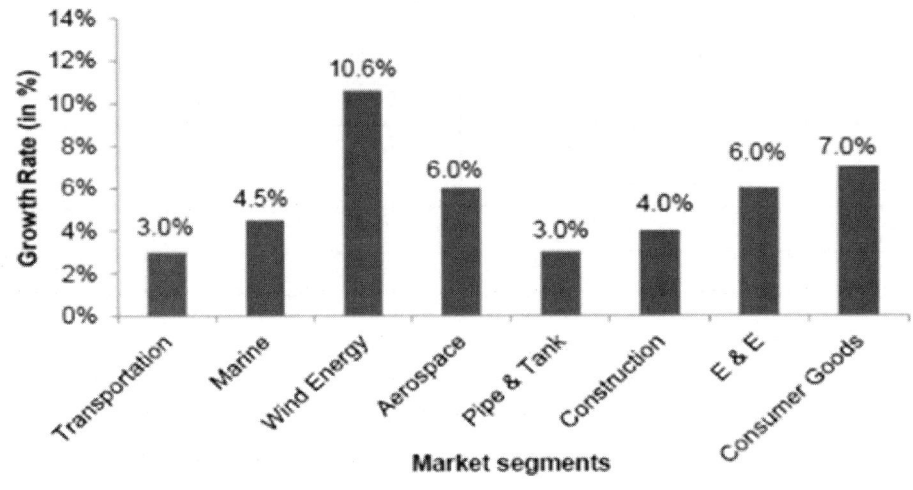

*) Market Report : Lucintel Growth opportunity in Global Composites Industry 2014-2019

- 2008~2013년간 아시아지역 토목건축용 복합재료의 평균 성장률은 8.9 %이며, 각 용도별 성장률은 아래와 같음. Doors, Windows, Utility pole 용도로 성장률이 높으며, Rebar 용도 성장률도 평균치 이상으로 성장하였음.

- 2013년 복합재료 사용량은 약 93만톤 정도이며, 주 용도로 Bath 35%, Cooling tower 25%, 건축용 25%, Grating류가 7.4%를 차지하나 Rebar는 0.5%에 그침.

- 주 사용재료는 유리섬유가 46%, 폴리에스터 레진이 35% 로 대부분 사용되고 있으며, 탄소섬유는 0.1%에 그치고 있음.

- 2007년 토목건축분야로 76만톤의 복합재료가 사용되었으며, 부품 제조를 사용된 주요 성형공법은 Spray up이 36%, Pultrusion 34%, Compression molding 18%, Hnad lay up 8% 정도로 대부분의 공정을 차지하고 있음.

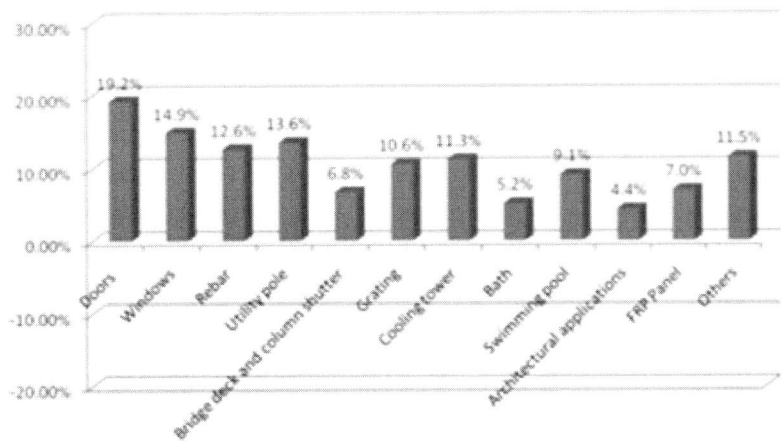

*) Market Report : Lucintel Composites in the Asia construction market 2013-2018

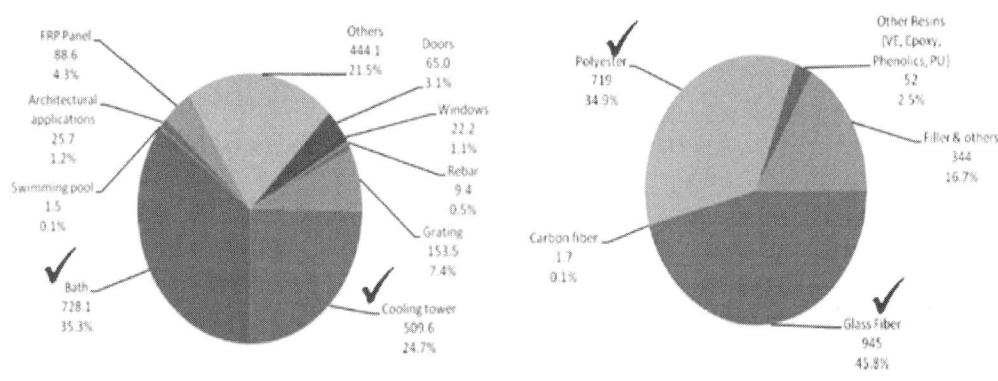

Composites raw material shipment (mill lbs) by application in 2013   Composites raw material inputs (mill lb) in the construction market 2013

*) Market Report : Lucintel Composites in the Asia construction market 2013-2018

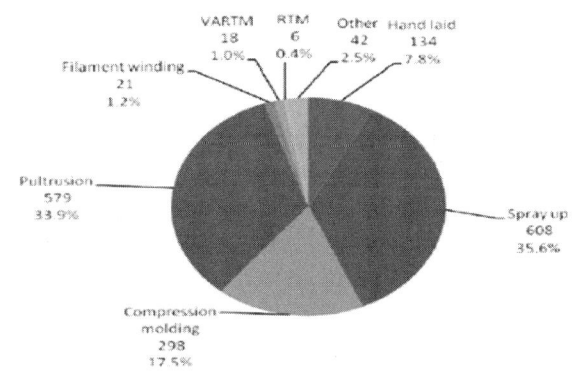

Composites material volume (mill lbs) by process in 2007

*) Market Report : Lucintel Composites in the Asia construction market 2013-2018

<미국지역 복합재료 시장전망>

- Total Industry Size : 약 240만톤('14) → 310만톤('19)
- 토목건축분야 비중 소폭 상승 : 24.5%('14) → 25.7('19)
- Transportation 분야 상승 전망 : 28.5%('14) → 31.6%('19)

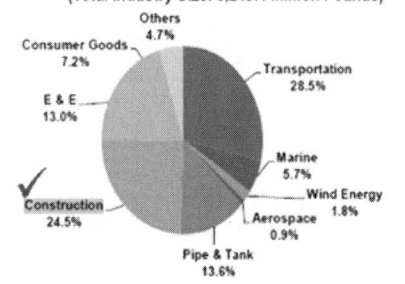
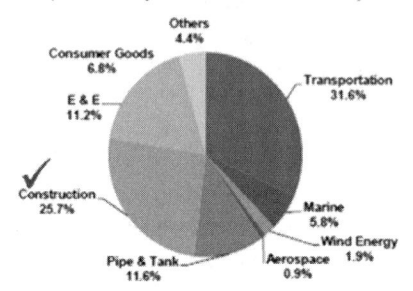

*) Market Report : Lucintel Growth opportunity in Global Composites Industry 2014-2019

<유럽지역 복합재료 시장전망>

- Total Industry Size : 약 140만톤('14) → 180만톤('19)
- Transportation 분야 1위로 30%
- 토목건축분야 : 23만톤('14) → 30만톤('19)

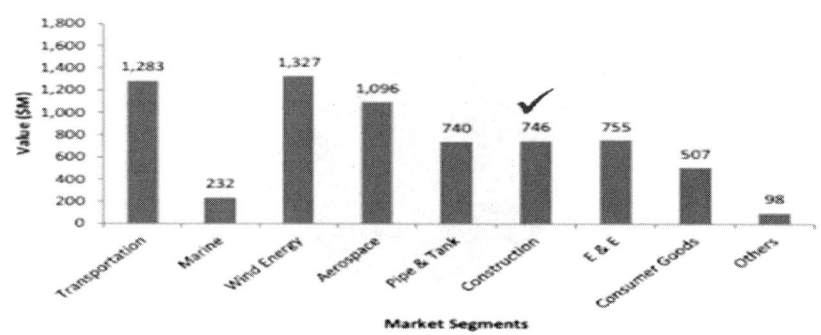

*) Market Report : Lucintel Growth opportunity in Global Composites Industry 2014-2019

- Construction 복합재료 Size : 746 $M, 670 million lbs ('19) → 1.1 $/lb

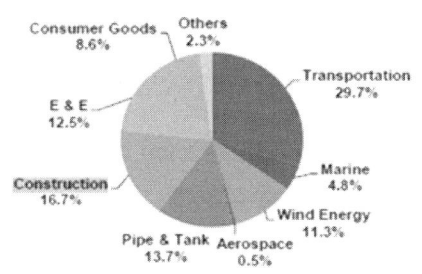 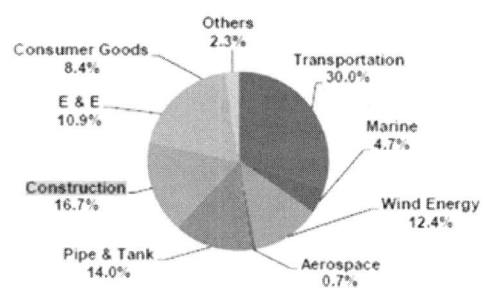

*) Market Report : Lucintel Growth opportunity in Global Composites Industry 2014-2019

<아시아 시장전망>

- 2014-2019년간 Aerospace 분야 8.7%, 풍력발전 분야 6.3%, 토목건축분야 4.4% 성장

- Total Industry Size : 약 420만톤('14) → 550만톤('19)

- 토목건축분야 비중 : 21.2%('14, 87만톤) → 20.3%('19, 110만톤)

    2,344 $M, 2,400 million lbs ('19) → 0.98 $/lb (유럽 1.1 $/lb)

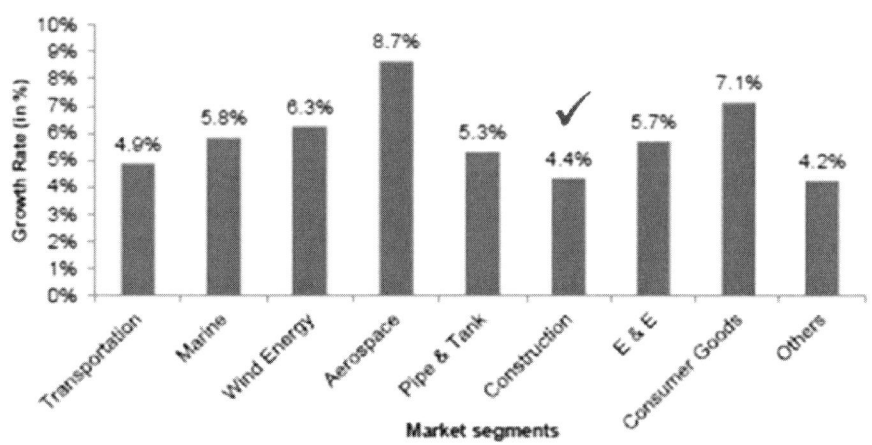

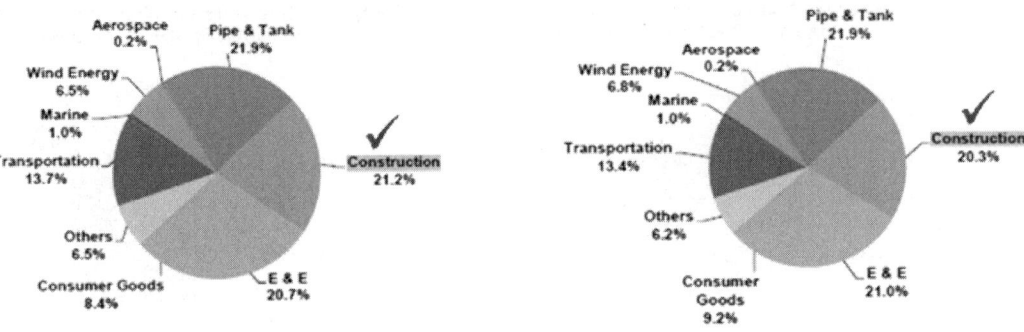

*) Market Report : Lucintel Growth opportunity in Global Composites Industry 2014-2019

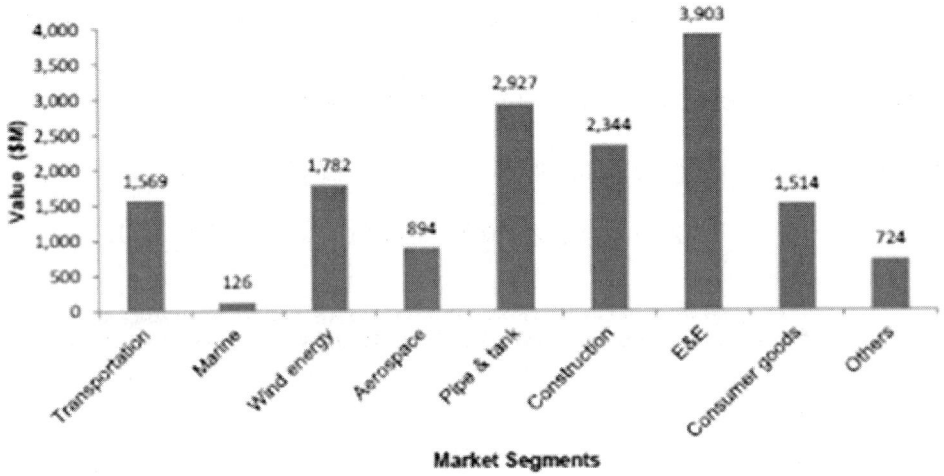

*) Market Report : Lucintel Growth opportunity in Global Composites Industry 2014-2019

의료, 해양·레저, 전기·전자분야 복합재료기술 로드맵

2016. 9. 1

분과위원장 : 전흥재(연세대)
위원(의료) : 전흥재(연세대)
위원(해양·레저) : 서형석(RIMS)
위원(전기·전자) : 박성대(KETI)

의료분야 복합재료기술 로드맵

< 목 차 >

1. 기술의 정의 ... 251
2. 비전 ... 252
3. 목표 ... 252
4. 국내외 시장 전망 ... 253
5. 국내외 연구동향 및 기술발전 전망 ... 256
6. SWOT분석 ... 265
7. 핵심전략 제품·기술 ... 266
8. 기술로드맵 ... 267
9. 인력양성전략 ... 268
10. 기술 확보 전략 ... 269
11. 연구개발 가이드라인 ... 270
12. 정책제언 ... 272
13. 기대효과 ... 273

요약표

Application of Composite Materials in Biomechanics

정의	○ 이방성과 우수한 기계적 물성을 가진 복합재료를 적용한 신 의료기기 ○ 세계적으로 복합재료를 이용한 의료기기 제품개발은 초기단계에 머물고 있어 효과적인 연구투자로 국내뿐 아니라 국제 시장에서의 경쟁력 확보 가능
비전 및 목표	**복합재료가 적용된 의료기기 제품 개발** - 1단계(2015-2018) 복합재 의료기기 제품 생산 기술 및 - 2단계(2018-2021) 의료기기 제품 설계 및 해석 기술 확보 - 3단계(2021-2024) 인체 거동 모사 기술 확보

동향	○ 기존 의료 제품의 성능을 뛰어 넘는 복합재료 적용 의료 제품 개발 연구
	  - 기존 금속재료가 갖는 고강성으로 인한 응력 방패 현상 감소
	  - 복합재료의 이방성을 활용하여 인체 움직임과 유사한 Range of Motion(ROM) 구현
	○ 지속적인 의료기기 시장 규모 성장 전망

기술수준 및 경쟁력

세계최고국명	최고국대비 기술수준(%)	기술격차(년)	R&D전략
미국	65.6%	3.6년	- 복합재 의료기기 제품 대량생산 기술 확보 및 공정 개발을 통한 가격 경쟁력 확보 - 제품 설계 기술 향상을 통한 제품 안정성 증대 및 인체 거동 모사

강점	약점
- 국제적으로 경쟁력 있는 의료 인력, 기술, 시설 보유 - 높은 미래 기술적 위상으로 다양한 연구 지원 기대	- 글로벌 기업의 특허권 선점과 기술 표준화 추구 - 국내 원천 기술 확보 미약

핵심요소기술

핵심 요소기술	세부기술*	현재 (2015)		목표 (2024)
복합재료 의료기기 제품 설계 및 생산 기술	복합재 제품 의료기기 생산 기술	50	➡	95
	의료기기 제품 설계 및 해석기술	55	➡	95
	인체 거동 모사 기술	50	➡	90
Soft tissue 복합재료 기술	Scaffold 복합재 생산 기술	40	➡	95
	Scaffold 설계 기술	45	➡	95

* 선진국 수준(100) 대비 목표를 표시

정책제언	○ 복합재료를 이용한 의료기기 설계 및 생산 기술을 통해 기존 금속 및 폴리머 소재가 갖는 기계적 성능의 한계를 극복 ○ 지속적인 의료 기기 시장의 증대에 따른 국가적 차원의 연구 지원 및 투자를 통한 연구 인력 양성

1. 기술의 정의

❑ 의료기기

- 사람 또는 동물에게 단독 또는 조합하여 사용되는 기구·기계·장치·재료 또는 이와 유사한 제품으로서 다음의 어느 하나에 해당하는 제품(의료기기법 제2조)

  > 1. 질병을 진단·치료·경감·처치 또는 예방할 목적으로 사용되는 제품
  > 2. 상해 또는 장애를 진단·치료·경감 또는 보정할 목적으로 사용되는 제품
  > 3. 구조 또는 기능을 검사·대체 또는 변형할 목적으로 사용되는 제품
  > 4. 임신을 조절할 목적으로 사용되는 제품

- 단, 약사법에 의한 의약품과 의약외품 및 「장애인복지법」 제65조에 따른 장애인 보조기구 중 의지·보조기는 제외

❑ 복합재료

- 두 종류 이상의 소재를 복합화한 후 물리적·화학적으로 각각의 소재가 원래의 상을 유지하면서 원래의 소재보다 우수한 성능을 갖도록 한 재료

- 보통의 금속재료는 재료의 방향에 관계없이 그 성질이 일정한 등방성이 대부분인데 비하여 복합재료는 바탕이 되는 재료에 아주 높은 강도를 갖는 보강섬유를 하중이 걸리는 방향으로 배열하여 사용조건에 따라 효과적으로 재료를 설계할 수 있음.

- 복합재료로서 개선할 수 있는 특성은 강도 및 강성, 내식성, 피로수명, 내마모성, 충격특성, 내열성, 전기 절연성, 단열성, 경량화, 외관 등이며 특히 비강도, 비강성 특성이 뛰어남

❑ 이방성과 우수한 기계적 물성을 가진 복합재료를 적용한 신 의료기기로 인체 물성과 유사한 강성 조절을 통해 기존의 금속소재 제품에서 발생하는 응력 방패현상을 감소시키고, 인체 거동 모사 가능

2. 비전

❑ 의료분야에서의 기능성 복합재료 활용

○ 우수한 기계적 물성 및 특성을 가진 복합재료의 활용
- 복합재료를 이용한 의료기기 설계 및 생산기술을 통해 기존 금속 및 폴리머 소재가 갖는 기계적 성능의 한계를 극복

○ 국내외 의료시장의 지속적인 성장 및 복합재 의료기기 제품 개발 현황
- 세계적으로 복합재료를 이용한 의료기기 제품개발은 초기단계에 머물고 있어 효과적인 연구투자로 국내뿐 아니라 국제 시장에서의 경쟁력 확보 가능

3. 목표

❑ 복합재료가 적용된 의료기기 제품 개발

○ 1단계(2015-2018) : 복합재 의료기기 제품 생산 기술 및 공정 확보
- 복잡한 자유 곡면 형상을 갖는 복합재 의료기기 제품 생산 기술 확보
- 복합재 의료기기 제품 곡면 처리 및 표면 처리 기술 확보
- 고강도, 고경도, 고내마도 복합재 의료기기 제품 개발 기술 확보
- 제품 대량생산 공정 개발

○ 2단계(2018-2021) : 제품 설계 및 해석 기술 확보
- 복합재 의료기기 제품의 기계적 평가 기준 기술 확보
- 복합재 의료기기 제품의 생체 적합성 평가 기준 기술
- 제품 최적 설계 기술 확보

○ 3단계(2021-2024) : 인체 거동 모사 기술 확보
- 생체 친화적 대체 소재 개발 기술
- 인체 움직임과 유사한 Range of Motion(ROM) 구현 기술 확보
- 기술 개선 및 신소재 활용
- 환자 맞춤형 복합재 의료기기 제품 설계 및 생산기술 확보

4. 국내외 시장 전망

❑ 세계 시장 전망

○ 2013년 세계 의료기기 시장 규모는 약 3,238억달러로 추정(BMI Espicom, 2014)되며, 2012년 대비 3.9% 증가함.

○ 2009년 이후 시계시장의 전년대비 성장률은 2010년에 11.0%, 2011년 10.1%로 두 자릿수 증가하였고 2012년에 2.4% 소폭 증가세를 보였으며, 다시 성장률이 점차 호전되는 추세임.

○ BMI Espicom(2014)에 의하면 2014년 세계 의료기기 시장 규모는 약 3,403억달러로 추정되며 이는 전년도 대비 5.1% 증가한 수준이고, 2009년 이후 연평균 6.5% 성장한 것으로 나타남.

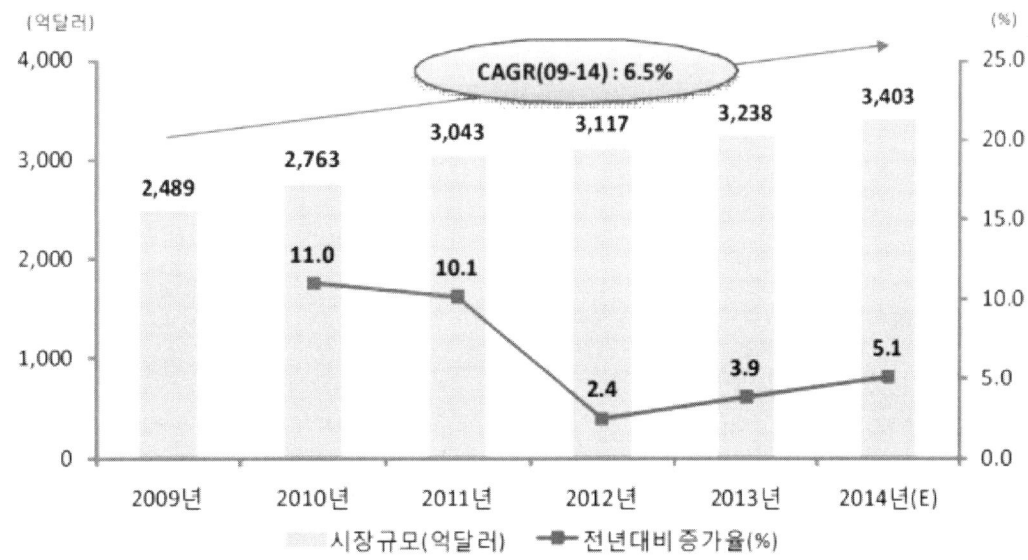

그림 7. 세계 의료기기시장 규모

○ 지역별 시장 시장 규모는 북미/남미 지역이 1,546억달러(45.4%)로 가장 큰 시장을 형성하는 것으로 나타났으며, 2009년 이후 연평균 6.7% 성장함. 독일, 프랑스, 이탈리아 등 서유럽이 880억달러(25.9%)로 연평균 3.6% 성장하였고 한국, 중국, 일본 등 아시아/태평양은 723억달러(21.3%) 규모에 연평균 10.8%로 가장 높은 성장률을 보임.

○ 향후 세계 의료기기 시장은 2019년에 약 4,678억달러로 성장, 2014년 이후 연평균 성장률은 6.6%에 달할 것으로 전망(BMI Espicom, 2014).

(단위 : 억달러)

구분	북미/남미		유럽		아시아/태평양		중동/아프리카		합계	
	현재	2016	현재	2016	현재	2016	현재	2016	현재	2016
의료산업	1,546	1,753	1,051	1,089	723	844	83	100	3,403	3,785

출처 : BMI Espicom(2014)

❏ 국내 시장 전망

○ 식약청 실적보고에 의하면 생산수출입 실적 기준 국내 2013년 의료기기 시장 규모는 4조 6,309억원 규모이며, 전년도 대비 0.8% 증가함.

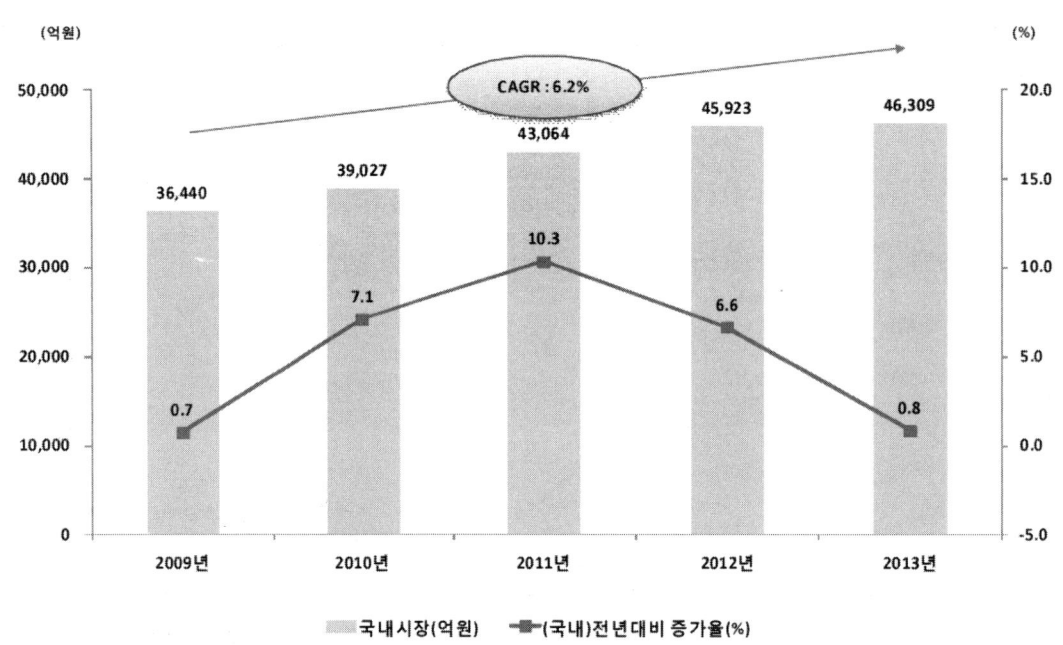

그림 8. 국내 의료기기시장 규모 추이(생산수출입 실적 기준)

○ 국내 시장규모는 2009년부터 2013년까지 연평균 6.2%의 성장세를 지속하였고, 2013년 국내 의료기기 생산액은 4조 2,242억원으로 2012년 대비 8.9% 증가하였으며, 2009년부터 2013년까지 연평균 성장률도 11.2%로 생산규모가 계속 성장해왔음을 알 수 있음.

○ 수출액의 경우 2009년부터 2013년까지 연평균 14.2%의 고성장세를 유지하고 있으며, 2013년 2조 5,809억원 수출로 2012년 대비 16.5% 확대됨. 2013년 의료기기수입액은 2012년 대비 4.9%의 증가한 2조 9,882억원으로, 2009년 이후 연평균 성장률은 5.6%로 나타남.

○ 2013년 무역수지 적자규모는 4,074억원으로 전년대비 43.0% 감소하였고, 2013년 수입의존도는 64.5%로 전년대비 0.7%p 상승함. 수입규모가 계속 증가하는 추세이나, 수출액 급증으로 시장규모는 상대적으로 소폭 증가하여 수입의존도가 약간 높아진 것으로 나타남.

(단위 : 백만원, %)

구분	2009년	2010년	2011년	2012년	2013년	CAGR (08~13)
생산(A)	2,764,261 (9.5)	2,964,445 (7.2)	3,366,462 (13.6)	3,877,374 (15.2)	4,224,169 (8.9)	11.2
수출(B)	1,519,027 (21.7)	1,681,619 (10.7)	1,853,785 (10.2)	2,216,074 (19.5)	2,580,862 (16.5)	14.2
수입(C)	2,398,814 (2.5)	2,619,895 (9.2)	2,793,709 (6.6)	2,931,014 (4.9)	2,988,241 (2.0)	5.6
무역수지 (E=B-C)	-879,787 (-19.5)	-938,276 (6.6)	-939,925 (0.2)	-714,940 (-23.7)	-407,379 (-43.0)	-17.5
시장규모(F)	3,644,047 (0.7)	3,902,720 (7.1)	4,306,387 (10.3)	4,592,314 (6.6)	4,631,548 (0.9)	6.2
수입점유율(G)	65.8	67.1	64.9	63.8	64.5	-
산업규모 (H=A+C)	5,163,074 (6.1)	5,584,340 (8.2)	6,160,171 (10.3)	6,808,388 (10.5)	7,212,242 (5.9)	8.7

주: 1. ( ) 수치는 전년대비 증가율
2. 시장규모(F) = (A)-(B)+(C) ; 수입점유율(G) = (C)/(F)×100 ; 산업규모(H) = (A)+(C)
3. 수출입 환율은 한국은행 연도별 연평균 기준 환율('13년은 1,095.04원)을 적용했으며, 달러화 기준 전년대비 증가율과 상이할 수 있음

출처 : 식품의약안전처, 의료기기 생산 및 수출·수입실적 보고 자료

5. 국내외 연구동향 및 기술발전 전망

❑ 해외 주요 연구동향

○ Bone Fracture Repair

- Carbon PEEK로 제작된 Tibial nail, Dynamic compression plate, Proximal humeral plate, Distal radius volar plate를 상용 제품들과 생체역학적으로 비교한 결과 Carbon PEEK 제품에서 응력방패현상이 적게 발생함.

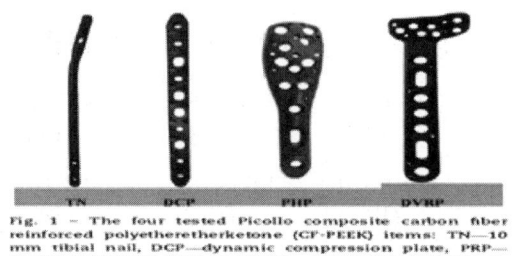

그림 9. 네 가지 타입의 CF-PEEK bone plate

- Knitted Carbon PEEK로 제작된 Plate에 대한 굽힘 성능 평가에서 Braided composite plates보다 굽힘 성능이 55-59% 우수함.

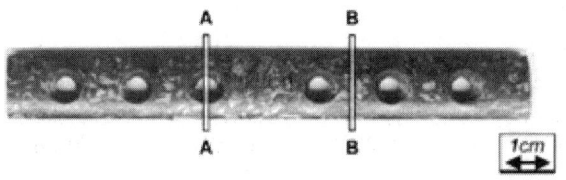

그림 10. Knitted Carbon PEEK composite bone plate

- Strainless 고정판과 적층 순서를 달리한 Composite 고정판을 대상으로 골절치료에 대한 효과를 비교 분석한 결과 Composite 고정판이 응력방패현상을 감소시킴.

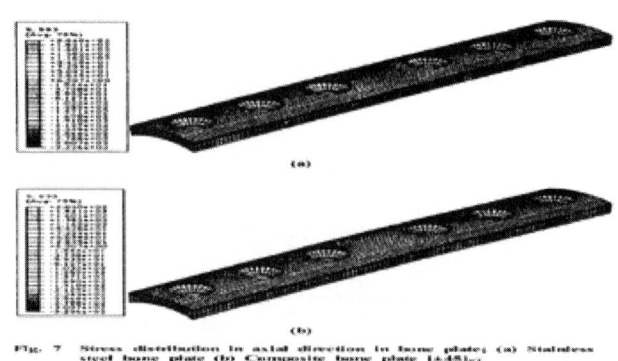

그림 11. 소재에 따른 Bone plate 응력 분산

◯ Spine Instrumentation

- Wedged Carbon Fiber Reinforced Polymer(CFRP) cage의 안정성과 효과를 테스트한 결과 Fusion success 97.2%, Clinical success 94.6%, Overall success 91.2%의 결과를 보임을 통해 CFRP cage의 안정성이 검증이 되었고, FDA 승인도 득함.

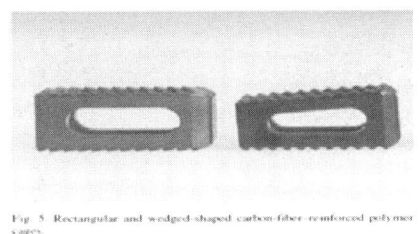

그림 12. CFRP cage

◯ Joint Replacement

- Zirconia Toughened Alumina(ZTA) head와 Carbon Fiber Reinforced PEEK(CFR PEEK) cup으로 구성된 Total Hip Replacement(THR)를 Durham Hip Simulator를 이용하여 평가한 결과 문헌의 UHMWPE, XLPE 소재를 이용한 Wear 실험 결과보다 월등히 낮은 Wear rate가 발생함.

그림 13. Total Hip Joint Liner: Carbon Fiber Composite Material

- Biomet의 Oxford Partial Knee의 Tibial insert의 소재를 CFR-PEEK로 바꾸고 5 million cycles 마모 시험을 수행한 결과 일반적인 UHMWPE 소재의 Tibial insert 보다 더 적은 마모가 발생함.

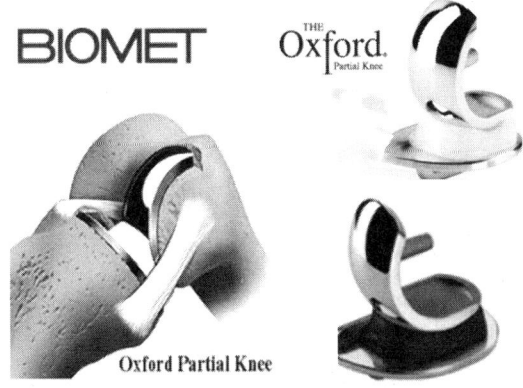

그림 14. Biomet Oxford Partial Knee

- Carbon Fiber Reinforced PEEK(CFRP PEEK)로 제작된 Total Hip Replacement (THR)의 고정력을 *in-vivo*로 평가하기 위해 양에게 식립하고 52주 동안 CT와 조직학적 방법으로 평가한 결과 Stem의 고정은 Cemented와 Cementless 모두 잘 이루어졌고, Cup의 고정은 Cemented와 Cementless 모두 어려웠으나 Bone on growth는 두 개의 Cementless case에서 나타남.

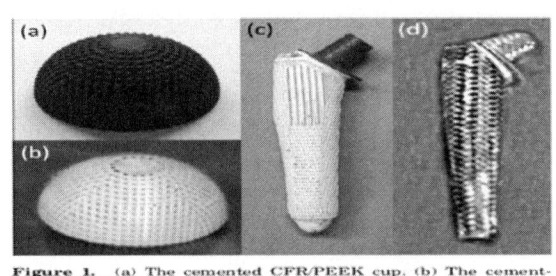

그림 15. CFR/PEEK로 제작된 Cemented/Cementless Cup과 Stem

○ Prosthetic Limbs and Braces
- 근전도 신호로 작동하는 Ankle-Foot 보조기의 종아리 고정부분이 Carbon Fiber Polypropylene으로 되어있어 근육의 동시 수축 없이 보조기 사용에 쉽게 익숙해질 수 있다는 장점을 지님.

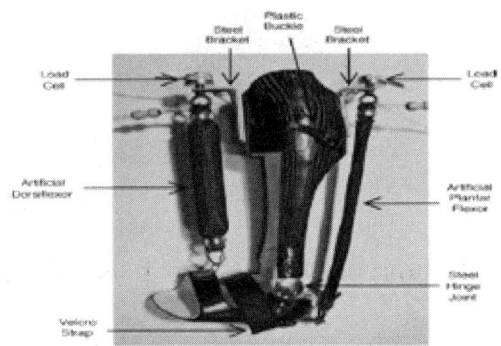

그림 16. Pneumatically powered ankle-foot orthosis

- Transmetatarsal amputation 환자용 Prosthesis가 Gait pattern을 개선하기 위한 연구로 정상인과 일반 신발을 신은 환자, 맨발로 걷는 환자, 그리고 Carbon fiber prosthesis를 착용한 환자를 비교·분석한 결과 Carbon fiber prosthesis 착용 환자가 월등한 개선 효과를 보임.

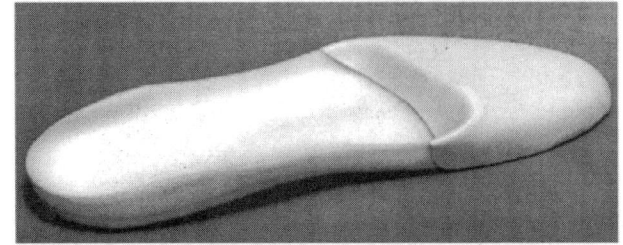

그림 17. Carbon fiber가 적용된 Transmetatarsla amputation prosthesis

○ Scaffold

- 단일 물질 Scaffold의 한계를 보완하기 위해 Composite scaffold 연구 개발이 이루어지고 있으며, Hemim Nie의 연구에서 HAp의 취성을 보완하기 위한 PLGA/HAp composite scaffold 제작하였고, Fraklin T. Moutos의 연구에서는 직교 이방성 물성을 갖는 3차원 Woven composite scaffold 제작 등의 연구 성과를 이루어 냄.

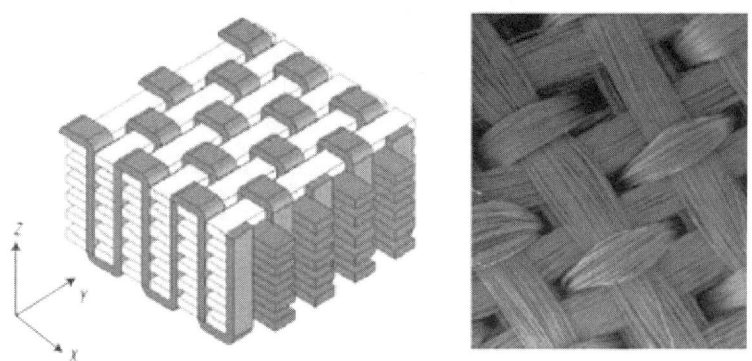

그림 18. 3D Woven composite scaffold

❑ 국내 주요 연구 동향

○ Spine instrumentation

- 유합용 Cage에 사용되는 재료인 Titanium과 Carbon Fiber Reinforced Polymer(CFRP)의 강성 차이에 따른 효과를 비교한 결과 Titanium cage의 고강성으로 인해 발생했던 응력방패현상을 감소시킬 뿐만 아니라 골유합도 증가시킬 수 있음을 확인함.

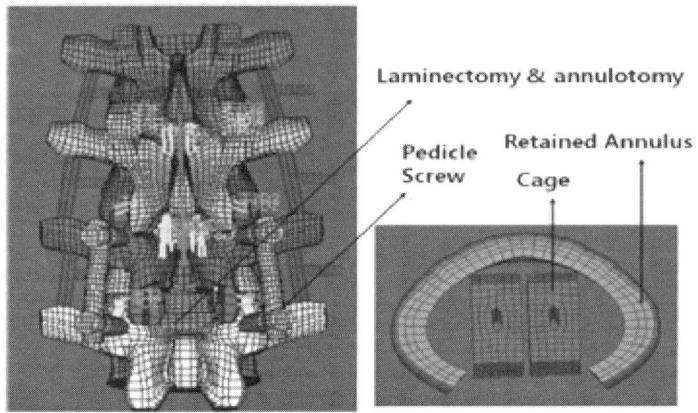

그림 19. Cage가 삽입된 Spine 유한요소해석 모델

- L4-S1에 Pedicle screw와 Rod를 삽입하고 Rod의 소재를 Titanium, PEEK, CFR-PEEK로 바꿔가며 순수 Cadaver 굽힘 및 복합하중을 가한 결과 Titanium보다 CFRP의 Range of Motion(ROM) 결과가 Intact 모델의 결과와 유사함을 확인함.

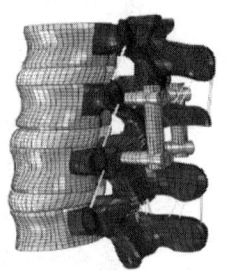
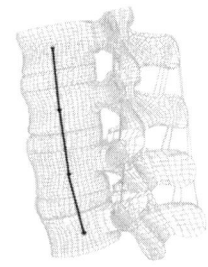

Fig.1. Implanted model current study. Fig.2. Lateral view of the finite element model showing follower load trusses at each level.

그림 20. Pedicle screw와 Rod가 삽입된 Spine 유한요소해석 모델

○ Joint Replacement

- ㈜셀루메드와 연세대학교 기계공학과 지능형구조 및 통합설계 연구실(전흥재 교수) : 섬유강화 복합재료 소재를 이용한 Unicompartmental Knee Replacement Tibial Insert 임플란트 개발 연구 진행 중.

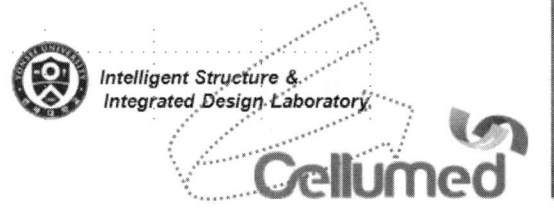
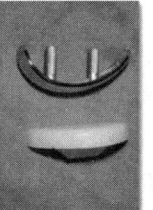
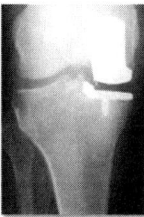

그림 21. ㈜셀루메드 & 연세대학교 기계공학과 복합재 Tibial insert 개발 연구 진행

○ Scaffold

- 한국 기계연구원 나노자연모사연구실에서 2006년부터 3D프린터를 개발하기 시작하여 현재는 다중 노즐을 이용하거나 세포프린팅이 가능한 3D 프린터 장비를 개발함.

	해외	국내	
		공공	민간
의료 산업	· 원천 기술 확보 및 복합재 적용 의료기기 시장 선점을 위한 지적재산권 확보 필요 · 복합재 의료기기 대량 생산 공정 개발을 통한 가격 경쟁력 확보 필요	· 환자의 ROM을 모사하는 의료기기 및 환자 맞춤형 의료기기 개발 및 공정 확립 · 2013년 기준 국가R&D 투자현황 은 약 705억원으로 전체 재원 중 19.7%에 해당	· 2013년 기준 R&D 투자의 민간재원은 약 5억원으로 전체 재원 중 0.1%에 해당

출처 : 미래창조과학부·한국과학기술기획평가원, 연구개발활동조사

❏ 기술발전 전망

○ Composite Materials 의료기기 보유 기업

- 53개의 글로벌 의료기기 업체 중 복합재료를 이용하여 제품을 출시한 업체는 11곳에 불과하고, 국내 의료기기 업체는 전무한 실정임.

DJO	Zimmer	Amplitude	Mathys	Surgival
DePuy	Correntec	Acumed	Peter Brehm	Omni
Mako	coLigne	Orhodynamics	JRI	Pega Medical
Orthomedical	Global Orthopaedic	Horthopedics	Ortho	Nakashima
Stryker	ATF	Gruppobioimplanti	Kyocera Medical	Medacta
Osimplant	Corin	Aptis	Samo	Orthopediatrics
Microport	B.Braun	Ceramconcept	Maxx	Exactech
Smith & Nephew	Biotechni	Arthrex	Matortho	Mirror
Skelkast	Aston	Consensus	Tonier	Fillauer
Alloplus	Alder	Lima	Sbi	
United	Carbofix	Konacy	Ohst	

그림 22. Composite Materials 의료기기 제품 출시 기업 현황

○ Composite Materials 의료기기 현황

- 출시 제품은 Spine instrumentation이 가장 많았고, Bone fracture repair, Prosthetic limbs and brace가 그 뒤를 이음.

	Composite materials 의료기기 제품 수	Composite materials 의료기기 보유 업체 수
Bone Fracture repair	12	3
Spine Instrumentation	16	3
Joint Replacement	1	1
Prosthetic Limbs and Brace	4	2
Medical Instrumentation	2	2
Total	35	11

- Total Knee Replacement, Total Hip Replacement, 그리고 Unicompartmental Knee Replacement의 주요 파트를 복합재료를 사용하여 제작한 제품은 전무한 실정임.

○ 출시된 Bone fracture repair 분야 Composite Materials 의료기기 제품

- Bone plate : Fracture가 발생한 골의 분리를 예방하고, 유착할 때까지 고정판의 역할을 함. High Tibial Osteotomy(HTO) 수술 시 적용되며 Lima사와 Arthrex사의 경우 Carbon PEEK 소재를 사용하였고, Carbofix사는 Long Carbon Fiber Reinforced Polymer(LCFRP)를 사용함.

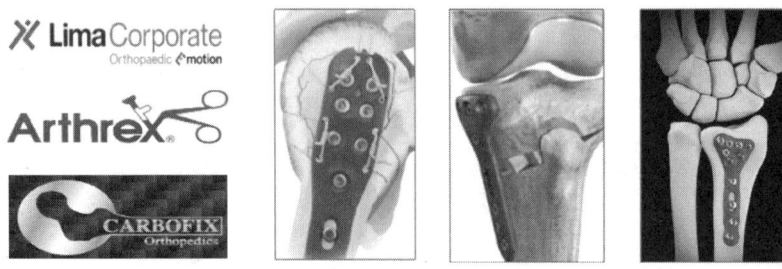

그림 23. 복합재료가 적용된 Bone plate

- Intramedullary nail : Femoral neck fracture 등 long bone 외상이 발생한 경우 골 고정 시 사용함. Carbofix사에서 Long Carbon Fiber Reinforced Polymer(LCFRP) 제품을 출시함.

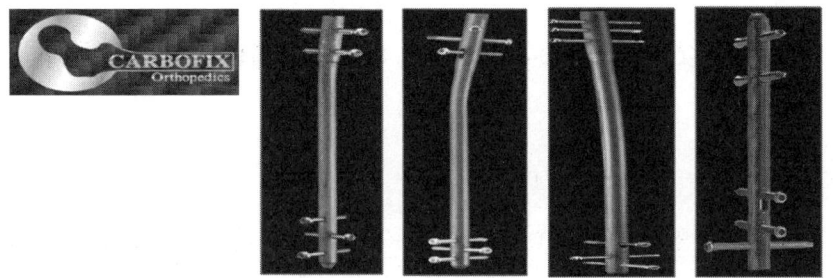

그림 24. Carbofix사의 LCFRP intramedullary nail

○ 출시된 Spine Instrumentation 분야 Composite Materials 의료기기 제품

- Cage : 척추 유합술 시 추간판 위치에 삽입되어 척추 분절을 하나의 골로 고정하는 역할을 함. Depuy사에서 Carbon PEEK 소재로 개발된 Cage 제품을 출시하였고, coLigne사는 Long Carbon Fiber Reinforced Polymer(LCFRP) 제품을 출시함.

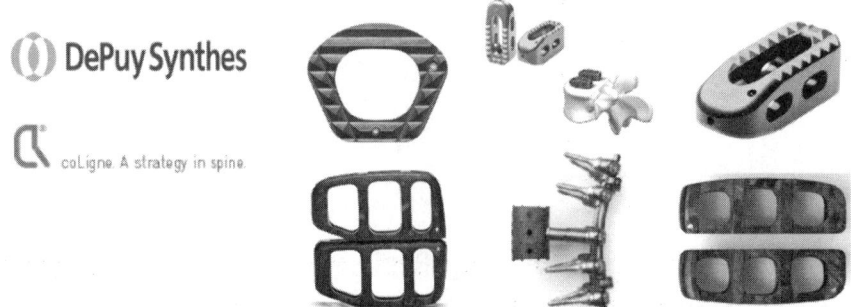

그림 25. 복합재료가 적용된 Cage

- Osimplant사에서 인공 Disc 치환술 시 사용되는 인공 Disc를 Carbon PEEK제품으로 출시함. coLigne사에서 Pedicle screw를 연결하는 Connector rod를 Long Carbon Fiber Reinforced Polymer(LCFRP) 제품으로 출시함.

그림 26. 복합재가 적용된 인공 Disc 및 Pedicle screw

○ 출시된 Joint Replacement 분야 Composite Materials 의료기기 제품

- Total Knee Replacement(TKR) : 손상된 슬관절 부위를 제거하고 관절의 길이와 위치에 맞게 인공관절을 삽입하여 기존 관절을 대체하게 하는 치료법. B.Braun사에서 Total Knee Replacement의 Tibial insert hinge를 Carbon PEEK로 제작 및 출시함.

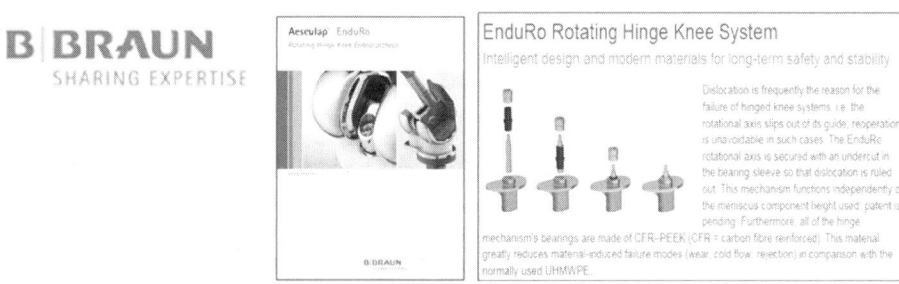

그림 27. B.Braun사의 복합재가 적용된 Total Knee Replacement

○ 출시된 Prosthetic Limbs and Brace 분야 Composite Materials 의료기기 제품

- DJO사에서 환자의 재활을 돕는 일부파트가 Carbon fiber composite로 제작된 Knee ligament brace와 wrist brace를 출시함.
- Fillauer사에서 Carbon PEEK로 제작된 보행 교정기구와 의족을 출시함.

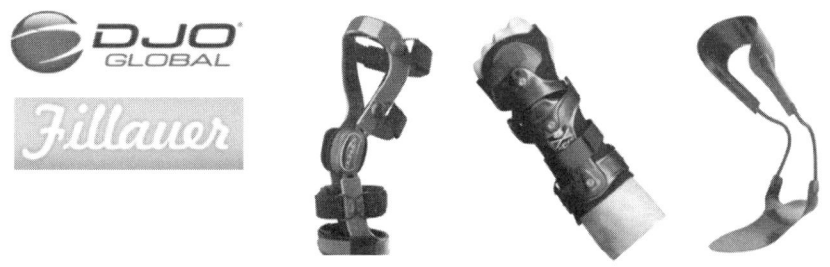

그림 28. 복합재가 적용된 Brace 및 의족

❍ 출시된 Medical Instruments 분야 Composite Materials 의료기기 제품

- Smith&Nephew사에서 External fixation system을 Carbon fiber composite로 제작함.
- Stryker사에서 External fixation system에 사용되는 Rod를 Carbon fiber composite로 제작함.

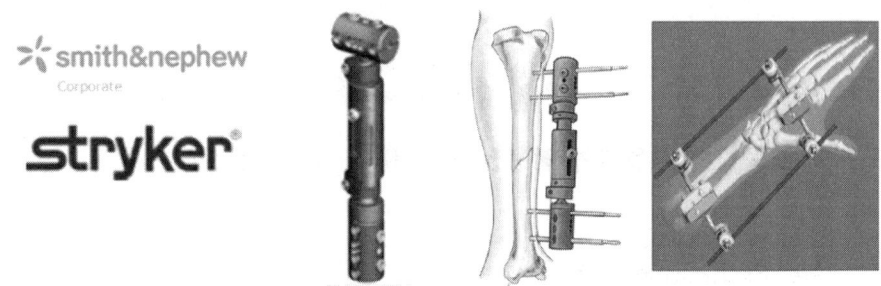

그림 29. 복합재가 적용된 External fixation system 및 Rod

❍ 국내·외 업체 중 복합재료 의료기기 제품을 보유한 업체는 아직 적지만 일부 기술이 이미 상용화되었기 때문에 부분적으로 연구의 진입장벽이 높지 않은데 비해 기술의 발전 가능성은 높음

❍ Joint Replacement의 경우 기존 연구를 통한 Carbon Fiber Reinforced PEEK composite 소재 개발을 통해 All-polymer 적용된 의료기기 제품 개발 가능.

❍ 특히, 3D 프린팅 기술개발을 통한 환자맞춤형 의료기기 제품 개발 및 Scaffold 기술의 발전 가능성은 매우 높음.

6. SWOT분석

❏ SWOT 분석을 통한 전략 수립

Strengths	Opportunities
· 수준 높은 의료 인력 및 시설 보유 · 개별 핵심기반 기술력 확보 · 연관 산업인 가공·성형 기술 우수	· 의료기기 시장의 지속적인 성장 · 국가 10대 미래유망기술 선정 · Health Care 등의 미래산업활성화
Weaknesses	Threats
· 연구인력 부족 · 의학-공학 융합 구조 미약 · 중소기업 위주, 원천기술부재	· 선진국들의 지속적인 기반 기술 투자 및 연구 · 핵심기술에 대한 선진국의 지적재산권확보

○ SO 전략

- 성장세에 있는 의료기기 시장에서 우수한 생산 기술 및 의료 시설, 그리고 핵심기반 기술을 보유한 국내 연구 인력 및 연구 시설의 국가적 관심과 투자를 통한 급성장 기대

○ ST 전략

- 연구 초기단계에 머물러 있는 복합재료 적용 의료분야에서 우수한 개별 핵심기반 기술을 통한 시장 선점

○ WO 전략

- 국가의 지속적인 관심 및 지원을 통한 연구인력 확충과 분야 융합 인프라 구축을 통한 원천기술 확보

○ WT 전략

- 의학-공학 융합 및 연계연구를 통한 원천기술 확보 후 핵심기술에 대한 선진국의 지적 재산권 회피 전략 수립

7. 핵심전략 제품·기술

□ 핵심전략 제품·기술

핵심 제품/서비스	설명	사례	핵심스펙 및 요구사항
기계적 특성 향상	· 강성 조절을 통해 인체 조직과 유사한 강성 구현 · 굽힘 성능, 강도 등 기존 소재의 한계를 극복하는 의료기기 개발	· 복합재 Plate의 굽힘 성능이 55-59% 우수함	· 각 의료기기에서 요구하는 기계적 물성 또는 인체 조직과 유사한 강성 구현
응력 방패 현상 감소 기술	· 높은 강성으로 인한 응력 방패 현상을 감소시키기 위한 강성 조절 필요 · 인체 조직 물성과 유사한 강성 구현 필요	· 복합재 cage에서 응력 방패 현상이 적게 발생함	· 응력 방패 현상으로 인한 주변 조직의 퇴행 방지 및 지연
인체 거동 모사	· 인체의 움직임과 유사한 ROM 구현을 통한 환자의 정상적 움직임 재현	· 기존 소재 대비 복합재가 적용된 Cage의 ROM이 Intact 모델과 유사한 결과를 보임	· 가능한 인체의 거동과 유사한 ROM 구현
고내마도 기술	· 인공 관절 등에서 나타나는 마모로 인한 수명 단축 개선 · 마모 Particle에 의한 문제 방지 필요	· 기존 소재 대비 복합재가 적용된 Tibial insert가 더 적은 마모를 발생시킴	· 기존 제품 수명의 연장
Scaffold 복합재 설계 및 생산 기술	· 단일 물질 Scaffold의 한계를 보완하기 위한 복합재 Scaffold 제작 연구 필요 · 3D 프린터 기술의 발달로 환자 맞춤형 Scaffold 제작 가능 및 연구 개발 필요	· PLA 방식의 3D 프린터를 이용하여 Porous ilk fibroin scaffold 제작 성공	· 환자 맞춤형 복합재료 Scaffold 제품 생산

8. 기술로드맵

❏ 기술로드맵 전개

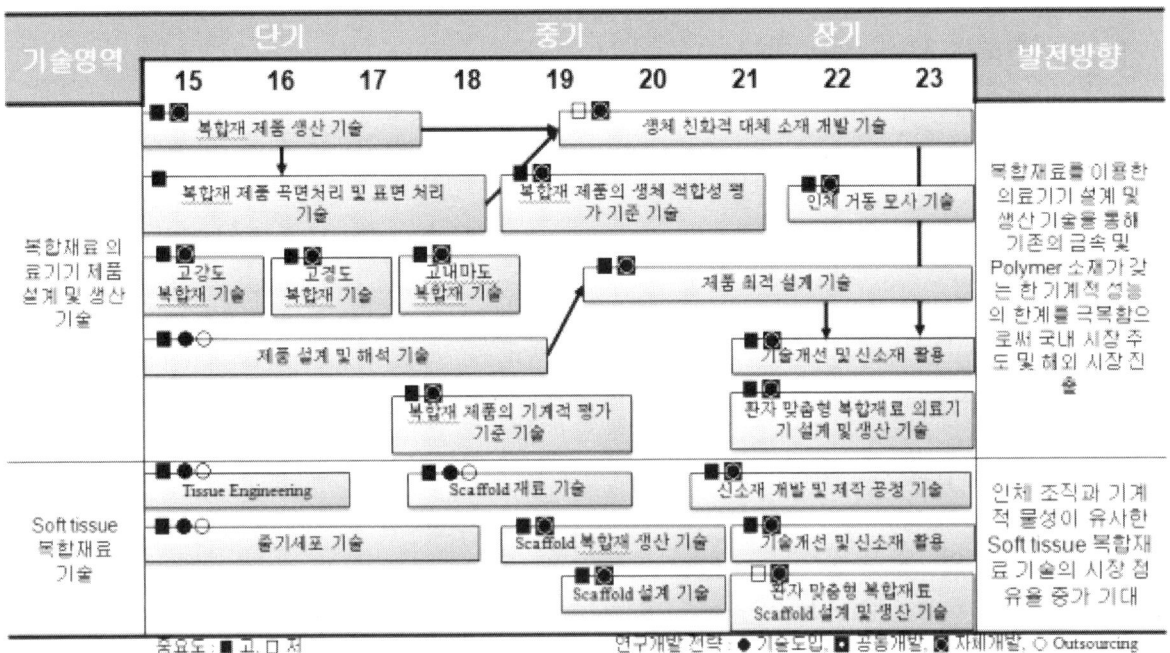

❏ 기술개발 목표 및 중장기 계획

핵심 요소기술	연도별 성능 개발 목표(선진국 수준 100 대비)					
	성능지표	현재	2018	2021	2024	비고
복합재료 의료기기 제품 설계 및 생산 기술	복합재 의료기기 제품 생산 기술	50	70	85	95	
	제품 설계 및 해석 기술	55	75	85	95	
	인체 거동 모사 기술	50	65	80	90	
Soft tissue 복합재료 기술	Scaffold 복합재 생산 기술	40	60	80	95	
	Scaffold 설계 기술	45	6	85	95	

9. 인력양성전략

❑ 대학인력양성

    ○ 의공학관련 학과 지원 확대
        - 장학제도 등을 통한 우수 인재 확보
        - 대학 실험실의 연구비 지원을 통한 우수 연구 시설 확충

❑ 산업인력양성

    ○ 의료기기 관련 R&D 기업의 지원 확대
        - 미래선도사업 단위의 연구비 지원으로 원천기술 확보

    ○ 해외 우수인력 및 연구기관 유치 및 정보 유통체계 구축

❑ 산·학·연 협동방안

    ○ 국내외 우수대학-기업 간 네트워크에서 우수인재의 이동성 제고

    ○ 현장기술인력양성 및 산업체인력 재교육

10. 기술 확보 전략

❏ 복합재료 신 의료기기 개발 기술 확보 전략

○ 공동개발 전략

- 선진 글로벌 기업과의 공동개발을 통해 국내 원천기술확보의 근간을 마련
- 진입장벽이 높고 고객 충성도가 높은 의료기기 분야의 특성상 선진 글로벌 기업과의 공동개발을 통한 제품의 수출이 용이함
- 성과 독점성과 독자전략 구상이 높지 않으나 위험도가 낮고, 해외진출에 용이

○ M&A 전략

- 선진 글로벌 기업의 인수합병을 통한 제품 개발 기술 확보
- 기술 획득기간이 빠르고 독자 전략 구상이 가능하며 성과 독점성이 높음

전략	특징	위험도	획득기간	독자전략 구상	성과 독점성
자체개발	핵심기술 확보 소유권 획득	중	장기	가능	높음
기술도입	소유권 권리 이전 영업권 확보, 고가	중	단기	가능	높음
라이센싱	계약기간 내 실시권 사용권 획득, 저렴	저	단기	중간	보통
공동개발	기술 공동 소유 수출 등 해외진출 용이	저	중기	중간	보통
합작투자	기술, 자본, 경영의 포괄적 협력, 고가	중	단기	불가능	낮음
M&A	기술, 조직 영업인수	중	단기	가능	높음

11. 연구개발 가이드라인

❏ 정부예산 R&D 가이드라인

○ 복합재 의료기기 제품 설계 및 생산 기술
- 체내에 삽입되는 인공삽입물의 경우 제품의 품질이 매우 중요하기 때문에 생산 기술에 대한 투자가 연구 초기부터 이루어져야하고, 이후 신소재 개발 및 적용을 위해 지속적인 투자가 필요함
- 국내 원천 기술 확보를 위한 의료기기 제품 설계 및 해석 기술 연구에 대한 투자가 조기에 요구되며 제품 최적설계, 신소재 활용, 그리고 환자 맞춤형 복합재 의료기기 설계 등 연구 후기까지 지속적인 투자가 필요함
- 인체의 정상 움직임을 모사할 수 있는 제품 개발에 필요한 인체 거동 모사 기술은 미래지향적 사업으로 분류하여 연구 후기 집중적 투자가 요구됨

○ Soft tissue 복합재료 기술
- 현재 3D 프린터를 이용한 Scaffold 제작 기술 연구가 활발히 진행 중에 있어, 복합재료를 이용한 Scaffold 생산 기술의 투자는 연구 중기에 요구됨
- Scaffold 복합재 생산 기술의 연구 및 투자와 더불어 본격적인 Scaffold 설계 기술 및 신소재 개발, 적용에 대한 연구 투자가 연구 중기부터 후기까지 집중적으로 요구됨

핵심요소 기술명	세부기술	연도별 연구 비용 (억원)										비고
		현재	2016	2017	2018	2019	2020	2021	2022	2023	2024	
복합재료 의료기기 제품 설계 및 생산 기술	복합재 의료기기 제품 생산 기술		50	50	60	60	60	60	60	60	60	
	의료기기 제품 설계 및 해석기술			40	40	40	50	50	50	50	50	
	인체 거동 모사 기술							60	60	70	70	
Soft tissue 복합재료 기술	Scaffold 복합재 생산 기술					70	70	70	70	70	80	
	Scaffold 설계 기술						70	80	80	80	80	

* 연구비는 정부투자R&D로 한정

❏ R&D 사업/과제 추진현황

○ 현재 정부 주요 대형 사업으로 수행되고 있는 복합재료 적용 의료기기 연구 개발은 전무한 상황이며 소규모 단위의 복합재 적용 의료기기 연구가 치과관련 분야에서 간헐적으로 수행되었음
  - 미래창조과학부, "섬유강화복합재료의 적용을 통한 높은 파절저항성을 가진 가철성 의치 개발(2012~2014)"

❏ 신규 R&D 사업 또는 과제 제안

○ "복합재료를 이용한 환자 맞춤형 신 의료기기 개발" 사업을 통해 다양한 의료분야에서의 연구개발을 유도
  - 치아 임플란트 또는 의치, 인공 삽입물, Scaffold, 수술도구 등 각 분야에서 요구되는 제품의 요구조건에 따른 설계와 생산기술의 연구개발 필요
  - 특히 Scaffold 분야의 경우 3D 프린터 기술과 접목시켜 미래지향적 사업으로 발전시킬 필요가 있음

❏ 해당기술 확보를 위한 범 부처 간 추진체계

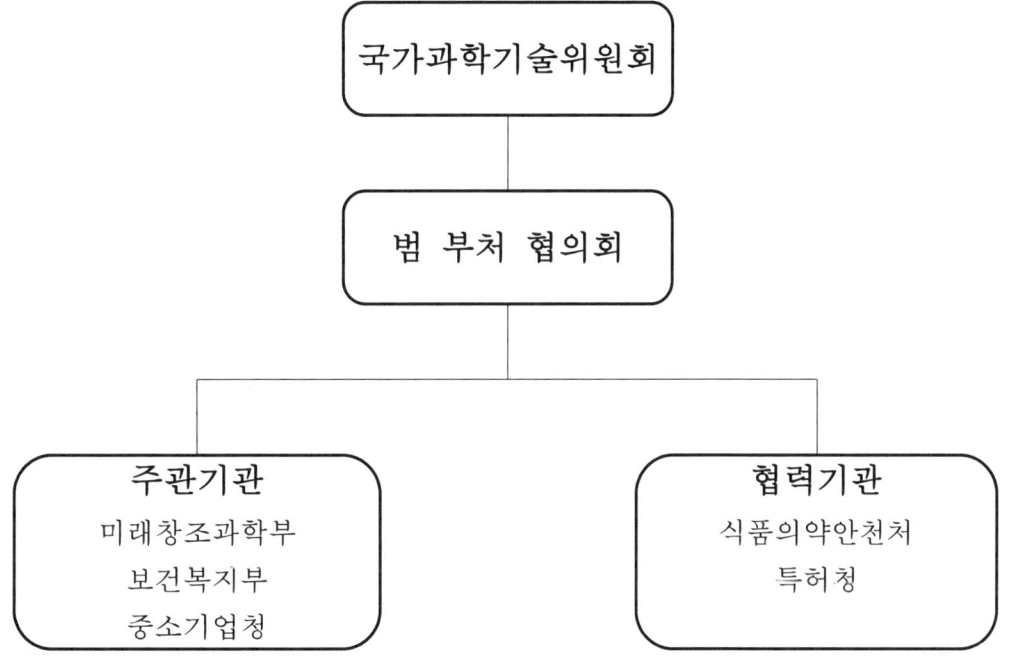

12. 정책제언

구분	미비점	개선점
법제도	· 복합재 의료기기 개발 중·장기 계획안 수립 · 기업 간 융복합기술 전문 협업체계 구축 · 의공학 관련 인력양성 제도 · 의료기기 인증관련 제도정비/업무지원	· 인력양성 관련 투자 · 세제혜택을 통한 의료기기관련 업체의 경제적 지원 및 유치
인프라	· 복합재 의료기기 기술개발 및 인프라 구축 로드맵 부재	· 복합재 의료기기 기술개발 및 인프라 구축 중·장기 계획안 수립

13. 기대효과

❏ 복합재가 적용된 신 의료기기 제품 개발로 인한 기대 효과

○ 복합재료 의료기기 제품 및 Scaffold 설계와 생산 기술
- 복합재료는 대표적인 미래 신소재로 분류되고 있는 만큼 의료분야 뿐 아니라 각 분야에서도 적용되어 국가 미래사업 선도를 이끌 수 있음
- Scaffold의 경우 3D 프린터 개발과 더불어 급속한 발전을 이룰 수 있을 것으로 기대
- 시장에서의 복합재료 의료기기 제품의 수는 아직 미미한 수준으로 연구개발을 통해 시장 점유율 확보 및 복합재료의 특성을 활용한 인체거동 모사와 환자맞춤형 의료기기 제품을 통해 경제적, 사회적 파급효과가 상당히 클 것으로 기대

해양·레저분야 복합재료기술 로드맵

< 목 차 >

1. 기술의 정의 ▫ 277
2. 비전 ▫ 278
3. 목표 ▫ 278
4. 국내외 시장 전망 ▫ 280
5. 국내외 연구동향 및 기술발전 전망 ▫ 283
6. SWOT분석 ▫ 284
7. 핵심전략 제품·기술 ▫ 285
8. 기술로드맵 ▫ 286
9. 인력양성전략 ▫ 287
10. 기술 확보 전략 ▫ 288
11. 연구개발 가이드라인 ▫ 289
12. 정책제언 ▫ 290
13. 기대효과 ▫ 290

요약표

기술명: 복합소재 해양레저장비 설계 기술 개발 및 평가기술 개발

정의
- 복합소재를 이용하여 제작된 해양레저장비의 기본설계 기술 개발 및 해석(구조해석, 유체해석, 구조/유체연동해석)기술 개발
- 해양환경(염수, 해풍, 심해환경)을 고려한 복합소재 해양레저 장비의 시험 평가 정립 및 인증 수립

비전 및 목표

복합소재 해양레저장비 설계 기술 개발 및 시험평가 및 인증 개발을 통한 신 성장 동력 창출 및 글로벌 경쟁력 제고

- 복합소재 해양레저장비의 설계/해석 엔지니어링 기술개발
- 대형 복합소재 해양레저 구조물의 성형공정 기술 개발
- 해양환경을 고려한 복합소재 해양레저장비 시험 평가 정립 및 인증

동향
- 전세계적으로 해양레저장비 시장은 과거 소재 개발 중심에서 고부가치 사업인 엔지니어링 기술로 다변화 되고 있음
- 복합소재 해양레저장비의 설계 기술과 평가인증은 단시간에 확보할 수 없고 장시간의 경험과 풍부한 설계 Database 구축을 통해 이루어져 시장 진입이 쉽지 않음

기술수준 및 경쟁력

세계최고국명	최고국대비 기술수준(%)	기술격차(년)	R&D전략
미국, 유럽	30%	6 년	- 기본 엔지니어링 기술 개발을 위해 해양레저장비의 설계 기술 및 성형공정 기술 수준과 시장수요 분석 및 R&D 내용 정립 - 해양환경에 따른 복합재 해양레저장비 시험 인증 조사 및 내용정립

강점	약점
- 대형 조선소(삼성, 현대, 대우), 다양한 중소형 해양레저장비 업체들과 복합소재 업체들이 활발하게 사업을 하고 있음 - 실제 제품을 제작하는 기술은 세계 기술과 동등함	- 설계기술과 같은 기본 엔지니어링 기술이 없어 해외에 용역을 맡기는 실정임 - 해양레저장비 분야는 소재 개발에만 집중되어 있어 다양한 분야의 R&D 개발이 필요함

핵심요소기술

핵심 요소기술	세부기술*	현재 (2015)		목표 (2022)
설계/해석 엔지니어링 기술	복합소재 해양레저장비 기본설계/해석 기술개발 및 최적화	40	➡	100
대형 복합재 해양레저구조물 성형공정개발	해양레저구조물의 각 부품별 최적화된 성형공정 개발	50	➡	100
해양환경을 고려한 복합재 해양레저장비 시험 평가 정립 및 인증	해양환경에 적합한 시험 평가 정립 및 최종인증 승인개발	30	➡	100

정책제언
- R&D 추진체계 서술
  - 복합소재 해양레저장비 개발에 필요한 설계/해석 기술개발 및 이를 적용한 제품화 기술개발 사업 추진
- 인력양성방안 서술
  - 복합소재 해양레저장비 센터 설립과 대학 및 국공립 연구기관의 인력을 기반으로 하여 전문 설계/해석 엔지니어링 실무진 양성

1. 기술의 정의

❏ 복합소재 해양레저장비 설계 기술 개발 및 평가기술 개발

○ 복합소재 해양레저장비 설계 기술 개발의 정의는 요트, 보트의 대형 해양레저장비 및 서핑보드와 같은 개인용 해양레저장비와 같은 각각의 다른 종류의 해양레저장비 구조물에 적합한 설계 기술을 개발

○ 복합소재 설계 기술은 기본적으로 적층설계기술과 성형공정기술로 구분이 되며 적층설계기술안에 복합소재선택, 섬유배열, 적층수 등 다양한 설계 변수가 정의되며 또한 성형공정기술안에 구조물의 크기와 종류에 따른 적합한 성형공정이 정의되고 이를 종합하여 최적화된 복합소재 해양레저장비 설계 기술을 개발

○ 복합소재 해양레저장비의 해양환경을 고려한 시험 평가 정립 및 시험 후 인증에 대한 내용 확립

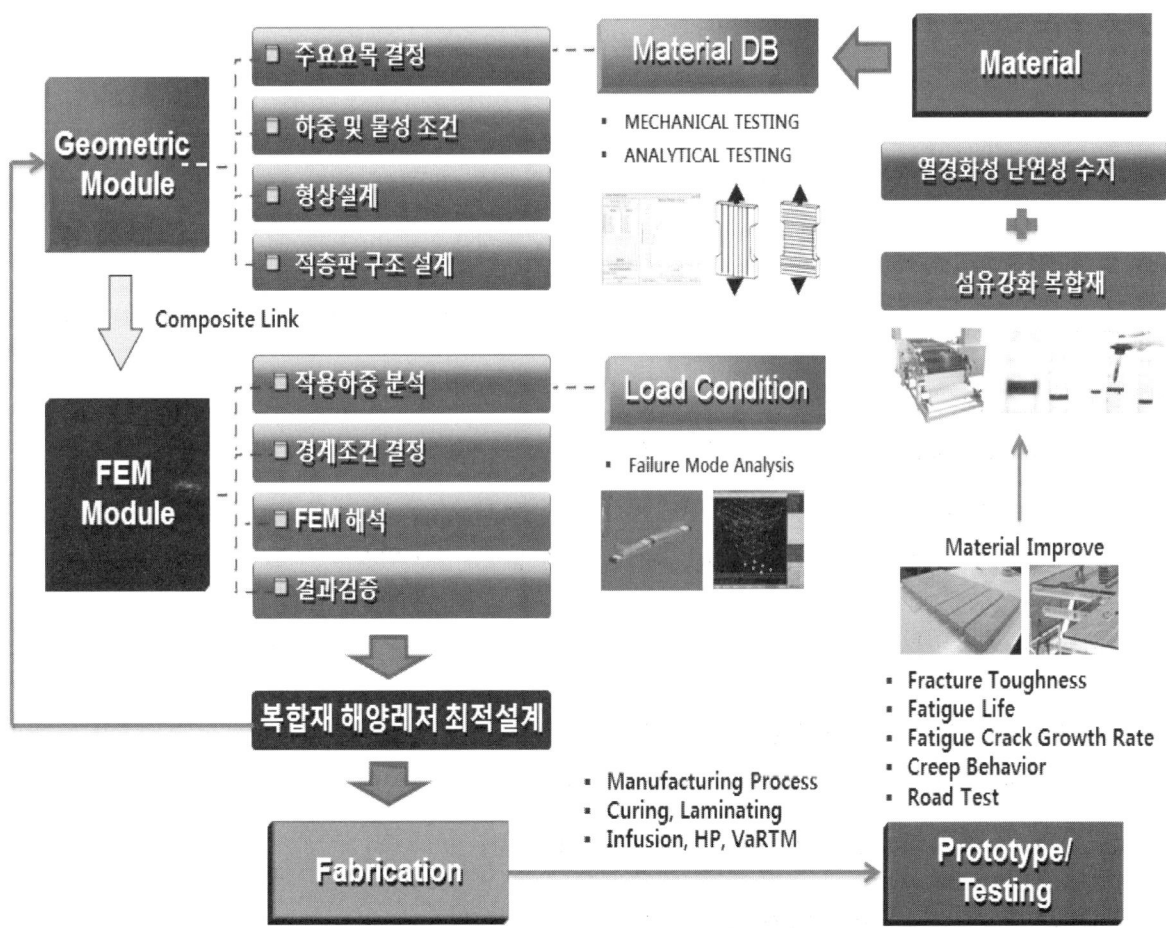

<그림 1> 복합소재 해양레저장비 개발 설계/해석 Procedure

2. 비전

❑ 복합소재 해양레저장비의 설계 기술 개발을 통한 엔지니어링 기술의 경쟁력 확보

  ○ 다양한 종류의 해양레저장비에 대응 가능한 복합소재 해양레저 장비의 원천 설계 기술 개발 및 실제 제품화 설계에 적용
    - 해양레저장비의 기본 형상 설계 및 복합재 적층설계 기술
    - 복합재 해양레저장비의 최적화된 구조해석/유채해석 기술
    - 복합재 해양레저장비 성형공정 시뮬레이션 기술
    - 복합재 해양레저장비의 시험 평가 인증 정립을 통한 제품의 신뢰성 확보

3. 목표

❑ 2015-2017 :

  ○ 설계/해석 엔지니어링 기술 개발
    - 복합재 해양레저장비 설계기준 및 구조 안전성 평가 정립
    - 해양레저장비 복합재료/하중정보 Database 구축

  ○ 대형 복합재 해양레저 구조물의 성형공정개발
    - 복합재 해양레저장비에 적용 가능한 성형공정 선별/조사 및 Database 구축

  ○ 해양환경을 고려한 복합재 구조물 시험평가정립 및 인증
    - 해양환경(염수, 해풍, 심해환경)을 고려한 시험평가(충격, 피로, 경화도, 비파괴, 기계적 특성평가, 물리 및 화학평가)정립 및 Database 구축

❑ 2018-2020 :

  ○ 설계/해석 엔지니어링 기술 개발
    - 복합재 해양레저장비 설계/해석방법 정립
    - 해양레저장비 복합재료/하중정보 Database 구축

  ○ 대형 복합재 해양레저 구조물의 성형공정개발
    - 각 성형 공정을 이용한 시제품 제작 및 문제점 파악 및 보완

○ 해양환경을 고려한 복합재 구조물 시험평가정립 및 인증

　- 해양환경에 적합한 시험평가 정립 및 최종인증

❑ 2021-2025 :

○ 설계/해석 엔지니어링 기술 개발

　- 최적화 설계/해석기법 정립과 실제 적용 및 최종 선급 인증

○ 대형 복합재 해양레저 구조물의 성형공정개발

　- 최적화된 성형공정법의 정립 및 최종 선급 인증

○ 해양환경을 고려한 복합재 구조물 시험평가정립 및 인증

　- 해양환경에 적합한 시험평가 정립 및 최종인증

4. 국내외 시장 전망

❑ 국외 해양레저산업시장

○ 미국의 유명한 보트협회인 NMMA(National Marina Menutectrera Association)에서 전 세계 해양레저시장에 관한 조사를 수행하였음

- 2014년도 기준으로 전체 해양레저의 성장률은 0.5% 증가하였고, 규모는 534,500 척으로 확인되고 있음
- Sailboats의 경우 33.9%이상, Personal watercraft의 경우 21.6%이상, Jet boats의 경우 16.7% 이상, Inboard ski/wakeboard boats의 경우 16.4% 이상의 신장률을 보이고 있어, 이들 해양레저장비의 수요의 증가에 따라 이와 관련된 설계 및 해석 기술과 같은 엔지니어링 기술에 대한 수요증가 및 매출 효과도 클 것으로 예상됨

〈표 1〉 New boats: retail market data

		2002	2003	2004	2005	2006	2007	2008
Outboard boats	Total units sold	212,000	207,100	216,600	213,300	204,200	188,700	151,400
	Retail value (billions of dollars)	$2.720	$2.911	$3.134	$3.304	$3.368	$3.346	$2.862
	Average unit cost	$12,828	$14,058	$14,470	$15,490	$16,496	$17,732	$18,903
Outboard engines	Total units sold	302,100	305,400	315,300	312,000	301,700	275,500	227,000
	Retail value (billions of dollars)	$2.479	$2.555	$2.879	$3.155	$3.255	$2.689	$2.071
	Average unit cost	$8,205	$8,365	$9,131	$10,112	$10,790	$9,761	$9,125
Boat trailers***	Total units sold	305,800	301,000	309,700	311,400	303,200	282,100	216,300
	Retail value (billions of dollars)	$0.435	$0.466	$0.529	$0.575	$0.685	$0.519	$0.378
	Average unit cost	$1,421	$1,547	$1,709	$1,846	$2,260	$1,839	$1,750
Inboard boats– ski/wakeboard boats	Total units sold	10,500	11,100	11,600	12,600	13,100	12,000	8,900
	Retail value (billions of dollars)	$0.398	$0.426	$0.453	$0.532	$0.603	$0.580	$0.460
	Average unit cost	$37,946	$38,376	$39,091	$42,189	$46,035	$48,359	$51,662
Inboard boats– cruisers	Total units sold	11,800	8,100	8,600	7,800	6,900	6,200	4,200
	Retail value (billions of dollars)	$7.496	$4.265	$5.576	$3.538	$3.462	$3.286	$2.605
	Average unit cost	$635,227	$526,494	$648,341	$453,593	$501,694	$530,027	$620,150
Sterndrive boats	Total units sold	69,300	69,200	71,100	72,300	67,700	60,400	38,500
	Retail value (billions of dollars)	$2.475	$2.467	$2.643	$2.755	$2.701	$2.654	$1.782
	Average unit cost	$35,713	$35,652	$37,176	$38,108	$39,895	$43,944	$46,282
Canoes	Total units sold	100,000	86,700	93,900	77,200	99,900	99,600	73,700
	Retail value (billions of dollars)	$0.057	$0.050	$0.057	$0.048	$0.058	$0.055	$0.040
	Average unit cost	$569	$573	$605	$627	$585	$553	$547
Kayaks	Total units sold	340,300	324,000	337,300	349,400	393,400	346,600	322,700
	Retail value (billions of dollars)	$0.158	$0.151	$0.160	$0.167	$0.196	$0.184	$0.171
	Average unit cost	$463	$466	$473	$478	$497	$531	$531
Inflatables	Total units sold	....	30,500	31,600	30,100	25,100	29,400	28,300
	Retail value (billions of dollars)	—	$0.067	$0.065	$0.058	$0.048	$0.118	$0.084
	Average unit cost	—	$2,211	$2,047	$1,912	$1,921	$4,012	$2,952
Personal watercraft	Total units sold	79,300	80,600	79,500	80,200	82,200	79,900	62,600
	Retail value (billions of dollars)	$0.698	$0.717	$0.733	$0.762	$0.792	$0.793	$0.670
	Average unit cost	$8,798	$8,890	$9,226	$9,495	$9,636	$9,931	$10,703
Jet boats	Total units sold	5,100	5,600	5,600	6,700	6,200	6,800	4,900
	Retail value (billions of dollars)	$0.108	$0.115	$0.130	$0.168	$0.152	$0.189	$0.138
	Average unit cost	$21,176	$20,584	$23,280	$25,108	$24,443	$27,784	$28,088
Houseboats**	Total units sold	—	—	550	450	530	420	320
	Retail value (billions of dollars)	—	—	—	$0.324	$0.415	$0.197	$0.150
	Average unit cost	—	—	—	$720,210	$783,912	$470,093	$470,093
Sailboats*	Total units sold	16,300	15,500	14,900	14,900	13,400	12,300	8,400
	Retail value (billions of dollars)	$0.616	$0.125	$0.151	$0.164	$0.138	$0.147	$0.086
	Average unit cost	$37,812	$8,088	$10,133	$10,994	$10,271	$11,946	$10,268
TOTAL NEW BOAT SALES	UNITS	844,600	838,400	870,200	864,500	912,000	841,900	703,600
	TOTAL DOLLARS (BILLIONS)	$14.725	$11.294	$13.103	$11.495	$11.518	$11.353	$8.897
	PERCENT CHANGE UNITS	-4.1%	-0.7%	3.9%	-0.7%	5.5%	-7.7%	-16.4%
	PERCENT CHANGE DOLLARS	7.7%	-23.3%	16.0%	-12.3%	0.2%	-1.4%	-21.6%

Historical retail value and average unit cost have changed for outboard boats, sterndrive boats, inboard boats, and sailboats have changed.
*Source: The Sailing Company's Annual Sailing Business Review.
**Included in inboard cruisers.
***Historical boat trailer unit and retail value has changed.

<표 1> New boats: retail market data (continued)

		2009	2010	2011	2012	2013	2014	% CHANGE
Outboard boats	Total units sold	117,500	112,800	115,750	128,800	134,800	144,800	7.4%
	Retail value (billions of dollars)	$2.212	$1.953	$2.217	$2.660	$2.897	$3.347	15.5%
	Average unit cost	$18,825	$17,315	$19,156	$20,653	$21,495	$23,112	7.5%
Outboard engines	Total units sold	180,700	178,900	178,500	193,200	209,000	218,400	4.5%
	Retail value (billions of dollars)	$1.659	$1.722	$1.794	$2.057	$2.329	$2.530	8.6%
	Average unit cost	$9,178	$9,624	$10,052	$10,649	$11,145	$11,583	3.9%
Boat trailers***	Total units sold	168,400	141,300	136,300	149,400	157,800	166,300	5.4%
	Retail value (billions of dollars)	$0.262	$0.222	$0.218	$0.256	$0.273	$0.291	6.8%
	Average unit cost	$1,555	$1,569	$1,603	$1,714	$1,729	$1,752	1.3%
Inboard boats– ski/wakeboard boats	Total units sold	6,500	5,000	4,850	5,500	6,100	7,100	16.4%
	Retail value (billions of dollars)	$0.570	$0.295	$0.302	$0.380	$0.473	$0.587	24.1%
	Average unit cost	$87,716	$59,031	$62,290	$69,004	$77,579	$82,718	6.6%
Inboard boats– cruisers	Total units sold	3,000	2,330	2,040	2,000	2,200	2,200	—
	Retail value (billions of dollars)	$2.161	$1.989	$1.870	$1.959	$2.209	$2.262	2.4%
	Average unit cost	$720,447	$853,494	$916,541	$979,417	$1,004,158	$1,028,166	2.4%
Sterndrive boats	Total units sold	26,550	18,700	16,890	16,500	15,030	13,900	-7.5%
	Retail value (billions of dollars)	$1.234	$0.911	$0.846	$0.890	$0.903	$1.020	13.0%
	Average unit cost	$46,464	$48,717	$50,060	$53,965	$60,062	$73,371	22.2%
Canoes	Total units sold	89,600	77,100	79,450	78,600	74,100	70,400	-5.0%
	Retail value (billions of dollars)	$0.043	$0.037	$0.037	$0.039	$0.037	$0.035	-5.0%
	Average unit cost	$482	$482	$472	$496	$495	$495	—
Kayaks	Total units sold	254,000	228,000	234,800	239,500	225,800	210,000	-7.0%
	Retail value (billions of dollars)	$0.147	$0.132	$0.124	$0.130	$0.122	$0.113	-7.0%
	Average unit cost	$578	$578	$526	$542	$540	$540	—
Inflatables	Total units sold	21,700	24,300	24,000	26,500	26,000	27,200	4.6%
	Retail value (billions of dollars)	$0.084	$0.067	$0.065	$0.073	$0.086	$0.100	16.2%
	Average unit cost	$3,868	$2,740	$2,714	$2,744	$3,314	$3,681	11.1%
Personal watercraft	Total units sold	44,500	41,600	42,900	38,500	39,400	47,900	21.6%
	Retail value (billions of dollars)	$0.500	$0.463	$0.501	$0.472	$0.481	$0.553	14.9%
	Average unit cost	$11,242	$11,123	$11,668	$12,251	$12,217	$11,550	-5.5%
Jet boats	Total units sold	3,550	3,500	3,300	4,500	3,000	3,500	16.7%
	Retail value (billions of dollars)	$0.106	$0.115	$0.112	$0.160	$0.113	$0.162	43.4%
	Average unit cost	$29,774	$32,752	$34,082	$35,589	$37,618	$46,247	22.9%
Houseboats**	Total units sold	220	115	75	50	70	71	1.4%
	Retail value (billions of dollars)	$0.099	$0.051	$0.036	$0.026	$0.039	$0.0399	1.2%
	Average unit cost	$452,264	$441,954	$485,029	$525,594	$562,776	$561,512	-0.2%
Sailboats*	Total units sold	5,400	4,300	4,600	5,900	5,600	7,500	33.9%
	Retail value (billions of dollars)	$0.040	$0.037	$0.042	$0.049	$0.065	$0.258	294.4%
	Average unit cost	$7,464	$8,716	$9,069	$8,307	$11,672	$34,370	194.5%
TOTAL NEW BOAT SALES	UNITS	572,300	517,630	528,580	546,300	532,030	534,500	
	TOTAL DOLLARS (BILLIONS)	$7.097	$5.998	$6.116	$6.811	$7.387	$8.437	
	PERCENT CHANGE UNITS	-18.7%	-9.6%	2.1%	3.4%	-2.6%	0.5%	
	PERCENT CHANGE DOLLARS	-20.2%	-15.5%	2.0%	11.4%	8.5%	14.2%	

Historical retail value and average unit cost have changed for outboard boats, sterndrive boats, inboard boats, and sailboats have changed
*Source: The Sailing Company's Annual Sailing Business Review.
**Included in inboard cruisers.
***Historical boat trailer unit and retail value has changed.

❏ 국내 해양레저산업 시장

○ 주 5일 근무제 실시, 국민소득 증대, KTX 개통/고속도로 망 확충에 따른 연안으로의 접근성 증대 등 사회, 경제적 환경변화로 해양레저 분위기 고조, 관심급증

- 모터보트, 요트 등 대부분 수입 의존, 해양레저장비 국산화 및 설계 기술의 국산화가 시급함

○ 정부, 지자체 해양레저산업 유치 활발, 해양레저·스포츠는 수산과 더불어 연안바다 이용의 다른 한축을 형성할 것으로 전망

- 2012년 여수 해양엑스포 유치와 동·서·남해안 특별법 제정 등 계기로 대규모 해양 인프라 구축 및 해양관광시장 형성 전망

- 연안인접 지자체 중심 43개소 마리나, 계류장 등 해양레저 지원시설, 건설관련 사업 추진 중으로 연안바다, 어항, 어촌이 통합적으로 개발, 해양레저 스포츠 활동공간 조성 등이 빠르게 정비 중임
- 최근 개별부처, 지자체별 해양레저장비 보트쇼, 전시회 개최, 요트, 윈드서핑 전국 규모 각종 대회 급증

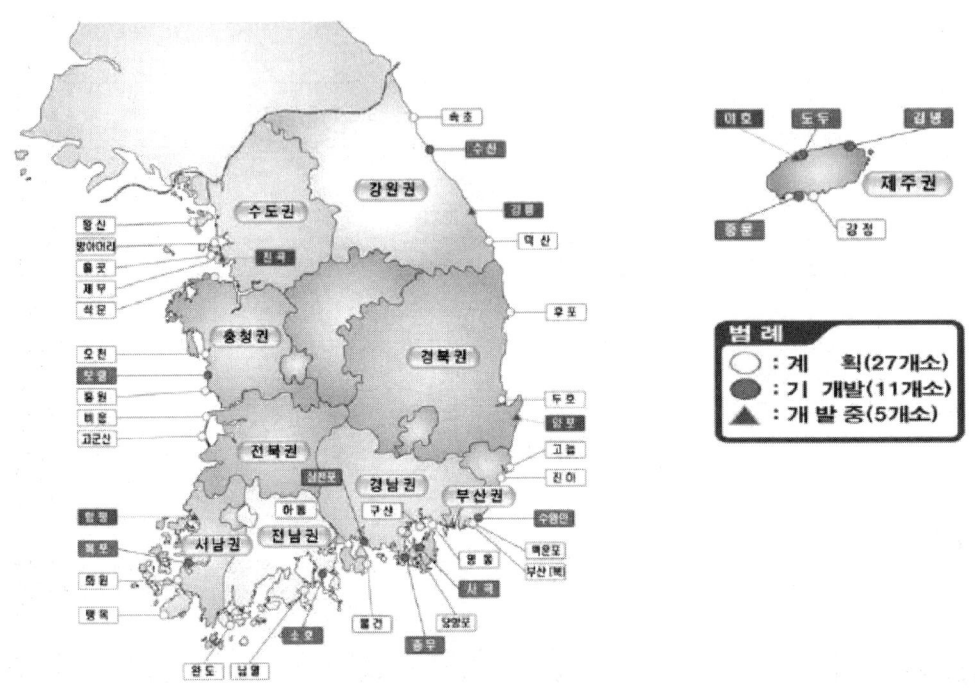

<그림 1> 국토해양부 마리나항만 개발 대상지

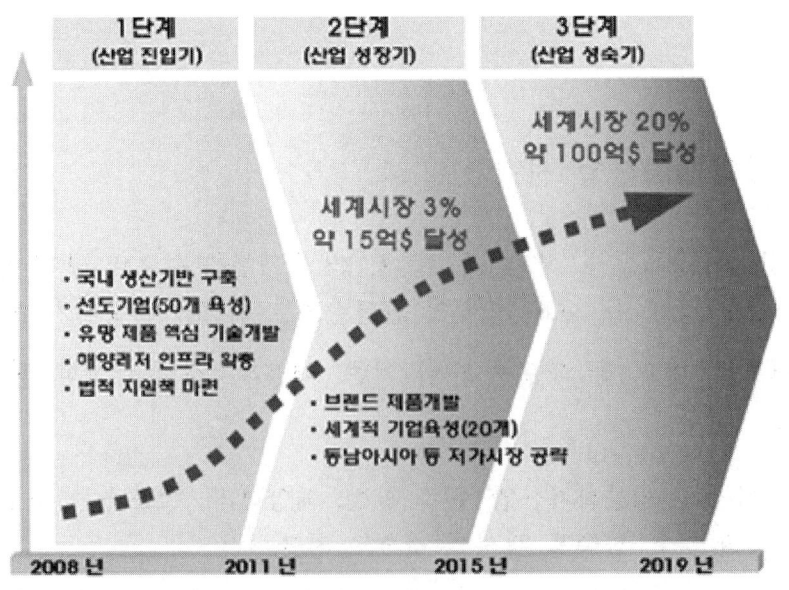

<그림 2> 국내 세계해양레저 산업 진입 단계

5. 국내외 연구동향 및 기술발전 전망

❏ 국외 주요 연구 동향

○ 해양레저장비 개발에 필요한 설계/해석 엔지니어링 기술 개발

- 해양레저장비의 각 종류에 따라 설계 및 해석 개념이 틀려지므로 각각의 경우에 대해 구분하여 전체적인 설계/해석 Procedure를 정립함
- 설계/해석 기술을 업그레이드 하면서 전문적인 소프트웨어 개발 업체와 함께 작업하여 정보를 공유하여 해양레저장비의 설계에 최적화된 소프트웨어를 개발하고 있음
- 특히, 복합소재로 제작된 해양레저 구조물의 경우 일반 금속 구조물과 달리 섬유 배열방향, 적층수, 섬유 패턴 등 여러 가지 설계 요소들을 반영하여야 하므로 이와 관련하여 설계의 효율성을 높일 수 있도록 설계 최적화에 대한 연구가 산학연 공동으로 진행 중임

○ 해양레저장비 성형공정 프로그램 개발

- 해양레저장비 제작에 Infusion, Hand-layup 등 다양한 성형공정법이 적용되고 있으나 시제품 제작전에 프로그램을 이용하여 성형공정을 시뮬레이션 하여 설계 및 해석하는 연구가 집중적으로 이루어지고 있음

❏ 국내 주요 연구 동향

○ 우리나라의 경우 거의 대부분 소재 및 재료 개발에 집중되어 있고 이와 관련하여 제품을 판매하여 매출하는 쪽에 관심이 집중되어 있음

○ 최근 몇 년간 국가 수행 과제들을 보면 소재 개발 관련된 과제들이 많이 수행 되었고, 실제로 복합소재를 어떻게 적용하고 어떤 기술을 개발해야 하는지에 대한 전문적인 기술적 R&D는 거의 전무한 상황임

- 탄소섬유, 아라미드섬유 등 복합소재를 이용한 제품 개발 과제들은 많이 수행이 되었으나 그 소재들을 이용하여 해양레저장비를 제작하기 위한 전문적인 엔지니어링 설계 기술에 대한 연구는 부족함
- 국내 대기업 또는 중소기업 연구소에서도 전문적인 엔지니어링 설계 기술은 해외에 위탁으로 맡기거나 기술을 수입하고 있는 실정으로써 해양레저제품의 설계가 변경될 경우 자체적으로 해결할 수 있는 능력이 매우 부족함
- 실제로 해양레저장비에 대해 전문적으로 설계 및 해석을 수행할 수 있는 전문기관이 거의 전무하며 해양레저 관련 아이템을 개발하기 위한 하나의 부분 기술로써만 연구가 진행되고 있음

6. SWOT분석

❑ 복합소재 해양레저산업의 설계 기술 개발은 단기간에 이루어 질 수 없으므로 꾸준한 관심을 가지고 장기적인 관점으로 기술 개발에 대한 투자 및 전문적인 엔지니어링 인력을 양성해야 함

Strengths	Opportunities
· 삼면바다의 풍부한 해양 지리적 조건 · 세계 1위 조선해양 산업 기반 응용기술 · 고속철, 육상 도로 등 해양 접근성 증대 · 녹색성장산업으로써의 해양레저산업 육성	· 마리나 항만의 조성에 관한 법률 제정 · 동서남해안 발전법 등 해양개발제도화 · 지자체의 해양레저산업 기반시설 구축 · 해양레저산업에 대한 국민적 관심 증가
Weaknesses	Threats
· 고부가가치 해양레저산업의 미성숙 · 기본적 설계/해석의 R&D 개발능력 부족 · 해양레저 소재기술기반 지원체계 미흡 · 해양레저장비 기반시설 부족	· 글로벌 해외 업체의 기술시장 선점 · 미국, EU, 호주 FTA로 국가간 통합 확산 · 해양레저산업에 대한 국제 환경 규제 강화 · 중국, 대만 등 아시아 국가의 급성장

○ SO 전략
- 세계 1위의 조선소가 우리나라에 위치해 있고, 지리적 요건 및 정치적인 요건을 잘 확인하여 해양레저산업의 육성에 따른 기본 엔지니어링 기술을 연구 및 개발해야함

○ ST 전략
- 선진국들의 복합소재 해양레저장비의 엔지니어링 수준을 이해하고 기술 협력을 통해 단시간내에 기술을 개발하는 것이 필요함

○ WO 전략
- 설계 및 해석 전문가들을 양성하고 이들이 활용될 수 있는 인력 시장을 구축해야 함

○ WT 전략
- 외국의 설계/해석 소프트웨어를 바탕으로, 소프트웨어의 국산화 개발이 필요함

❑ 시사점 : 시간적인 여유를 가지고 전문적인 설계/해석 기술 개발 및 전문적인 인력 양성이 필요함

7. 핵심전략 제품·기술

❑ 설계/해석 엔지니어링 기술개발
- 복합소재 해양레저장비 설계기준 및 구조 안전성 평가 정립
- 복합소재 조선해양구조물 설계/해석 방법 정립
- 해양레저장비 설계 및 해석에 필요한 복합재료 물성치 Database 구축
- 해석에 필요한 하중 계산 및 하중 정보 Database 구축
- 최적화 설계/해석기법 정립/ 실제 제품에 적용하여 최종 선급 인증서 발급

❑ 대형 복합재 해양레저장비 구조물의 성형공정 개발
- 복합소재 적용 가능한 해양레저장비 선별/조사 및 Database 구축
- 해양레저장비 아이템별 적합한 성형 공정 조사 및 Database 구축
- 각 성형 공정을 이용한 시제품 제작 및 문제점 파악/보완
- 최적화된 성형공정법의 정립 및 최종 선급 인증서 발급

❑ 해양환경을 고려한 복합재 해양레저장비 시험 평가 정립 및 인증
- 특수한 해양환경을 고려한 시험평가 정립 및 Database 구축
- 해양환경에 적합한 시험 평가 정립 및 최종 인증

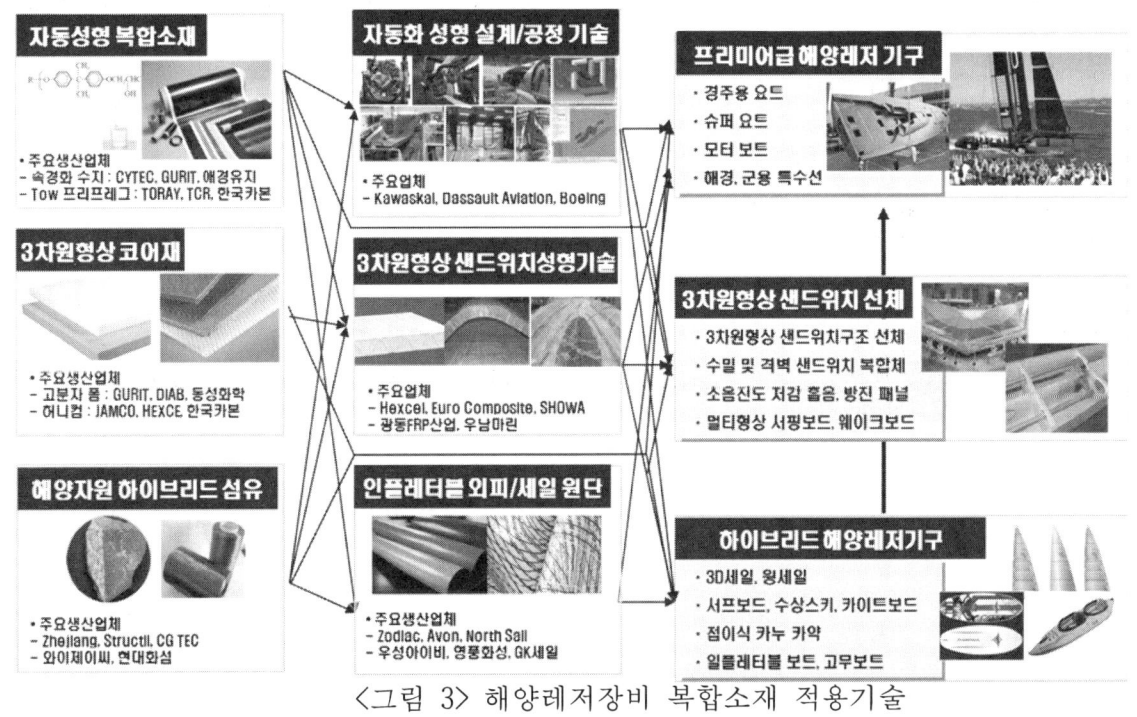

<그림 3> 해양레저장비 복합소재 적용기술

8. 기술로드맵

❏ 기술로드맵 전개

기술영역	단기			중기			장기			발전방향
	15	16	17	18	19	20	21	23	25	
설계/해석 엔지니어링 기술개발	• 복합재 해양레저장비 설계기준 및 구조 안전성 평가적립			• 복합재 해양레저장비 설계/해석방법 정립			• 최적화설계/해석 기법 정립/실제적용 및 최종 선급 인증			복합소재 해양레저장비 구조물 설계/해석은 대부분 해외 외주로 진행되어 많은 비용이 나가고 있음. 그러므로 향후, 설계/해석 엔지니어링 기술을 정립한다면 해외 기술 의존도 감소 및 수익증대가 기대됨.
	• 해양레저장비 하중정보 Database • 해양레저장비 복합재료 Database									
대형 복합재 해양레저장비의 성형공정 개발		• 복합재 적용 가능 해양레저장비 아이템 선별/조사 및 Database		• 각 성형 공정을 이용한 시제품 제작 및 문제점 파악 및 보완						메가 요트와 같은 해양레저장비들의 사이즈는 대부분 대형이기 때문에 이를 고려한 성형공법의 개발이 필요하며, 대형 복합재 구조물의 접합 방법에 대한 것도 논의가 이루어져야 함.
		• 해양레저장비 아이템에 적합한 성형 공정 조사 및 Database		• 최적화된 성형공정법 개발 및 최종 선급 인증						
해양환경을 고려한 복합재 해양레저 구조물 시험 평가개발 및 인증		• 해양환경(염수,해풍,심해 환경)을 고려한 시험 평가(충격, 피로, 경화도, 비파괴, 기계적 특성평가, 물리화학적 평가)의 Database					• 해양환경에 적합한 시험 평가법 개발 및 최종 인증			복합소재 해양레저장비 대한 테스트 시험방법 정립과 인증방법을 연구하여 복합재 해양레저장비의 인증에 대한 노력이 이루어져야 함.

❏ 기술개발 목표 및 중장기 계획

핵심 요소기술	연도별 성능 개발 목표(선진국 수준 100 대비)							
	성능지표	현재	2012	2015	2018	2021	2025	비고
설계/해석 엔지니어링 기술개발	복합재 해양레저장비 설계/해석 기술 개발	-	20	35	55	75	100	
복합소재 해양레저장비 성형공정개발	최적화 성형공정법 개발	-	40	55	70	85	100	
해양레저구조물 시험 평가정립 및 인증	해양환경에 적합한 시험 평가방법개발	-	35	45	60	80	100	

9. 인력양성전략

❑ (대학인력양성) : 복합소재 및 조선해양 구조물에 대한 전문적인 지식 교육과 이를 바탕으로 한 설계 및 해석 교육 수행

○ 대학에서 가르치는 전문 교육을 바탕으로 실제 과제 참여를 통한 지속적인 경험 획득 및 커리큘럼의 지속적인 개선 필요
  - 대학 졸업과 함께 바로 현장에 투입하여 실무적인 업무를 수행하도록 하는 산학 연계 프로그램의 육성이 필요함

❑ (산업인력양성) : 전문적인 설계 및 해석에 관한 교육을 진행할 수 있는 교육 기관을 통해 이론 및 기본적인 프로그램에 대해 지식을 획득하고 실제 R&D 과제 등을 통해 실무 경험 증대가 필요

○ 전문 교육 프로그램을 통해 기존 및 신규 인력의 활용을 극대화 하고 교육뿐만 아니라 실제 업무를 통해 기술을 습득
  - 선진국의 설계/해석의 교육 프로그램을 통해 선진국이 보유하고 있는 엔지니어링 기술을 확보하고 동시에 선진국에서 수행하고 있는 프로젝트를 통해 실무 경험 획득

❑ (산·학·연 협동방안) : 산학연의 긴밀한 협력관계를 통해 각 기관에서 보유하고 있는 기술 정보를 서로 공유하고 체계적인 조직 운영을 통해 복합재료 해양레저장비 설계 기술 개발의 전문 인력을 양성

○ 각 기관의 전문 인력에 대한 수요 및 기술 수준을 파악하고 이에 따른 기술 확보에 대한 동기를 부여하여 복합소재 해양레저장비 설계 기술의 수준을 높임
  - 산학연이 참가하는 복합소재 해양레저장비 개발 센터를 구축하여 체계적인 설계 기술 프로그램 개발 및 전문 인력을 양성함

10. 기술 확보 전략

❑ 해양레저장비 시장을 선점하고 있는 선진국의 엔지니어링 기술수준을 조사 및 분석

○ 해양레저장비 시장을 크게 선점하고 있는 미국, 유럽과 같은 나라들의 엔지니어링 기술 수준을 분석하여 이들 나라와 차별화 할 수 있는 설계 엔지니어링 기술을 개발해야함
   - 설계/해석과 같은 엔지니어링 기술은 단시간에 확보하기 어려우므로 장기적인 시각을 가지고 체계적인 엔지니어링 기술 시스템을 구축하여 해양레저산업과 연관 있는 업체 인력들을 교육하여 엔지니어링 기술 수준을 끌어 올려야함

❑ 개발된 복합소재 해양레저장비 설계/해석 기술의 최종 선급인증

○ 개발된 복합소재 해양레저장비 설계 및 해석 기술의 객관성 및 타당성을 입증하기 위해 최종적으로 선급의 인증이 필요함

○ 설계/해석 기술 개발 초기 단계부터 선급과의 긴밀한 협력 관계를 통해 기술 적용이 가능한 해양레저장비 아이템을 선별하고 각각의 분야를 정확이 나누어 실제 기술의 유용성을 높임

전략	특징	위험도	획득기간	독자전략 구상	성과 독점성
자체개발	핵심기술 확보 소유권 획득	고	장기	가능	높음
기술도입	소유권 권리 이전 영업권 확보, 고가	고	단기	가능	높음
라이센싱	계약기간 내 실시권 사용권 획득, 저렴	저	단기	중간	보통
공동개발	기술 공동 소유 수출 등 해외진출 용이	중	중기	중간	보통
합작투자	기술, 자본, 경영의 포괄적 협력, 고가	중	단기	불가능	낮음
M&A	기술, 조직 영업인수	중	단기	가능	높음

11. 연구개발 가이드라인

❏ 조선해양산업 분야의 강국으로써 관련 복합소재 해양레저장비의 설계 기술 개발에 대한 지속적인 투자를 통해 복합소재 해양레저장비 개발의 경쟁력을 높이고 아울러 자동차, 항공 분야로의 확대 적용 가능하도록 지속적인 R&D의 투자가 필요함

○ 여러 국가 R&D 사업인 중기청개발사업, 융복합기술개발사업, 신소재부품개발사업 등을 통해 관련 분야에 중소기업들이 기술력을 가질 수 있도록 적극적인 R&D 지원이 요구됨

핵심요소기술명	세부기술	연도별 연구 비용 (억원)						비고
		현재	2012	2015	2018	2021	2025	
설계/해석 엔지니어링 기술개발	복합재 해양레저장비 설계/해석 기술 개발	-	10	30	50	60	80	
복합소재 해양레저장비 성형공정개발	최적화 성형공정법 개발	-	30	45	60	75	80	
해양레저구조물 시험 평가정립 및 인증	해양환경에 적합한 시험 평가방법개발	-	10	35	55	70	80	

* 연구비는 정부투자R&D로 한정

❏ R&D 사업/과제 추진현황

○ 기존에 수행되고 있는 복합소재 관련 R&D 사업들은 대부분 소재개발이나 제품 개발 과제들이 대부분으로써 설계/해석 기술과 같은 엔지니어링 기술 개발과제는 거의 수행이 되지 못함

- 엔지니어링 기술 개발 과제는 실제 복합소재 해양레저장비에 중요 기술이므로 꼭 수행 되어야 함

❏ 신규 R&D 사업 또는 과제 제안

○ 신규 R&D 사업명 : 복합소재 해양레저 장비의 요소 설계/해석 기술 개발

❏ 해당기술 확보를 위한 범 부처 간 추진체계

○ 본 기술개발을 위해 산업통상자원부, 해양수산부, 미래창조과학부를 중심으로 복합소재 해양레저장비 설계기술개발에 대한 지원체계가 마련 되어야 함

12. 정책제언

❏ 정부는 설계/해석 기술과 같은 기본적인 원천 기술개발에 대한 관심을 갖고 이를 육성하기 위한 각 산학연 업체의 의견 조사 등을 통해 체계적인 실행 방안을 마련해야 함

  ○ 복합소재 분야의 경우 기존의 소재 개발 중심 과제에서 벗어나 이미 개발되어 있는 소재를 어떻게 해양레저장비에 적용할 수 있을까에 대한 고민 및 제품을 개발하기 위한 실질적인 기술인 엔지니어링 설계 해석 기술에 집중적인 연구 개발 투자가 이루어져야 함

13. 기대효과

❏ 복합소재 해양레저 장비의 설계/해석 기술 개발로 인해 독자적인 설계/해석 기술의 확보 및 엔지니어링 기술을 가진 고급 인력 양성

  ○ 개발된 설계 기술은 항공, 자동차, 조선과 같은 유사 분야에 확대 적용할 수 있으며 지식 기반 사업이므로 투자 대비 얻는 유·무형적 가치 효과가 큼

  ○ 특히, 엔지니어링 설계 기술은 단시간에 얻을 수 없으므로 기술 개발을 통해 기술이 확보되면 다른 나라와 충분한 경쟁력을 가질 수 있으며 시간이 지날수록 기술적인 수준의 업그레이드가 용이해 최대한의 효과를 얻을 수 있음

전기·전자분야 복합재료기술 로드맵

< 목 차 >

1. 기술의 정의 ▫ 293
2. 비전 ▫ 293
3. 목표 ▫ 294
4. 국내외 시장 전망 ▫ 296
5. 국내외 연구동향 및 기술발전 전망 ▫ 298
6. SWOT분석 ▫ 302
7. 핵심전략 제품·기술 ▫ 304
8. 기술로드맵 ▫ 306
9. 인력양성 전략 ▫ 308
10. 기술 확보 전략 ▫ 309
11. 연구개발 가이드라인 ▫ 310
12. 정책제언 ▫ 312
13. 기대효과 ▫ 313

요 약 표

전기전자용 복합재료

정의
- 폴리머 매트릭스를 기반으로 하는 전기전자용 유무기 복합재료로서, 마이크로 및 나노 입자를 포함하는 복합재료 또는 각종 파이버, 패브릭과 수지의 복합재료를 이용하여, 전기전자 분야의 응용을 위해 제조된 기능성 유무기 복합재료

비전 및 목표
- 2025년 웨어러블 일렉트로닉스 시대의 전기전자용 복합재료 3대 강국 실현

웨어러블 일렉트로닉스 시대의 전기전자용 복합재료 3대 강국
- 신개념 전자패키지 기판용 복합재료 개발 (PCB 및 Package)
- 다기능성 나노소재 복합 전자 소재 개발 (필름, Paste, 코팅액)
- 웨어러블 일렉트로닉스 산업의 소재기반 구축 (인력 및 중소기업 양성)

동향
- PCB 분야에서는 저열팽창 PCB/PKG 기판 소재에 방열성능 부가 요구
- 그래핀 나노 복합재료를 기반으로 한 전자기 기능성 복합재료의 수요 증대
- 절연, 방열, 차폐, 전도, 하드코팅 등 다양한 기능성 복합재료에 대한 니즈 증대

기술수준 및 경쟁력

세계최고국명	최고국대비 기술수준(%)	기술격차(년)	R&D전략
일본	60%	5 년	- 웨어러블, 스트레처블 일렉트로닉스 등 차세대 전기전자 및 디스플레이 기술에 대응 가능한 기판소재 및 기타 유무기 복합재료 핵심기술 개발

강점	약점
- 반도체/디스플레이 산업분야의 강국으로 관련 제조기업이 많음 - 다양한 응용분야로 활용폭이 매우 넓음	- 기초 원료의 부재에 의한 가격 경쟁력 약세 - 고품질 소재는 일본과 경쟁, 저가품은 중국, 대만의 추격에 따른 마켓 위협

핵심요소기술

핵심 요소기술	세부기술*	현재 (2015)		목표 (2025)
PCB/PKG 기판 소재 기술	반도체 패키지용 저열팽창 고열전도 기판소재 기술	70	➡	100
	PCB 기판 및 배선 유연화 기술	50	➡	100
전자기 기능성 유무기 복합재료 기술	고전도성 플렉서블 그래핀 나노 복합소재 기술	70	➡	100
	광학용 투명 고경도 나노 복합재료 기술	60	➡	100
	전기차 대응 전자파차폐 및 배터리 방열용 유무기 복합재료 기술	50	➡	100

* 선진국 수준(100) 대비 목표를 표시

정책제언
- R&D 추진체계
  - 웨어러블 일렉트로닉스 대응 전기전자용 복합재료의 원천 및 사업화 기술 개발 추진
  - 신개념 PCB 기판소재, 3D 프린팅용 나노복합소재, 그래핀 기반 복합소재 등의 기술선점 추진
- 인력 양성방안
  - 대학 및 국공립 연구기관에 소재기술 인력양성센터 구축으로 실무인력 양성

1. 기술의 정의

❏ 전기전자기기, 자동차 전장, 로봇 및 디스플레이 기기로의 적용을 목적으로, 가볍고 성형성이 우수한 유기물에 금속, 세라믹, 카본 등 다양한 무기소재를 분산시켜 만들어지는 시트형, 필름형, 페이스트형 및 점·접착제형 유무기 복합 재료 기술

○ 다양한 복합재료 기술 중 고분자 기반의 매트릭스와 무기소재의 충전재(particle, fiber, fabric 등)가 복합되어 전자기적인 기능을 나타내는 유무기 복합재료 기술임

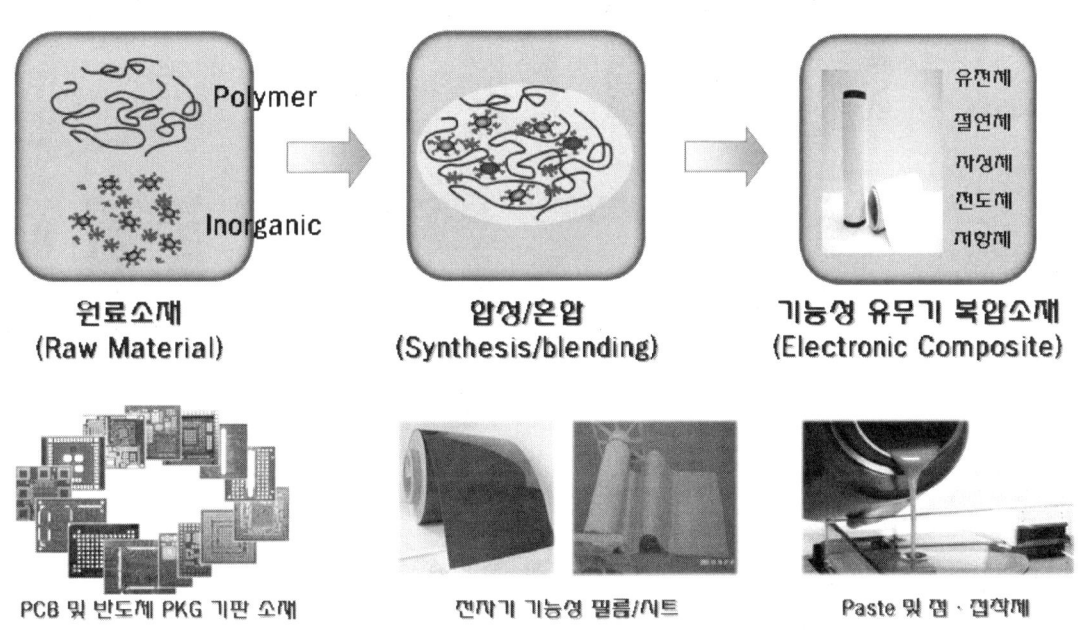

전기전자용 복합재료 기술의 개요 및 분류

2. 비전

❏ 웨어러블 일렉트로닉스 시대의 3대 전자기 기능성 복합재료 강국으로 자리 매김하기 위한 복합소재 원천 및 사업화 기술 개발

○ 유연 맞춤형 전자기술에 대응 가능한 전기전자용 핵심 복합소재의 원천 및 사업화 기술 개발
- PCB 및 반도체 패키지용 기판 소재 기술
- 전자기 기능성 필름/시트 소재 기술
- 페이스트, 점·접착제 및 코팅형 기능성 복합소재 기술

○ 소재 분야 중소 중견기업의 육성 및 인력양성을 위한 시스템의 구축

○ 소재와 부품, 기기의 벨류체인을 구축하여 전자기 기능성 복합재료 전문 기업의 수익 창출

전기전자용 복합재료 기술의 미래 비전

3. 목표

□ 웨어러블 일렉트로닉스 시대의 세계 3대 전자기 복합재료 강국으로의 도약을 위해 아래와 같은 기술개발 및 기반구축 목표를 수립함

○ 차세대 PCB 및 반도체 패키지 기판용 복합재료 개발

- 반도체 및 패키지 강국으로서의 위상을 유지하고 경쟁력을 강화하기 위한 고신뢰성 PCB 복합재료 기술개발을 추진 (고열전도, 저열팽창)
- 웨어러블 시대에 대응하기 위한 차세대 유연성, 신축성 기판소재 및 전극 소재 기술 개발

○ 웨어러블 전자기기 대응 다기능성 전자기 복합재료 개발

- 그래핀을 활용한 기능성 복합재료 개발 추진
- 개인 맞춤형의 웨어러블 기기를 위한 3D 프린팅 및 관련 복합재료 기술 개발

- 플렉서블 전자기기, 스마트 윈도우 등에 대응 가능한 다기능성 유무기 복합재료 개발

○ 전기전자용 복합재료 기술의 상용화를 위한 기술의 확산
  - 정부와 산학연 협동을 통한 소재분야 인력양성 시스템 구축
  - 기술이전을 통한 전자기 복합재료 전문 중소중견기업 육성
  - 소재, 부품, 기기의 밸류체인 구축을 통한 전자기 복합재료 업체의 수익 창출 지원

단계	1단계	2단계	3단계
목표	기초소재 기술개발	응용 기술개발	상용화 기술개발
차세대 PCB 및 반도체 패키지용 복합재료 개발	열전도가 우수하고 열응력 제어가 양호한 고신뢰성 PCB 기판 소재 개발 및 스트레처블형 기판 및 전극 소재 개발	고신뢰성 PCB 소재의 반도체 패키지 적용 기술 및 스트레처블 복합재료 적용 전자부품 적용기술 개발	전문 PCB 업체를 통한 개발 기술이 사업화 추진 및 수요기업 테스트를 통한 상용화 기술 확보
웨어러블 전자기기 대응 다기능성 전자기 복합재료 개발	방열, 차폐, 전도, 광학 특성 제어형, 자가발전형 복합재료 등의 전자기 기능성 복합재료 핵심요소 기술 개발	전자기 기능성 복합재료의 부품 적용을 통한 복합재료 성능 극대화 및 응용 부품 개발	다기능성 전자기 복합재료의 상용화 기술 개발 및 적용 부품 사업화 기술 개발
전기전자용 복합재료 기술의 상용화를 위한 기술의 확산	산학연 협력 네트워크 구축 인력양성을 위한 컨소시엄 구축	산학연 인력양성 센터 구축 중소중견기업의 참여가 가능한 공개 기술이전 사업 추진	중소중견기업 기술 이전 및 복합재료 인력 양성을 통한 IT 산업 기반 강화
기간	2015~2027	2018~2021	2022~2025

4. 국내외 시장 전망

❑ 전기전자용 복합재료의 세계시장 전망

○ PCB/패키지 기판용 복합재료

- PCB는 전자제품의 신경망에 해당하는 중요 부품
- 2014년 세계 PCB시장은 모바일 기기 성장세 둔화에 따른 가격중심시장 성장으로 전년대비 1.1% 증가한 573억불을 기록.
- 2015년에도 통신기기 및 자동차용 전자제품 시장의 꾸준한 성장으로 약 5% 성장한 602억불에 이를 것으로 예상.
- 2014년 TOP4(韓,中,日,臺)의 전자회로기판 생산규모는 483억불로 세계시장의 84%를 차지.
- 한국은 전년대비 9% 감소한 73억불로 중국, 대만에 이어 3위를 차지. 한국의 세계시장 점유율은 13%로 1위인 중국(46%)에 이어 대만(15%), 일본(11%)과 함께 근소한 점유율을 보이고 있으며, 해외 생산비중이 점차적으로 커지고 있는 추세를 나타내고 있음.

* 출처 : 2015. 4. 14. 파이낸셜뉴스

○ 전자기 기능성 유무기 복합재료

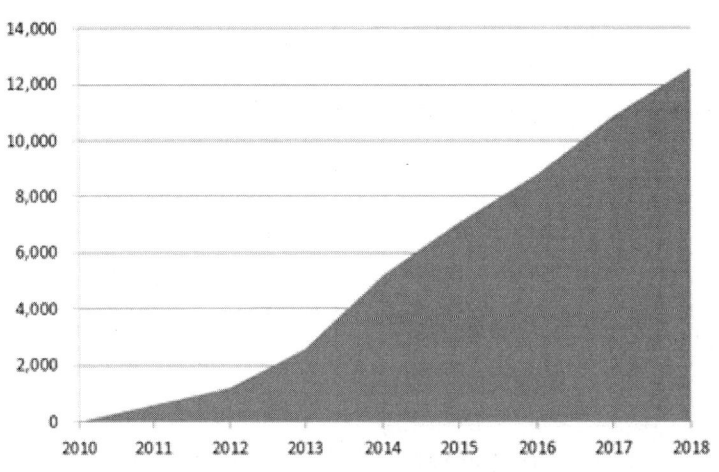

세계 웨어러블 디바이스 시장 향후 전망 예측
(출처 : Business Insider, 2013.8.29) (단위 : 백만 달러)

- 웨어러블 디바이스 시장의 증가에 따라 방열, 차폐, 전도 등 관련 전자기 기능성을 가진 복합소재 수요 또한 대폭 증가할 것으로 전망
- 플렉서블/스트레처블 전자기기 시대 도래에 따른 관련 부품 및 소재 시장의 급성장이 예상됨.

❑ 전기전자용 복합재료의 국내시장 전망

○ PCB/패키지 기판용 복합재료

- 국내 PCB 기판 제조부문은 1) 스마트기기 시장의 급성장, 2) LED 제품 시장의 확대, 3) 반도체 시장의 지속적인 성장, 4) IT 융합 산업의 확장과 더불어 지속적인 수요 확대 예상
- 2014년 국내 PCB산업은 생산액 기준 9.3조원(후방산업 포함 15조 원), 세계 3위의 시장규모로 성장. 2015년은 모바일기기 및 네트워크용 고기능·고부가 기판 중심 생산 증가로 8.1% 성장한 10조원을 기록할 것으로 전망.
- 2014년은 PCB산업의 위축에 따른 동반 마이너스 성장을 나타냈으나 기판에 사용되는 각종 원부자재, 설비에 이르기까지 PCB 기술 선진국인 일본에 의존했던 고부가 제품을 그 동안 상당 부분 국산화하였고 글로벌 경쟁력을 갖춘 기업들이 나타나고 있기에, 2015년도에는 PCB산업의 회복과 더불어 성장세를 보일 것이 전망.
- 2015년 국내 기판 생산은 모바일 기기용 IC-Substrate, 네트워크용 고다층 기판 등 고기능 기판 중심 생산증가와, 전장용 ECU시장의 증가, 사물인터넷, Wearable Device시장 적용 등으로 인하여 지속적인 성장을 보일 것으로 전망.

* 출처 : 2015. 4. 14. 파이낸셜뉴스, 2015. 4. 22. 산업통상자원부 보도자료

○ 전자기 기능성 유무기 복합재료

- 국내 IT 전자기기 산업의 활성화에 따라 필름형, 점·접착제형 복합재료 시장이 폭 넓게 형성되어 있으나, 차세대 웨어러블 기기 대응을 위한 복합재료 시장은 아직 미진한 상황
- 차세대 플렉서블 디스플레이 분야를 중심으로 새로운 전기전자용 복합재료에 대한 요구가 증대될 것이며, 나노 소재의 응용, 특히 그래핀을 기반으로 하는 복합재료를 활용한 필름소재 등의 요구가 더욱 높아질 것임.

- IT 기기의 고기능화, 소형화, 고집적화에 따른 방열, 차폐, 전도, 투명성 등과 관련된 복합소재 시장이 확대될 것이며, 개인의 개성을 중시하는 맞춤형 디자인에 대한 요구가 높아짐에 따라 3D 프린팅 및 관련 소재 시장도 급격히 높아질 것으로 전망.

5. 국내외 연구동향 및 기술발전 전망

☐ 전기전자용 복합재료의 해외 주요 연구동향

○ 최근 소재·부품 산업은 에너지 발전 및 저장, 효율 개선뿐만 아니라 삶의 질 향상이라는 관점에서 소재·부품분야의 영역이 기존 분류(금속, 세라믹, 화학/고분자 등)에서 벗어나, 융복합 기술을 기반으로 빠르게 변화하고 있음

• 부품분야의 기술 융복합은 단일 부품 단위에서 모듈화가 진행되고 있으며, 소재 분야도 전통적인 금속, 화학, 세라믹 소재가 혼재된 융복합 소재화 현상이 이루어지고 있음

- 전자종이 디스플레이 소재로 주목받고 있는 전자잉크(e-ink)의 경우 캡슐은 고분자 소재이며, 내부에 흑백을 표현하는 입자는 세라믹 입자로 구성

- 소재·부품의 모듈화 및 융복합화의 확산은 향후 소재·부품기업들이 전반적인 솔루션 제공이 가능해짐에 따라 제품에 대한 가격, 물량, 납품 일자 등에 대한 협상력이 강화되는 반면, 기존 수요기업들의 가격협상력은 감소

○ 기술의 융복합화, 불확실성 등으로 인하여 글로벌 차원에서 소재 기업과 수요 기업 간의 제휴가 강화됨에 따라 경쟁이 심화, Market- Oriented 관점의 수요자 중심 패러다임으로 발전되고 있어, 기업 간 국가 간의 성장을 위한 전략적 방향성이 빠르게 변하고 있음.

- 탄소섬유 기업(일본의 도레이, 미쓰비시 레이온 등)들은 기존 항공기 제조 기업들에 이어 자동차 기업(벤츠, BMW 등)들과 전략적 제휴를 구축하며, 자사의 소재제품의 응용범위를 확대하고 있음.

- 미국의 경우, 최근 Dupont, Kodak, Dow Chemical, 3M, Toppan Printings, Bridgestone 등의 다국적 화학기업들의 적극 참여로 복합소재 분야의 제품 개발이 가속화 될 전망

○ 요구 성능

- (플렉시블화) 딱딱한 케이스, 기판소재를 넘어 유연하거나 접히거나 신축성이 높은 복합재료 필름소재 및 기능성 패브릭 소재들을 채용함으로써 편의성이 증진된 기기 개발 필요성 증대
- (경량화) 모바일 환경에서의 전자기기 사용 편의성의 최적화를 위하여 매우 가벼운 경량복합 소재를 이용하거나 인체착용 적합성이 높은 소재들의 수요가 지속적으로 증가
- (고성능화) 고집적화된 기기에서 최상의 기능을 탑재하기 위한 다기능 전자기 복합소재, 고집적화된 부품, 및 안정감 높은 디자인의 중요성이 더욱 부각됨
- (고효율화) 휴대단말기, 조명기기 및 자동차 전장부품 등의 장수명 고효율화를 위하여 최적의 방열성능을 보유한 복합소재의 활용 및 방열설계의 중요성 증대

○ 소재기술 Needs

- 플렉시블 디스플레이, 투명 일렉트로닉스에 대응하기 위한 고기능 광학필름 소재의 국산화 및 성능 향상이 요구됨 나노 소재 및 특수 기능성 유기소재 개발 필요
- 디스플레이용 유리 소재의 나노소재 복합 투명 필름 대체 및 그래핀 고분자 복합재료로의 배선 대체를 통한 유연화 기술 개발
- 유기소재와 무기소재의 계면제어 기술과 매트릭스가 되는 유기소재, 및 무기 나노 필러 신소재 개발이 필요
- 유무기 복합재료 기반이면서 기존 복합재료와는 다른 혁신적인 열전도 패스의 형성이 가능하도록 새로운 방열 복합재료 기술 개발 필요
- 웨어러블 환경에서의 고신뢰성 확보를 위한 유무기 복합재료의 신뢰성 향상 기술 필요

❏ 전기전자용 복합재료의 국내 주요 연구 동향

○ 정부는 14년 6월 국민소득 4만불 실현을 위한 미래성장동력 실행계획안 제정, 9대 전략산업과 4대 기반산업을 동시 육성하여 분야간 융합을 촉진할 수 있도록 추진 예정. 4대 기반 산업의 하나로 "융복합소재"를 선정하였음.

- (목표) 창의소재 및 고부가 산업용 소재 개발을 통한 소재 4대 강국 실현
- (추진전략) 창의소재 연구단 등 융합연구체계 구축 → 소재기술사업화 인프라 마련 → 소재-수요 연계 산업생태계 조성
- (R&D) 28개 창의소재 기술 원천특허 및 티타늄·화학소재 등의 파일롯 플랫폼 요소·운영 기술 확보 추진
- (시장조성) 탄소섬유 복합재 시범사업 추진, 티타늄 및 화학소재
- (중소기업육성) 소재 가공 중소기업 전주기 지원 체계 및 사업 간 연계, 제품인증, 기술 확산 등 공통 사업화 지원을 위한 Biz. Platform 구축

○ 차세대 플렉서블 디스플레이, 차세대 정보 저장/변환 장치, 인체 모니터링을 위한 센서 네트워크 시스템, 고효율 방열 나노복합소재 및 자동차 전장용 스마트 섬유 산업 등에 있어서 기술적인 한계돌파를 위해서 복합 기능을 갖는 융복합 소재의 개발이 주도될 것으로 전망됨

- 구체적으로 나노복합 방열소재, 전자 디바이스용 배리어 필름 및 배리어성 투명전극 필름, 기능성 광학필름(TAC, PVA, 위상차 필름) 및 3D 디스플레이 및 플렉서블 디스플레이용 편광필름, 전도성 스마트 섬유소재 등이 향후 융복합 부품소재 기술을 주도할 것으로 예상

○ 전자기 차폐와 방열 기능을 동시에 구현하는 등 소재 자체의 기능성 측면에서도 융합된 성능에 대한 요구가 높아지고 있음. 또한 웨어러블 기기에 대응하여 경량화, 슬림화에 대한 기술적 기반이 되는 소재개발도 추진되고 있음.

○ 3D 프린팅 산업의 활성화에 따른 관련 복합재료의 개발에 대한 관심이 높아지고 있음. 장비 개발업체가 늘어남에 따라 이에 대응해야하는 소재 개발에 대한 요구가 높아지는 추세임. 정부에서도 국가 R&D를 통한 관련 소재 개발에 대한 지원을 시작하였음.

핵심 요소기술	해외	국내	
		공공	민간
PCB/패키지 기판 소재 기술	· 고기능 기판소재에 있어서는 일본의 견제가 심하고, 저가형 PCB는 이미 중국에 주도권이 넘어간 상황 · 플렉서블 및 스트레처블 기판소재를 이용한 모듈 및 패키지 연구가 활발함	· 스트레처블 기판 기술에 대한 R&D 지원은 아직 부재 · 반도체 및 패키지에 대한 정부 R&D 투자는 줄어들고 있는 추세	· PCB 제조분야의 기존 보유 기술이 탄탄하며, 경쟁력을 유지하기 위한 투자가 계속 되고 있음 · IoT, 웨어러블 시대에 대응 가능한 새로운 소재개발에 대하여 신규 개발이 필요한 상황임
전자기 기능성 유무기 복합재료 기술	· 플렉서블 디스플레이나 스트레처블 전자기술에 있어서 상당한 투자를 통하여 원천성 기술을 확보해 가고 있으며, 관련 소재에 대한 연구도 활발히 진행 중 · 제3의 산업혁명으로 불리는 3D 프린팅 분야에서 장비 및 소재에 대한 원천기술을 개발하여 본격적인 상용화가 진행 중 · 그래핀 등 탄소재료의 기술선점을 위한 경쟁이 치열함	· 웨어러블 전자기술에 대한 투자를 검토하고 있으나, 주로 시스템과 기기 개발에 집중 · 플렉서블 디스플레이, 스마트 윈도우 등과 관련된 소재개발에는 지속적인 R&D 사업이 진행중 · 3D 프린팅과 그래핀 소재에 대한 정부지원이 최근 시작되었으나, 아직 다양한 분야로 확상되고 있지는 못함.	· 삼성, LG 등에서 스마트워치 등 모바일 기기가 계속 출시되고 있으며, 관련 전자기 기능성 소재에 대한 수요는 계속 증대 예상 · 차세대 아이템인 그래핀과 3D 프린팅용 소재기술을 상용화하고자 하는 연구개발이 활발히 이루어지고 있음.

6. SWOT분석

❑ IT 강국으로 반도체, 모바일 기기, 가전제품 등 하드웨어의 제조기술에 있어서 세계적인 수준임에도 불구하고 관련 핵심소재의 대외 의존도가 높아 경쟁력 약화의 우려를 항상 안고 있는 것이 현실임

○ 반도체 및 전자기기 제조기술의 강점을 뒷받침할 수 있는 전기전자용 기능성 복합재료 기술의 확보를 통하여 강점을 높이고 약점을 커버하는 전략 수립 필요

Strengths	Opportunities
· 고품질 IT 기반 산업 및 세계 최고의 모바일 기기 제작 기술 · 반도체 및 패키지 기술 우수 · 그래핀 등 원천성 복합소재 개발에 대한 정부의 강한 육성 의지 · 자동차 강국의 하나로 전장 기술 우수	· 융복합소재 개발에 대한 정부정책 수립 · 웨어러블 전자기술의 도래에 따른 새로운 수요산업 활성화와 관련 소재 수요 증가 · 중국과 후발국가의 전기전자용 복합재료 수요 증가 기대
Weaknesses	Threats
· 핵심소재의 원천기술부재 · 소재기반 중소기업이 대체로 영세하며 중견 리딩 기업이 적음 · 대부분의 원료 수입에 따른 국내 소재 산업의 채산성 부족 · 나노기술에 대한 투자대비 상용화 실적 부진	· 핵심기술에 대한 선진국의 지적재산권 확보 · 중국의 약진에 따른 국내 IT 업계의 위기와 관련 부자재 수요 감소 · 3D 프린팅의 경우 원천기술부재에 따른 특허분쟁 우려 · 정부 R&D 예산 축소로 성장동력 상실 우려

○ SO 전략
- 소재 산업과 관련 IT 산업의 융합을 통한 신산업 창출로 신규 수요 창출
- 전후방 산업간 밸류 체인의 균형발전 추구 : 상생협력 시스템 구축

- 웨어러블 전자기기용 융복합소재 기술의 선점을 위한 선행기술 개발
- 기존 복합재료 보유기술의 융합을 통한 새로운 고부가가치 소재 창출
- 중국 및 후발국가와 기술 협력을 강화하고 시장진출 협력 전략 마련

○ ST 전략

- 범용 복합재료 기술의 고부가 가치화
- 정부차원에서 기초 소재산업의 적극적인 육성 지원
- 도전적 R&D를 통하여 신규 소재 산업 창출
- 전자산업의 대형 수요업체들을 통한 민간 차원의 기술 투자 확대

○ WO 전략

- 시장선도형 복합재료의 원천기술을 확보할 수 있는 정부주도의 기초원천기술 발굴 지원
- 장기적 소재개발 플랜을 구축하여 미래 전자산업에 즉시 대응 가능한 소재 기술의 기반을 구축
- 중소중견기업 기반 강화를 위한 인력지원, 세금 혜택 등 지원방안 강화로 글로벌 리딩 강소기업으로 육성 추진
- 중국의 전자산업에서 국내 복합재료의 신시장을 창출할 수 있는 국가적 지원 방안 마련
- 기 개발 나노기술을 활용, 웨어러블 디바이스에 접목시켜 나노복합소재의 신시장 개척

○ WT 전략

- 고기능 고부가가치 복합소재의 대 중국 수출 및 수출 다변화 정책으로 신시장 창출 추진
- 적극적인 기술제휴를 통한 선진국의 특허공세 대응
- 민관 협력을 통한 글로벌 소재 기업 육성 추진
- 자원중심의 소재 산업보다 기술 중심의 소재 산업 육성 추진, 대외 기술 경쟁력 제고로 고부가가치 창출

❑ 시사점

○ 국내외 위협요인을 극복하고 안정적인 IT 산업의 소재기반 환경 구축을 위해서는 장기적인 플랜을 갖고 시장선도형의 고부가 아이템을 발굴하는데 주력할 필요가 있음.

7. 핵심전략 제품·기술

❑ 전기전자용 복합재료의 대표적인 것으로 PCB 기판소재 및 전자기 기능성 유무기 하이브리드 필름, 기능성 페이스트 및 점·접착제형 소재 등을 들 수 있으며, 이것들은 향후 전자기기, 자동차 전장, 로봇 등 다양한 전자산업에서 중추적인 역할을 계속할 것임

○ 기존 복합재료의 경쟁력은 더욱 높이고 웨어러블 및 IoT 시대에 대응할 수 있는 신개념 복합재료를 창출하여 국내 전자산업의 경쟁력을 끌어올리기 위한 핵심전략제품의 개발이 필요함

- 2013년 말 시장선도형(First Mover) 200대 미래유망 핵심소재부품의 R&D 전략 보고서에서는 다양한 차세대 전자기 기능성 복합재료의 개발에 대한 필요성을 강조한 바 있음
  : 융합소재 분야 26개 아이템 중 13개가 전기전자용 복합재료와 관련

○ 국내외 소재기술 동향 등을 참조하여 최근 가장 이슈가 되고 있는 전기전자용 복합소재 개발 아이템 5가지를 아래 표에 정리함

핵심 제품/서비스	설명	사례	핵심스펙 및 요구사항
고열전도 저열팽창 PCB 기판소재	반도체 패키지의 고집적화(2.5D 및 3D PKG)에 따라 방열성능이 우수하고 열에 의한 변형이 적은 고신뢰성의 복합소재 기술이 요구됨 - PCB 기판소재 - 패키지 기판 소재 - 어셈블리용 소재	2.5D/3D 패키지용 고열전도 저열팽창 기판 소재 및 고방열성 언더필 소재	- 열전도도 - 열팽창계수 - 접착력
신축성 인터페이스 기판 및 유연전극 소재	인체에 밀착되어 생체신호 모니터링 등을 수행하기 위해서는 신축성과 내구성이 좋은 기판 소재와 유연한 전극 소재가 필요.	신축성 기판소재를 이용한 전자회로 형성기술	- 신축율 - 전도도 - 내구성
전자파를 조절할 수 있는 흡차폐 가변형 소재	유무기 복합 자성체 및 전도체 소재로서, 전도성 필러(CNT, Graphite, Ag nanowire 등) 및 페라이트 세라믹, Fe 금속 필러 기반의 고투자율, 저손실 복합소재 - 휴대기기 노이즈 제거 및 무선충전을 위해 활용됨	무선충전을 위한 페라이트 복합 유무기 복합재료 및 전자파 차폐를 위한 전도성 복합재료 기술	- 차폐 효율 - 전도도 - 투자율
3D 프린팅용 기능성 복합재료	3D 프린팅은 3차원 모델을 입력받아 용액, 분말 등을 한층 한층 쌓아가며 3차원 구조체를 제작하는 기술이며, 여기에 사용될 수 있는 전자기 기능성 복합재료.	맞춤형 전자기기 제조에 활용가능한 3D 프린팅용 전자기 복합재료 기술	- 3D 조형성 - 인장강도 - 곡강도 - 경도
고전도성 그래핀 나노 복합재료	그래핀이 분산된 필름 또는 코팅 등을 이용하여 제조되는 유연기판소재, 투명전도체, 배리어 층 기술과 관련된 복합재료 기술	고투명, 유연 투명전극을 활용한 스마트 윈도우용 나노복합소재 기술	- 전도도 - 투과도 - 배리어성

8. 기술로드맵

❏ 기술로드맵 전개

○ 전기전자용 복합재료의 핵심전략 제품의 기술로드맵은 아래와 같으며, 상호 연계 가능한 부분은 화살표로 연결

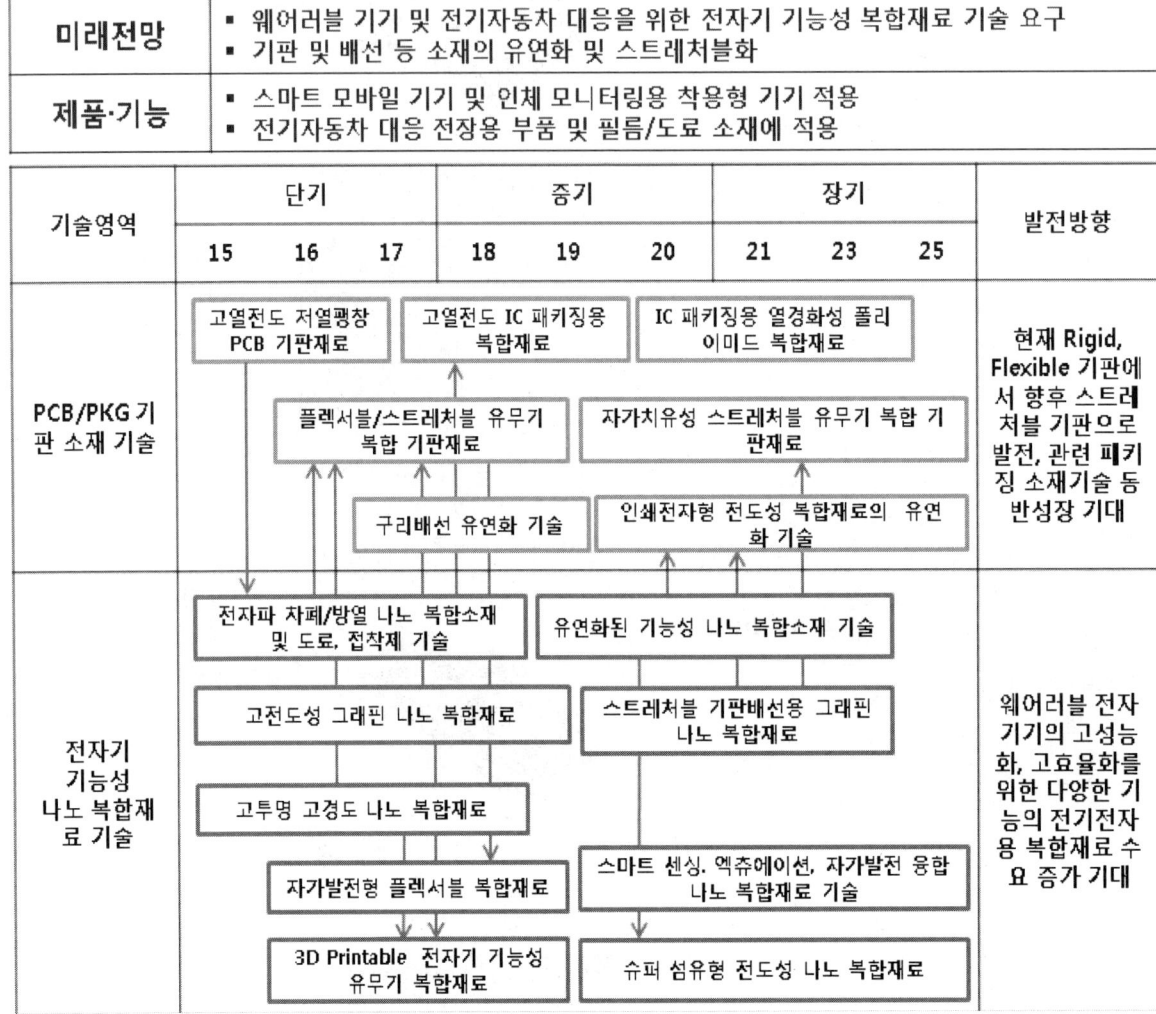

❑ 기술개발 목표 및 중장기 계획

○ 핵심전략 기술을 기반으로 하고, 세부개발 기술을 추가로 선정하여 세부기술을 아래와 같이 8개로 세분화하고, 각 기술의 연도별 개발 목표를 기술하였음.

- 2025년 선진국 수준대비 동등 이상을 목표로 중장기적 기술개발 추진

핵심 요소기술	연도별 성능 개발 목표 (선진국 수준 100 대비)							비고
	세부개발 기술	현재	2016	2018	2020	2022	2025	
PCB/PKG 기판 소재 기술	반도체 패키지용 저열팽창 고열전도 복합재료 기술	70	80	85	90	95	100	2020년이후 신개념 패키지 기판기술 개발 완료
	웨어러블 기기용 플렉서블 및 스트레처블 복합재료 기술	50	60	70	80	90	100	
	배선의 유연화 기술	50	65	75	85	90	100	
전자기 기능성 유무기 복합재료 기술	고전도성 그래핀나노복합재료 기술	70	80	90	95	100	100	2020년이후 웨어러블 전자기기 및 전기차 대응 다기능 전자기 복합재료 기술 확보
	광학용 투명 고경도 나노 복합재료 기술	60	70	80	85	90	100	
	전기차 전자파차폐 및 배터리 방열용 유무기 복합재료 기술	50	60	70	80	90	100	
	3D 프린팅용 유무기 나노 복합재료	30	60	80	90	95	100	
	전기에너지를 발생시키는 자가발전형 복합재료	30	45	60	75	90	100	

9. 인력양성 전략

❑ (대학인력양성) 기초 이론뿐만 아니라 실무 경험 축적의 기회를 통한 복합소재 전문 인력 양성

- ○ 탄탄한 이론을 바탕으로 실무경험을 쌓을 수 있는 커리큘럼의 지속적인 개선 필요
  - 졸업과 함께 실무인력으로 즉시 투입될 수 있는 산학 연계 프로그램의 확대가 요구됨

❑ (산업인력양성) 전문 기능인력 교육기관을 통한 기존 인력의 재교육 프로그램 및 신규 인력의 실무 경험 증대를 위한 기회 제공

- ○ 다양한 재교육 프로그램을 통하여 기존 소재인력의 활용을 극대화
  - 신규 트렌드를 익히고 이를 실무에 반영할 수 있는 고급 엔지니어 양성 프로그램 개발 지원 필요

❑ (산·학·연 협동방안) 산학연의 긴밀한 컨소시엄을 통하여 인력양성 사업소를 개설, 체계적 운영을 통하여 복합재료 부분의 전문 인력을 양성할 수 있는 시스템 구축 추진

- ○ 기존 인력의 학연지원 등을 통하여 개발의 동기를 부여하는 등 내부인력의 보유기술을 업그레이드
  - 산학연의 네트워크를 중심으로 한 복합재료 인력양성센터를 구축하여 체계적인 전문인력 양성 프로그램을 실행하고 이를 정부 차원에서 지원함
  - 산학연 네트워크를 통한 복합재료 기술 개발 인력의 효율적인 공유 시스템을 구축할 필요가 있음

10. 기술확보 전략

❑ 수요기업과 사전 연계한 민간 중심의 R&D와 정부 R&D 투자의 적절한 안배를 통하여 자체 기술 개발을 추진함

○ 복합재료 관련 중소중견기업을 자체 육성하여 국내 IT 산업의 기반을 확고히 하는 R&D 방향으로 추진하는 것이 바람직함
- 장기적인 소재 개발 플랜을 수립하여 시장선도형 복합재료 아이템을 발굴하여 관련 중소중견기업을 글로벌 강소기업으로 육성하야 함
- 반도체와 디스플레이 분야의 기술력이 검증된 중소중견 소재기업을 발굴, 신소재 개발에 적극 투자 필요

○ 학계 및 연구계의 보유 원천기술을 산업과 연계시킬 수 있는 상용화 기술의 연결 시스템 구축으로 기술 공유 확대

- 창조의 시작은 기술의 공유에 있으므로 정부차원의 적극적인 보상시스템을 마련하는데 주력해야 함

❑ 차세대 전기전자용 복합재료 기술 확보 전략

○ 가능한 한 자체 개발을 통한 원천기술의 확보가 바람직하나, 단기적으로 개발이 집중될 필요가 있는 경우 기술도입이나 라이센싱을 통한 신속한 접근도 가능하고, 국제공동연구를 통한 기술개발도 추진할 필요가 있음.

전략	특징	위험도	획득기간	독자전략 구상	성과 독점성
자체개발	핵심기술 확보 소유권 획득	고	장기	가능	높음
기술도입	소유권 권리 이전 영업권 확보, 고가	고	단기	가능	보통
라이센싱	계약기간 내 실시권 사용권 획득, 저렴	중	단기	중간	보통
공동개발	기술 공동 소유 수출 등 해외진출 용이	중	중기	중간	보통
합작투자	기술, 자본, 경영의 포괄적 협력, 고가	중	단기	불가능	낮음
M&A	기술, 조직 영업인수	중	단기	가능	높음

11. 연구개발 가이드라인

❑ 스마트폰, 반도체 등 전기전자 분야의 강국으로서 관련 전기전자용 복합재료 개발에 대한 지속적인 투자를 통하여 관련 IT 제품의 경쟁력을 꾸준히 높일 수 있는 효과적인 R&D 투자가 필요함

○ 신규 산업핵심사업 및 소재부품개발사업, 및 중기청의 R&D 사업 등을 통하여 관련 중소 중견기업을 꾸준히 육성할 수 있는 R&D 지원이 요구됨

핵심요소기술명	세부기술	연도별 연구 비용 (억원)						비고
		현재	2016	2018	2020	2022	2024	
PCB/패키지 기판 소재 기술	반도체 패키지용 저열팽창 고열전도 복합재료 기술	20	40	50	50	50	50	
	웨어러블 기기용 플렉서블 및 스트레처블 복합재료 기술	10	50	80	80	80	80	
	배선의 유연화 기술	10	20	30	30	30	30	
전자기 기능성 유무기 복합재료 기술	고전도성 그래핀 나노 복합재료 기술	20	40	50	50	50	50	
	광학용 투명 고경도 나노 복합재료 기술	20	20	30	30	40	40	
	전기차 전자파차폐 및 배터리 방열용 유무기 복합재료 기술	30	50	50	50	50	50	
	3D 프린팅용 유무기 나노 복합재료	10	30	60	60	80	80	
	전기에너지를 발생시키는 자가발전형 복합재료	20	40	60	80	80	80	

* 연구비는 정부투자 R&D로 한정

❑ R&D 사업/과제 추진현황

○ 정부는 '13년말 시장선도형 (First Mover) 200대 미래유망 핵심소재부품을 선정하고 '14년부터 R&D 사업에 Top-Down 형태로 반영, 추진하고 있음.

○ WPM 사업, 소재부품기술개발사업 등에서 일부 관련 기술 개발 과제를 추진 중임

○ 산업소재 산업핵심사업 및 소재부품기술개발사업 등을 통하여 다양한 전기 전자용 복합재료 아이템에 대해 정부의 지원이 이루어지고 있거나 이루어질 계획임.

- PCB, 방열, 차폐, 전도체 소재 등은 기존 추진사업과 차별화된 획기적인 개발 방안의 제시 필요

- 그래핀, 3D 프린팅 소재 개발에 대한 점진적인 R&D 사업 지원 확대 예상

❑ 신규 R&D 사업 제안

○ 상기 두 분야의 핵심요소기술과 8가지 세부기술에 대하여 기존 기술과 차별화된 수준의 신규 R&D 사업을 통하여 수입에 의존하고 있는 고부가가치 소재에 대한 자급력을 끌어올리는 기술개발 사업이 필요

- 특히 3D 프린팅 복합소재나 전기차 대응용 전자기 복합소재 등에 대해서는 집중적인 지원으로 선진국과의 기술격차를 좁혀 나가야 함.

○ 장기적으로 시장선도형 아이템을 발굴하여 자체개발을 추진함으로써 새로운 산업 영역을 개척할 필요가 있는데, 상기 8개 아이템 외에도, 예를 들면, 아래와 같은 융합형 복합재료 기술들이 요구됨. (출처: 시장선도형 소재부품 R&D 전략 총괄보고서, 2013.12)

- 방열기능과 발전기능을 동시에 가지는 플라스틱 소재
- 외부환경에 스스로 적응할 수 있는 특성 가변형 소재
- 터치 센싱이 가능한 스마트 섬유
- 스스로 손상을 감지하고 치유할 수 있는 소재

- 배터리 기능을 동시에 발현하는 자동차 차체 경량 소재
- 로봇 구동기용 인공근육 소재

❏ 해당기술 확보를 위한 범 부처 간 추진체계

○ 산업통상자원부와 미래창조과학부를 중심으로 전기전자용 복합재료의 신규 아이템에 대한 지원체계가 마련되어야 함. 산업부는 응용 및 실용화 기술과 개발 소재 기술의 관련 산업으로의 확산 등을 지원하고, 미래부는 기초 핵심기술을 개발하고 인력을 양성하는데 주력할 필요가 있으며, 이와 관련하여 부처 상호간 긴밀한 협력이 필요함

12. 정책제언

❏ 정부는 4대 기반사업의 하나로 선정한 "융복합소재" 산업의 육성을 위하여 체계적인 실행 방안을 마련하고, 이를 단계적으로 추진해 나가야 함.

○ 웨어러블 전자기술이나 후발주자인 전기차 산업의 육성을 위해서 불필요한 규제를 없애고 소재산업과 부품산업의 연계가 잘 이루어지도록 제도를 정비할 필요가 있음.

○ 원천기술이 미흡한 영역에 대해 원천특허기술에 대한 대응 방안을 정책적으로 마련하고, 대외적으로 글로벌한 협력 네트워크를 구성하는데 정부차원의 지원이 필요할 것임.

- 국제 협력을 통한 차세대 복합재료 기술인력 양성과 기반 확보를 촉진할 수 있는 다양한 기회를 제공하는데 아낌없는 투자 필요

○ 전기전자용 복합재료를 포함한 융복합소재 기술의 확산을 위해 다양한 프로그램을 마련하여, 소재 관련 중소중견기업을 육성하는 것으로 IT 산업의 기반 구축에 중점적인 활동이 필요함.

13. 기대효과

❏ PCB 및 패키지 산업의 경쟁력 강화

○ 고신뢰성 PCB 소재 및 반도체 패키지용 복합재료 개발을 통하여 대일 의존도를 낮추고 가격 경쟁력을 높임으로써 세계 PCB 강국의 위상을 유지

- 국내외 밸류체인의 구축을 통하여 PCB 관련 복합재료 업체의 수익성 증대

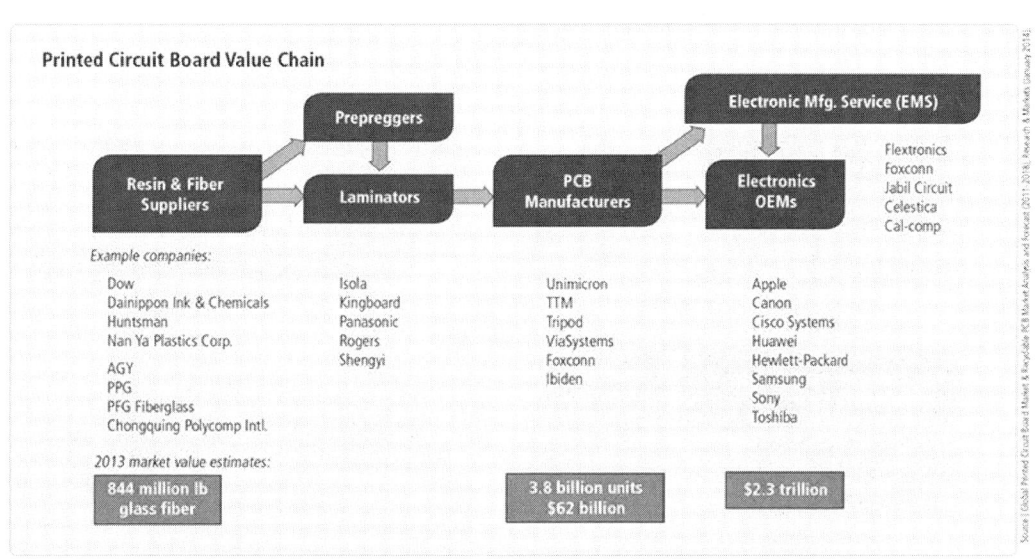

PCB 소재기술의 글로벌 기업 밸류체인의 예

○ 차세대 스트레처블 PCB 기판 및 패키지용 복합소재 기술 개발을 통하여 웨어러블 시대에 대응한 복합재료 신산업의 수요 창출

- 핵심 복합재료 개발을 통한 국내 IT 업계의 제품 경쟁력 강화에 기여

❏ 전자기 기능성 복합재료 기술의 경쟁력 강화 및 수익 창출

○ 전자기 기능성 소재는 TV, 스마트폰, 태블릿PC, 웨어러블 전자기기 등 차세대 IT 기기를 구성하는 핵심소재이며, 미래가치가 높은 LED 조명, 자동차 전장, 로봇, 인체 모니터링 분야에서도 필수적인 소재임

- 그래핀, 3D 프린팅 등과 융합된 복합재료 원천기술의 확보로 IT 강국으로서의 위치를 더욱 공고히 하는데 기여할 수 있음

이동통신, Flexible Display, PCB, 자동차, 로봇, LED, Wearable 기기, 인체 모니터링 등

 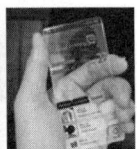   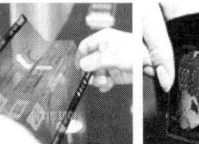 

고성능화된 미래형 모바일 기기

플렉서블, 경량 디스플레이 기기

고방열소재 활용 LED 조명 기기

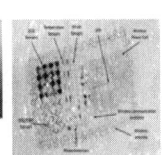 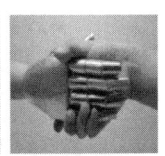
스트레처블 디바이스의 인체 및 로봇 응용

전기전자용 기능성 복합재료의 응용분야

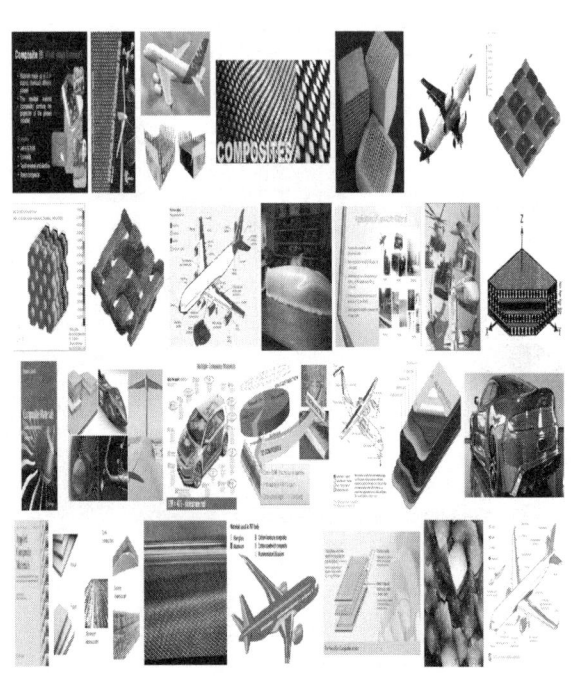

대한민국 산업분야 복합재료기술
로드맵 2017

공 저 자 김기수, 최흥섭, 박 민
　　　　　이상관, 정훈희, 전흥재
　　　　　(한국복합재료학회)

발 행 일 　초판 1쇄 • 2016년 9월 1일
발 행 처 　에듀컨텐츠휴피아
발 행 인 　李 相 烈

기획 • **이의자** / 책임편집 • **김아름** / 편집 • **김수아,변요진,김미선**
다자인 • **김미나** / 영업 • **이순우**

출판등록　제22-682호 (2002년 1월 9일)
주　　소　서울 광진구 자양로 30길 79
전　　화　(02) 443-6366
팩　　스　(02) 443-6376
정　　가　90,000원
I S B N　978-89-6356-183-7 (13530)

Copyright© 2016. 저자, 에듀컨텐츠휴피아
● 본 책자의 부분 혹은 전체를 저자 및 에듀컨텐츠휴피아의
　허락없이 무단복제, 전재, 발췌하는 것은 저작권법에 저촉됩니다.